"十三五"职业教育部委级规划教材

普通高等教育"十一五"国家级规划教材（高职高专）

染整废水处理

（第2版）

何方容　主　编

马小强　副主编

杨蕴敏　主　审

中国纺织出版社

内 容 提 要

本教材主要介绍染整废水产生的过程及危害、特点、常用的废水处理方法的工艺流程、基本原理、染整工业生产用水标准和排放标准等，同时还较为详细地介绍了可持续发展、清洁生产的有关内容。全书重点突出，简明易懂，便于学习，注重基本概念、基本理论、基本工艺的论述，实用性强。

本书可作为高职高专染整专业教材，同时可供印染企业技术人员和相关行业技术人员学习参考，也可作为中等职业技术学校的教学参考书。

图书在版编目（CIP）数据

染整废水处理/何方容主编. --2版. --北京：中国纺织出版社，2018.1

"十三五"职业教育部委级规划教材

普通高等教育"十一五"国家级规划教材. 高职高专

ISBN 978 - 7 - 5180 - 4387 - 3

Ⅰ. 染… Ⅱ. ①何… Ⅲ. ①染整工业—工业废水—废水处理—高等职业教育—教材 Ⅳ. ①X791.03

中国版本图书馆 CIP 数据核字（2017）第 295587 号

策划编辑：朱利锋　　责任校对：武凤余
责任设计：何　建　　责任印制：何　建

中国纺织出版社出版发行

地址：北京市朝阳区百子湾东里 A407 号楼　　邮政编码：100124

销售电话：010—67004422　　传真：010—87155801

http：//www. c-textilep. com

E-mail：faxing @ c-textilep. com

中国纺织出版社天猫旗舰店

官方微博 http：//weibo. com/2119887771

北京玺诚印务有限公司印刷　　各地新华书店经销

2009 年 2 月第 1 版　2018 年 1 月第 2 版　2018 年 1 月第 6 次印刷

开本：787×1092　1/16　印张：13.25

字数：279 千字　定价：48.00 元

　　随着 2015 年新环境保护法的颁布与实施,以及相应的法规及标准文件的更新,本书第 1 版中的有些标准内容已经过时并有相应的新标准出现。为了适应印染行业的发展变化及高等职业技术教育染整专业的教学需要,我们组织修订了这本教材,采用了当前最新版本的标准文件。另外,由于废水处理新技术的发展变化较快,本教材中对部分内容做了修改,并增加了一些新内容。

　　本书修订参编人员及编写分工:武汉职业技术学院何方容修订第一章第一~第三节,第二章、第六章、第十章;武汉职业技术学院马小强修订第八章和第九章。全书由何方容统稿。本书由何方容任主编,马小强任副主编,杨蕴敏主审。

　　本书每章后附有主要参考文献,以尊重原作者的辛勤劳动,借此对这些作者表示真挚的谢意。参编人员尽管做出了很大的努力,但由于水平有限,书中错误和不妥之处在所难免,盼望专家与读者提出宝贵意见。

编者

2017 年 3 月

21世纪,科学技术的发展使整个世界发生着日新月异的变化,纺织行业也不例外,新型材料、新型设备、新型工艺层出不穷,把人们的生活装扮得更加温馨、更加靓丽。然而,我们也应看到,在纺织工业生产过程中,也产生一定量的污染物,特别是在染整加工生产中排放出大量的废水,严重地污染环境,所以,水污染已成为制约染整行业可持续发展的关键问题,同时,对我们追求的青山常绿、碧水长流的自然生态,都带来负面的影响。因此在发展纺织染整行业的同时,一定要做好废水的治理工作,为了适应高等职业技术教育染整专业的教学需要,我们根据全国染整专业教学指导委员会制定的《染整废水处理》课程教学大纲的要求组织编写了这本教材。本教材的主要特点是:突出重点,简明易懂,便于学习,注重基本概念、基本理论、基本工艺的讲析,实用性强。

《染整废水处理》课程的主要内容包括分析染整废水产生的过程、危害及特点,废水处理的工艺流程、常用的方法及基本原理,染整工业生产用水标准和排放标准,废水常规的水质检测项目,同时还详细介绍了可持续发展、环保法规、清洁生产的有关内容。

本课程的教学目的是培养学生具有现代工业环境保护意识,掌握染整废水处理基本方法及原理,为从事染整技术工作和环保工作打基础。本教材基本课时控制在40学时左右,各校可根据具体情况做适当增减。

《染整废水处理》教材参编人员及编写内容如下:

武汉职业技术学院王淑荣编写第二、第九章第二、第三节;常州纺织服装职业技术学院杨蕴敏编写第一章第一、第二、第三节,第六、第八章;南通纺织职业技术学院马新成编写第一章第四节,第五、第七章、第九章第一节、第十章;河南工程学院刘帅霞编写第三、第四、第十一章;全书由王淑荣统稿,深圳大学朱虹审定。

本教材由王淑荣、杨蕴敏任主编,马新成、刘帅霞任副主编。在编写过程中,武汉职业技术学院张文军对本书做了大量的文字修改工作,在此,表示衷心的感谢!

本书每章后附有主要参考文献,以尊重原作者的辛勤劳动,借此对这些作者表示真挚的谢意。参编人员尽管做出了很大的努力,但由于水平有限,书中错误和不妥之处在所难免,盼望专家与读者提出宝贵意见。

编者
2008年11月

课程名称 染整废水处理

适用专业 染整技术

总学时 40

理论教学时数 36 **实践教学** 4

课程性质 本课程为染整技术专业的选修课。

课程目的

1. 主要分析染整工业废水的特点及产生过程。

2. 掌握染整工业废水处理常用的方法及原理。

3. 熟悉工业废水排放标准及常规的检测项目。

4. 通过本课程的教学,培养学生具有现代工业环境保护意识。

课程教学基本要求 教学环节包括课堂教学、现场教学、课外作业、课堂练习、阶段测验和考核。通过各教学环节重点培养学生对理论知识的理解和运用能力。

1. 课堂教学:在讲授本课程时,应根据当前各印染厂的特点,讲授染整废水常用的处理方法及基本原理;在理论教学中要注意联系工厂实际进行讲授。

2. 实践教学:本课程中为现场教学,安排学生到印染厂生产一线,通过现场讲解废水处理的整个过程,提高同学们理论联系实际的能力。

3. 课外作业:每章给出若干思考题,尽量系统反映该章的知识点,布置适量书面作业。

4. 考核:本课程采取开卷考核,题型一般包括名词解释、论述题等。

教学学时分配

章数	讲 授 内 容	学时分配
第一章	绪论	2
第二章	用水与排水	4
第三章	染整工业废水的物理处理法	2
第四章	染整工业废水的化学处理法	4
第五章	染整工业废水的物理化学处理法	4
第六章	染整工业废水的生物处理法	6
第七章	污泥的处理与处置	2
第八章	染整工业废水技术的发展及新工艺	2
第九章	防治染整废水污染的措施	2
第十章	环境保护法律法规介绍	2
第十一章	染整废水处理厂(站)的设计	4
考 核		2
合 计		36

第一章 绪 论

第一节 环 境

一、环境的概念

任何事物的存在都要占据一定的空间,并必然要和其周围的各种事物发生联系,人们把与其周围诸事物间发生各种联系的事物称为中心事物,而把该事物所存在的空间以及位于该空间中诸事物的总和称为该中心事物的环境。环境是人类进行生产和生活活动的场所,是人类生存和发展的物质基础。环境总是相对于某项中心事物而言的,它因中心事物的不同而不同,随中心事物的变化而变化。对于环境保护这门学科而言,中心事物是人,环境就是人类生存的环境。在《中华人民共和国环境保护法》中明确指出:"本法所称的环境,是指影响人类生存和发展的各种天然的和经过人工改造的自然因素的总体,包括大气、水、海洋、土地、矿藏、森林、草原、野生生物、自然遗迹、人文遗迹、自然保护区、风景名胜区、城市和乡村等。"

二、人类的环境

人类的环境是作用于人类这一主体(中心事物)的所有外界影响力的总和,它可分为自然环境和社会环境两种。

(一)自然环境

自然环境是围绕在人类周围的各种自然因素的总称,这些自然因素有水、大气、阳光、动植物、土壤、岩石等。它们都是人类生存和发展必不可少的物质基础。自然环境是适合于生物生存和发展的地球表面的一薄层,即生物圈。它包括大气圈、水圈和岩石土壤圈等在内,对地球而言,不过是靠近地壳表面薄薄的一层而已,但却是与人类关系最为密切的一层,在太阳能的作用下,人类要不断同它们进行物质和能量的交换,人类和一切其他生物在此层内生存、繁衍和发展,因而必须加以保护。

(二)社会环境

社会环境是指人们生活的社会经济制度和上层建筑,包括构成社会的经济基础及其相应的政治、法律、宗教、艺术、哲学和机构等及人类的定居、人类社会发展各阶段和城市建设发展状况等,社会环境是人类精神文明和物质文明发展的标志,而且是随着人类文明进步而不断丰富和发展的。因此社会环境是自然环境的发展,而自然环境是社会环境的基础。

第二节　环境问题

一、环境问题的由来

环境问题是指由于人类活动作用于环境要素所引起的环境质量的变化以及这种变化对人类的生产、生活和健康所产生的不利影响。从人类诞生开始就存在着人与环境的对立统一关系，就出现了环境问题。对环境问题的研究，不仅是为防止人类活动对环境造成的消极影响，同时也是更好地为通过人类活动的积极影响改善和创造美好的环境，以实现社会经济和环境质量的同步发展。

二、环境问题的发展阶段

随着人类社会的发展，环境问题也在发展变化。环境问题的发展大体上经历了四个阶段。

（一）环境问题的萌芽阶段

人类在诞生以后很长的岁月里，只是天然食物的采集者和捕食者，对环境的影响不大。在这个阶段中，人类为了生存、发展，要向自然环境索取资源，主要是利用环境，而很少有意识地改造环境。由于人口稀少，人类的活动对环境没有明显的影响和损害，在相当长的一段时间里，自然环境、自然条件主宰着人类的命运。随后，人类学会了培育植物和驯化动物，开始发展农业和畜牧业。而随着农业和畜牧业的发展，人类改造环境的作用也越来越明显，但因生产力水平低，对环境整体的影响还不大。

（二）环境问题的恶化阶段

进入产业革命时期，随着生产力的发展，人类学会使用机器之后，生产力大大提高，增强了人类利用和改造环境的能力。特别是到了 20 世纪，人类利用和改造环境的能力空前提高，规模扩大，创造了巨大的物质财富，此时人类已在自然环境中处于主导地位，从而也改变了环境中的物质循环系统，但与此同时也带来了新的环境问题。一些工业发达的城市和工矿区的工业企业，排出大量废弃物污染环境，因环境污染而产生的公害事件不断发生。

（1）比利时马斯河谷烟雾事件。1930 年 12 月 1~5 日，比利时马斯河谷工业区内 13 个工厂排放的大量烟雾弥漫在河谷上空无法扩散，使河谷工业区有上千人发生胸闷、咳嗽、流泪、咽痛、呼吸困难等不适症状，一周内有六十多人死亡，许多家畜也纷纷死去，这是 20 世纪最早记录下的大气污染事件。

（2）美国多诺拉烟雾事件。1948 年 10 月 26~31 日，美国宾夕法尼亚州多诺拉镇持续雾天，而这里却是硫酸厂、钢铁厂、炼锌厂的集中地，工厂排放的烟雾被封锁在山谷中，使 6000 人突然发生眼痛、咽喉痛、流鼻涕、头痛、胸闷等不适，其中 20 人很快死亡。这次烟雾事件主要由二氧化硫等有毒、有害物质和金属微粒附着在悬浮颗粒物上，人们在短时间内大量吸入了这些有害气体,导致酿成大灾。

（三）环境问题的第一次高潮

环境问题的第一次高潮出现在 20 世纪 50~60 年代。这主要是由于人口迅猛增加,都市化的速度加快,工业不断集中和扩大,能源消耗大增所造成的。大工业的迅速发展逐渐形成大的工业地带,而当时人们的环境意识还很薄弱,环境问题第一次高潮的出现是必然的。

（1）伦敦烟雾事件。1952 年 12 月 5~8 日,伦敦城市上空高压,大雾笼罩,连日无风。而当时正值冬季大量燃煤取暖期,煤烟粉尘和湿气积聚在大气中,使许多城市居民都感到呼吸困难、眼睛刺痛,仅四天时间就死亡了四千多人,在之后的两个月内,又有 8000 人陆续死亡。这是 20 世纪世界上最大的由燃煤引发的城市烟雾事件。

（2）美国洛杉矶光化学烟雾事件。从 20 世纪 40 年代起,已拥有大量汽车的美国洛杉矶城上空开始出现由光化学烟雾造成的黄色烟幕,它刺激人的眼睛、灼伤喉咙和肺部、引起胸闷等,还使植物大面积受害,松林枯死,柑橘减产。1955 年,洛杉矶因光化学烟雾引起呼吸系统衰竭死亡的人数达到四百多人,这是最早出现的由汽车尾气造成的大气污染事件。

（3）日本水俣病事件。从 1949 年起,位于日本熊本县水俣镇的日本氮肥公司开始制造氯乙烯和醋酸乙烯。由于制造过程要使用含汞的催化剂,大量的汞便随着工厂未经处理的废水被排放到了水俣湾。1954 年,水俣湾开始出现一种病因不明的怪病,叫"水俣病",患病的是猫和人,症状是步态不稳、抽搐、手足变形、精神失常、身体弯曲,直至死亡。经过近十年的分析,科学家才确认:工厂排放的废水中的汞是"水俣病"的诱因。汞被水生生物食用后在体内被转化成甲基汞,这种物质通过食用鱼虾进入人和动物体内后,会侵害脑部和身体的其他部位,引起脑萎缩、小脑平衡系统被破坏等多种危害,毒性极大。在日本,食用了水俣湾中被甲基汞污染的鱼虾人数达数十万。

（4）日本富山骨痛病事件。19 世纪 80 年代,日本富山县平原神通川上游的神冈矿山实现现代化经营,成为从事铅、锌矿的开采、精炼及硫酸生产的大型矿山企业。然而在采矿过程及堆积的矿渣中产生的含有镉等重金属的废水却长期直接流入周围的环境中,在当地的水田土壤、河流底泥中产生了镉等重金属的沉淀堆积。镉通过人们食用稻米的途径进入人体,首先引起肾脏障碍,逐渐导致软骨症,在妇女妊娠、哺乳期、内分泌不协调、营养性钙不足等诱发原因存在的情况下,使妇女得上一种浑身剧烈疼痛的病,叫痛痛病,也称骨痛病,重者全身多处骨折,在痛苦中死亡。从 1931~1968 年,神通川平原地区被确诊患此病的人数为 258 人,其中死亡 128 人,至 1977 年 12 月又死亡 79 人。

（5）日本四日市哮喘病事件。1955 年日本第一座石油化工联合企业在四日市上马,1958 年在四日市海湾打的鱼开始出现有难闻的石油气味,使当地海产品的捕捞业开始下降。1959 年由昭石石油公司投资 186 亿日元的四日市炼油厂开始投产,四日市很快发展成为"石油联合企业城"。然而,石油冶炼产生的废气使当地天空终年烟雾弥漫,烟雾厚达 500m,其中漂浮着多种有毒、有害气体和金属粉尘,很多人出现头疼、咽喉疼、眼睛疼、呕吐等不适。从 1960 年起,当地患哮喘病的人数激增,一些哮喘病患者甚至因不堪忍受疾病的折磨而自杀。到 1979 年 10 月底,当地确认患有大气污染性疾病的患者人数达 775491 人,典型的呼吸系统疾病有:支气管炎、哮喘、肺气肿、肺癌。

（6）日本米糠油事件。1968年日本九州爱知县一个食用油厂在生产米糠油时，因管理不善，操作失误，致使米糠油中混入了在脱臭工艺中使用的热载体多氯联苯，造成食物油污染。由于当时把被污染了的米糠油中的黑油用去做鸡饲料，造成了九州、四国等地区的几十万只鸡中毒死亡的事件。随后九州大学附属医院陆续发现了因食用被多氯联苯污染的食物而得病的人。病人初期症状是皮疹、指甲发黑、皮肤色素沉着、眼结膜充血，后期症状转为肝功能下降、全身肌肉疼痛等，重者会发生急性肝坏死、肝昏迷，以致死亡。1978年，确诊患者人数累计达1684人。

这就是历史上著名的八大公害事件。这些公害事件震惊了世界。1962年，美国著名科普作家卡逊女士发表《寂静的春天》，这本书首次揭露了美国农业、商业界为追逐利润而滥用农药的事实，对美国滥用杀虫剂而造成生物及人体受害的情况进行了抨击，使人们认识到农药污染的严重性，提醒世人警惕过度使用农药的恶果。这本书被看作是20世纪最早也是最有说服力的呼吁保护生态平衡、拯救地球的著作。

（四）环境问题的第二次高潮

环境问题的第二次高潮是伴随环境污染和大范围生态破坏，在20世纪80年代初开始出现的。人们共同关心的影响范围大和危害严重的环境问题有三类。

1. 全球性的大气污染

（1）"温室效应"。指的是由于大气层中某些气体对于来自太阳的短波辐射吸收的很少，但对于从地面射出的长波辐射则有强烈的吸收作用，使地表辐射的热量留在了大气层内，起到类似暖房的玻璃罩或塑料大棚的作用，提高了地表的温度。这种"温室效应"改变了原来的生态环境。根据科学家研究：二氧化碳的加倍排放将使全球地面平均温度增加2～3℃，土地荒漠化，森林退向极地，雨量增加，冬天更湿，夏天更旱，旱涝灾害增加，热带将酷热无比，人类难以生存。其次是两极冰块大面积融化，使海平面上升，世界许多港口城市淹没于一片汪洋之中，使生活在沿海的占世界1/3的人口无家可归。

（2）臭氧层破坏。来自太阳的高能量的紫外辐射在到达地球表面之前，其中高能的紫外线使得高空中的氧气分子发生分解，产生的氧原子具有很强的化学活性，因此能很快与大气中含量很高的氧分子发生进一步的化学反应，生成臭氧分子。由于臭氧和氧气之间的平衡，大气形成了一个较为稳定的臭氧层，而臭氧层的作用正是阻挡太阳紫外线的照射，使人类免受伤害。人类过多地使用氯氟烃类化学物质是破坏臭氧层的主要原因。在臭氧层中存在着氧原子（O）、氧分子（O_2）和臭氧分子（O_3）的动态平衡。但是氮氧化物、氯、溴等活性物质及其他活性基团会破坏这个平衡，使其向着臭氧分解的方向转移。而氯氟烃类化学物质非同寻常的稳定性使其很容易在大气同温层中聚集起来，其影响将持续一个世纪或更长的时间。在强烈的紫外辐射作用下，它们光解出氯原子和溴原子，成为破坏臭氧的催化剂。由于臭氧层中臭氧的减少，照射到地面的太阳光紫外线增强，对生物细胞具有很强的杀伤作用，对生物圈中的生态系统和各种生物包括人类，都会产生不利的影响。臭氧层破坏对植物、水生生态系统也有潜在的危险，还会使城市内的烟雾加剧，使橡胶、塑料等有机材料加速老化，使油漆褪色等。

（3）酸雨。酸雨是指pH小于5.6的雨、雪、雹、露等大气降水。大气中的二氧化硫和二氧化氮是形成酸雨的主要物质。美国测定的酸雨成分中,硫酸占 60% ,硝酸占 32% ,盐酸占 6% ,其余是碳酸和少量有机酸。大气中的二氧化硫和二氧化氮主要来源于煤和石油的燃烧,它们在空气中氧化剂的作用下形成溶解于雨水的各种酸。酸雨主要是人类生产和生活活动造成的。酸雨给地球生态环境和人类社会经济都带来严重的影响和破坏。研究表明,酸雨对土壤、水体、森林、建筑、名胜古迹等人文景观均带来严重危害,不仅造成重大经济损失,更危及人类的生存和发展。酸雨使土壤酸化,肥力降低,有毒物质会毒害作物根系,杀死根毛,导致作物发育不良或死亡。酸雨还会杀死水中的浮游生物,减少鱼类食物来源,破坏水生生态系统;酸雨污染河流、湖泊和地下水,直接或间接危害人体健康;对森林的危害更不容忽视,直接伤害或通过土壤间接伤害植物,促使森林衰亡;酸雨对金属、石料、水泥、木材等建筑材料均有很强的腐蚀作用,因而对电线、铁轨、桥梁、房屋等均会造成严重损害。

2. 大面积生态破坏

生态破坏就是对生态平衡造成的直接损害。生态破坏既有自然的原因,也有人类活动造成的因素。相比之下,自然原因造成生态破坏的频度较低,在地域上也有一定的局限性,而人类活动对生态平衡却构成了持续的压力和频繁的破坏。因此,生态破坏主要是人类活动造成的。造成生态破坏的人类活动包括基于各种目的的植被破坏、大型工程以及对土地资源的过度开发利用等。目前,全球范围内出现的生态破坏的主要表现是:森林面积缩小、土壤侵蚀和土壤退化、生物物种消失以及由于环境污染引起的种种生态环境问题。伴随着森林的砍伐,土地沙漠化和土壤侵蚀现象的日趋严重,目前全球沙漠化面积已达 40 亿公顷,一百多个国家受到影响。全球的草原约占陆地表面积的 20% 左右,由于过度放牧和不适当的开垦,引起草场退化,发生土壤侵蚀、土壤盐渍化和沼泽化,并进一步荒漠化,严重损害了草原动物的生存。生态破坏的另一严重后果是物种消失。伦敦环境保护组织"地球之友"指出:目前地球上每天至少有一种物种灭绝,而且每灭绝一种物种,会连锁威胁到几个其他物种。世界上濒临灭绝的物种越来越多,有的物种还没有被人认识就灭绝了。物种的减少给生物圈和人类造成了无法弥补的损失。

3. 突发性的严重污染事件迭起

(1)印度博帕尔农药泄漏事件。1984 年 12 月 3 日凌晨,印度中部博帕尔市北郊的美国联合碳化物公司印度公司的农药厂发生了严重毒气泄漏事故。几天之内有 2500 多人丧生。至 1984 年年底,该地区有 2 万多人死亡,20 万人受到波及,附近的 3000 头牲畜也未能幸免。在侥幸逃生的受害者中,孕妇大多流产或产下死婴,有 5 万人可能永久失明或终生残疾。博帕尔事件是发达国家将高污染及高危害企业向发展中国家转移的一个典型恶果。

(2)切尔诺贝利核电站泄漏事故。1986 年 4 月 26 日当地时间凌晨 1 点 23 分,苏联时期乌克兰加盟共和国境内的切尔诺贝利核电站突然发生大爆炸,并引起大火,31 人当场死亡,共有 8 吨多的强辐射物在事故中泄漏,发生爆炸的 4 号机组被彻底摧毁。切尔诺贝利核泄漏是世界上最严重的核事故,成为人类利用核能史上的一大悲剧。欧洲受到核污染的区域超过了 $2 \times 10^5 \text{km}^2$,其中最严重的是白俄罗斯、乌克兰和俄罗斯加盟共和国。大量的放射性物质严重污染了空气、土壤和河流,破坏了自然环境和生态系统,直接导致 27 万人背井离乡,迁往其他安全地区。由于受到核辐射,核电站周围地区癌症患者,尤其是儿童甲状腺癌以及血癌患者急剧增多。

乌克兰加盟共和国官方的统计数字显示,该地区事故死亡人数超过了4400人。而在俄罗斯,当年参加抢险工作的许多人员相继死亡,还有不少人留下了终生残疾和精神疾病。据专家预测,事故的后果要经过一百多年才能完全消除。

(3)莱茵河污染事故。1986年11月1日,瑞士巴塞尔市桑多兹化工厂仓库失火,近30吨剧毒的硫化物、磷化物与含有水银的化工产品随灭火剂和水流入莱茵河。顺流而下150km内,六十多万条鱼被毒死,500km以内河岸两侧的井水不能饮用,靠近河边的自来水厂关闭,啤酒厂停产。有毒物沉积在河底,使莱茵河因此而"死亡"20年。

在1979~1988年间这类突发性的严重污染事故就发生了十多起。这些全球性大范围的环境问题严重威胁着人类的生存和发展,不论是发达国家还是发展中国家,都普遍对此表示不安。

第三节　环境保护

一、环境保护的概念

简单地讲,环境保护就是保护人类生存的自然环境不受污染和破坏。具体地讲,就是要求人类采取法律的、行政的、经济的、科学技术的措施和手段,合理利用自然资源,防止环境污染和破坏,以求保护和发展自然环境的动态平衡,扩大有用资源的再利用,保障人类社会的正常发展。

环境保护是防治和解决环境问题的一门综合性科学,涉及自然和社会的各个科学领域,并有自己独特的研究对象。它利用现代科学的理论、方法,协调人与自然及发展的关系,采取有效的工程技术措施防治各种环境问题,以实现科技进步、经济发展和环境保护的和谐统一,促进人类社会的持续发展。

二、中国环境保护的历史

(一)国家环境保护机构设立之前的环境问题(1949~1973年)

1. 中华人民共和国成立初期的主要环境问题

中国的环境问题,在1949年前后就有表现。主要是由于森林和草原的长期滥伐滥垦,植被遭到破坏,导致水土流失和土壤侵蚀。在若干主要城市,出现程度不同的工业污染和城市污染。当时虽然没有专门的环保机构和环保法规,但在一些相关法规中包含了保护环境的要求。集中建设的大中型工矿企业,采取了某些工程措施,如污水处理和消烟除尘装置等。

2. "大跃进"时期对环境的破坏

1958~1965年,在"大炼钢铁"和"大搞群众运动"的方针指导下,"小钢铁"和"小土群"遍地开花。工业三废(废水、废气、固体废弃物)放任自流,污染迅速蔓延。特别是对林业与矿产资源的滥采乱挖,不仅造成了惊人的浪费,而且对自然生态带来大范围的冲击和破坏。

3. "文化大革命"时期对环境的破坏

从1966年5月开始的"文化大革命"十年动乱,全国经济濒临崩溃边缘,环境污染与生态破坏也迅速地由发生期上升到爆发期。当时的环境问题主要表现如下。

①在工业建设方面,重数量,轻质量,不讲究经济效益,不重视技术革新,不注意合理布局,导致资源、能源的大量浪费和环境的严重污染。

②在城市建设方面,城市规划及建设布局混乱,忽视基础设施,忽视清洁能源,使城市环境问题更为尖锐。

③在农业生产方面,片面强调"以粮为纲",毁林、毁牧、围湖造田,导致生态环境的恶性循环。

(二)起步阶段的中国当代环境保护事业(1973~1978年)

1. 环境保护事业的奠基

1973年8月5~20日,第一次全国环境保护会议在北京召开。会议审议通过了中国第一个环保文件《关于保护和改善环境的若干规定》。1974年10月25日,国务院环境保护领导小组正式成立。从此,中国当代环保事业有了第一个环保机构。

2. 起步阶段中国环境问题的主要表现及环保工作

在起步阶段,中国环境问题的主要表现如下。

①工业盲目发展,城市布局混乱,环境急剧恶化。

②生态破坏日益加剧,滥伐林木、超载放牧、围湖造田等降低了自然生态调节功能,导致水、旱、风灾频繁。

③人口剧增对环境带来巨大冲击和压力。随着人口急剧增长,人均耕地不断减少,对森林、草原、矿产资源、水资源、能源供给、环境质量等都带来巨大的冲击和压力。

第一次全国环保会议之后,尤其是1974年国务院环保领导小组成立之后,各地各部门也陆续建立起环境管理机构和科研监测机构,着手全国重点区域污染源调查和污染防治,制定环境保护长远规划与年度计划,开展以"三废"治理和综合利用为主的污染防治,形成与执行"三同时"制度(建设项目中防治污染的措施,必须与主体工程同时设计、同时施工、同时投产使用)。1978年2月,环境保护首次纳入《中华人民共和国宪法》,规定:"国家保护环境和自然资源,防治污染和其他公害。"这是新中国历史上第一次对环境保护做出的明确规定,为环境法制建设和环保事业发展奠定了基础。1978年12月31日,中共中央批转了国务院环境保护领导小组的《环境保护工作汇报要点》,这是历史上第一次以中共中央名义对环保工作做出指示,引起了各级党组织的重视,是巨大的推动。

(三)改革开放时期环境保护事业的发展(1979~2009年)

1. 不断提升环境保护的战略地位

1979年9月13日,第五届全国人民代表大会常务委员会第十一次会议原则通过了《中华人民共和国环境保护法(试行)》。它以环境保护专门法的形式出现,是我国环境立法的起点,影响了我国环境立法的整个进程。

1983年12月31日国务院召开了第二次全国环境保护会议,宣布环境保护是中国现代化建设中的一项战略任务,是一项基本国策。1984年5月,成立国务院环境保护委员会。环委会主要任务是研究审定有关环境保护的方针、政策,提出规划要求,领导、组织和协调全国环保工作。

1989 年,国务院召开第三次全国环境保护会议,重点是强化环境管理。同年,《中华人民共和国环境保护法》(以下简称《环保法》)经 10 年试行后修订重新颁布,加强了法律基础。

1990 年,国务院发布《关于进一步加强环境保护工作的决定》。1993 年,在第二次全国工业污染防治会议上,提出了"三个转变"(从"末端治理"向全过程控制转变,从单纯浓度控制向浓度与总量控制相结合转变,从分散治理向分散与集中治理相结合转变)。

为了强化环境管理,国家环保机构逐步提升。1973 年是国务院下属的非常设机构——国务院环保领导小组办公室;1982 年在城乡建设环境保护部下设立环境保护局;1984 年成立国务院环境保护委员会,城建环保部管的环保局改为国家环保局,作为国务院环委会的办事机构;1988 年国家环保局升格为国务院直属机构;1998 年升格为总局;2008 年变成环境保护部,成为国务院成员单位。各级人大也不断加强对环保工作的领导。1993 年,第八届全国人大第一次会议设立全国人大环境保护委员会,次年更名为环境与资源保护委员会。

2. 环境法律法规与管理制度的不断完善

经过几十年的努力,中国主要的环境法律法规已逐步建立与完善。至 2008 年,制定环境保护法 9 部,自然保护法 15 部;修订后的《中华人民共和国刑法》增加了"破坏环境资源保护罪"和"环境监管渎职罪"的规定;环保行政法规 50 余项;部门规章和规范性文件近 200 件;批准和签署多边国际环境条约 50 余项;各地人大制定的环境法规和地方政府制定的规章 1600 余件;国家环境标准 630 多项。中国环境政策从初期着重于强化环境行政管理机构和完善环境法律法规,努力加强环境管理,随后则越来越突出经济与环保的协调和"双赢"。

3. 工业化与城市化发展阶段环境保护同环境破坏的艰难博弈

环境污染与生态破坏带来巨大的经济损失。世界银行 1997 年研究报告指出,1995 年中国以大气污染为主的损失约占当年 GDP 的 7.7%。它建议中国大大增加污染控制投资,最好能占到 GDP 的 2%。10 年后,世界银行新的研究报告估算,中国 2003 年因大气和水污染造成的健康与物质损失占当年 GDP 的 5.78%。

4. 环境外交与环境保护参与综合决策

1987 年,联合国报告《我们共同的未来》发表,中国便翻译出版。围绕保护臭氧层、应对气候变化、保护生物多样性等公约谈判和 1992 年联合国环境与发展会议的准备与召开,中国积极参与环境外交,维护发展中国家的权益。环境与发展会议结束不到两个月,《中国环境与发展十大对策》发表,提出了 10 个方面的政策,宣布要实施可持续发展战略。1994 年,《中国 21 世纪议程》公布,这是全球第一部国家级的《21 世纪议程》。1996 年,国务院召开第四次全国环境保护会议,发布《关于环境保护若干问题的决定》,要求排放污染物的企业限期达到国家标准,并在全国实施"总量控制"和"绿色工程"两大举措,力求基本控制住环境恶化加剧的趋势。自1997 年起的每年 3 月,中央召开基本国策座谈会,中共中央、国务院、各省区市和各部门的负责人集中讨论人口、资源与环境问题,明确对策,这已成为一项制度。

5. 落实科学发展观与建设生态文明

2005 年 12 月,国务院先后发布了《促进产业结构调整暂行规定》和《关于落实科学发展观加强环境保护的决定》(以下简称《决定》)。《决定》是一个系统创新、全面推进、重点突破的环境保护攻坚时期的纲领性文件,内容具体,要求很严,即动用国家行政督察的强制力量,以确保《决定》实施。其中引人注目之处有:强调环境形势严峻的状况仍然没有改变,未来15年人口将继续增加,经济总量将再翻两番,资源、能源消耗持续增长,环境保护面临的压力越来越大,要把环境保护摆上更加重要的战略位置,用科学发展观统领环境保护工作,痛下决心解决环境问题;强调要在发展中解决环境问题,积极推进经济结构调整和经济增长方式的根本性转变,切实改变"先污染后治理、边治理边破坏"的状况;切实解决7项突出的环境问题,其中,饮水安全和重点流域治理排在第一位;通过认真评估环境立法和各地执法情况,完善环境法律法规,加大对违法行为的处罚,重点解决"违法成本低、守法成本高"的问题;运用市场机制推进污染治理,建立健全有利于环保的价格、税收、信贷、贸易、土地和政府采购等政策体系;完善生态补偿政策,尽快建立生态补偿机制,中央和地方财政转移支付应考虑生态补偿因素,国家和地方可分别开展生态补偿试点;促进地区经济与环境协调发展,大力发展循环经济;强化环保科技基础平台建设,将重大环保科研项目优先列入国家科技计划,并把环境与健康作为攻关新方向。

随着工业化、城镇化和新农村建设进程的加快,经济社会发展与资源环境约束的矛盾越来越突出,环境形势十分严峻,环境压力继续加大。环保问题已成为影响和制约现代化建设全局的一个关键问题。主动有效地破解这一难题,唯一正确的选择就是大力建设生态文明。生态文明既是理想的境界,也是现实的目标。积极建设生态文明,努力促进人与自然和谐,是推进环境保护历史性转变的目标指向。改革开放30年是中国环保事业大发展的30年,也是不懈探索中国特色环保新道路的30年,既有成功的经验,也有沉痛的教训。探索中国特色环境保护新道路,本质上就是推动生态文明建设。

中国环境保护还将从四方面加大努力:第一,大力发展绿色经济和绿色产业;第二,毫不松懈地推进主要污染物减排;第三,充分发挥环评制度的宏观调控作用;第四,切实解决城镇环境问题。2009年《规划环境影响评价条例》的发布施行,是一大进步。因为单个项目的环评实际上处于决策的末端,而规划环评的意义在于能在项目决策的前端就把好环境关。2002年的《环境影响评价法》虽然对规划环评有了规定,但一直处于试点中。根据新条例,几乎所有政府及部门编制的规划都要受规划环评条例的规范。从长远看,该条例对政府各部门规划制定权力的分配具有重要规范作用,当环境因素成为规划制定过程中的重要环节,它将是一层有力的制度保障。2008年,国家环保部对总投资4737亿元的156个"两高一资"(即具备高耗能、高污染和消耗资源型的企业或行业)项目不予受理、审批或暂缓审批。此外,到2008年年底,中国投资1000多亿元建成3.63亿千瓦燃煤脱硫装机容量,成为全球脱硫装机规模最大国;投资2000多亿元建成1550多座污水处理厂,日处理规模8600万吨,是世界上污水处理规模第二大的国家。联合国环境署发布的《2009年全球可持续能源投资趋势报告》显示,中国在2008年的绿色能源投资超过156亿美元,比2007年上升18%,其中投资最活跃的仍然是风能发电和生物燃料项目。中国已跃居成为世界第二大风能市场,同时还是世界上最大的太阳能光伏设备制造者。

(四)《环保法》发展与修改时期

从1989年《环保法》颁行,到2014年《中华人民共和国环境保护法修订案》(以下简称《修订案》)通过,经历了25年修法路。

从 1995 年八届全国人大三次会议到 2011 年十一届全国人大五次会议,共有全国人大代表 2474 人次以及台湾代表团、海南代表团提出修改环境保护法的议案 78 件,代表们普遍认为现行环境保护法是经济体制改革初期制定的,已经不适应经济社会发展要求,强烈要求修改。十一届全国人大常委会将修改《环保法》列入了五年立法规划的论证项目。2011 年 1 月,全国人大环资委以委托环保部起草《环境保护法修正案草案(部门建议稿)》的方式,正式启动《环保法》的修订工作。

2012 年 8 月,十一届全国人大第二十八次常委会初次审议《中华人民共和国环境保护法修正案(草案)》(以下简称《草案》),随后,面向社会公开征求意见。

2013 年 10 月 21 日,十二届全国人大常委会五次会议进行第三次审议,此次审议稿的名称为《环境保护法修订案(草案)》。明确表示基于环境保护法在生态环境保护领域中的综合性、基础性地位,应当采用修订方式对环境保护法进行全面修改。

2013 年 6 月,十二届全国人大常委会第三次会议对《中华人民共和国环境保护法修正案(草案二次审议稿)》(以下简称《草案二次审议稿》)进行审议,并决定再次公开征集意见。全国人大常委会向社会公布的《草案二次审议稿》,对《草案》作了 45 处修改,条文增加至 59 条。

2013 年 10 月 21 日,十二届全国人大常委会五次会议进行第三次审议,此次审议稿的名称为《环境保护法修订案(草案)》。比较《草案二次审议稿》,此次又进行了 10 处修改,条文增加至 65 条。

2014 年 4 月 21~24 日,十二届全国人大常委会八次会议第四次审议并通过《中华人民共和国环境保护法修订案》。《修订案》在《环境保护法修订案(草案)》的基础上又进行了 20 多处修改,条文增加到 70 条。主要修改了立法目的,增加了生态红线、环境与健康、环境责任保险制度,完善了法律责任、公益诉讼制度等。

《修订案》,这部号称"史上最严厉环保法"的法律于 2015 年 1 月 1 日实施。这标志着中国环境保护事业进入一个新的历史阶段。

第四节　可持续发展

一、可持续发展的内涵

什么是可持续发展呢? 1987 年《布伦特兰报告》提出"既满足当代人的需要,又不损害后代人满足需要的能力的发展"。它有两个基本点,一是必须满足当代人特别是穷人的需求,否则他们就无法生存;二是今天的发展不能损害后代人满足需求的能力。这一定义包含的思想原则为世界各国所接受和运用。

可持续发展来源于生态学,最初用于林业和渔业的管理,其目的是保证新成长的资源数量足以弥补所收获的数量。后来用于农业、自然界和生物圈,而且不限于考虑一种资源的情形。人们现在关心的是人类活动对多种资源的管理实践之间的相互作用和累积效应,范围则从几大区域到全球。由于可持续发展的应用范围进一步扩大,从当初的生态学到更加广泛的经济学和社会学范畴,其内涵也在不断扩大。

人们认识到可持续性牵涉生物地球物理的、经济的、社会的、文化的、政治的各种复杂因素的相互作用。根据不同的目标,可持续性可以有经济的、生态(生物物理)的和社会文化的这三种主要的不同解释。经济学观念对于可持续性的追求是以最小量的资本投入获取最大量的收益。在生物物理学家的头脑中,可持续性是指保持一个系统的稳定,即保持全球生态系统的稳定;从全球看,保持生物多样性是关键。可持续性的社会文化概念则试图保持社会和文化体系的稳定,包括减少它们之间的毁灭性碰撞,保持全球文化多样性,促进代内和代际公平;同保护生物多样性一样,我们也要尽力保护社会和文化的多样性。

在具体内容方面,可持续发展涉及可持续经济、可持续生态和可持续社会三方面的协调统一,要求人类在发展中讲究经济效益、关注生态和谐和追求社会公平,最终达到人的全面发展。具体地说:

1. 经济的可持续发展

可持续发展鼓励经济增长,因为经济发展是国家综合实力增强和社会财富增长的基础。但可持续发展在追求经济数量增长的同时,更追求经济发展的质量。要求改变传统的以“高投入、高消耗、高污染”为特征的生产模式和消费模式,实施清洁生产和文明消费,以提高经济活动中的效益、节约资源和减少废物。

2. 生态的可持续发展

可持续发展要求经济建设与社会发展不超越环境的再生能力,发展的同时必须保护和改善地球生态环境,即寻找到一种最佳的生态方式来满足人们经济和社会的发展。因此,可持续发展强调了发展是有限制的,没有限制就没有发展的持续。生态可持续发展同样强调环境保护,要求通过发展模式的转变,从人类发展的源头、从根本上解决环境问题。

3. 社会的可持续发展

可持续发展不仅是经济的发展,更强调社会公平,并指出世界各国的发展阶段、发展的具体目标虽各不相同,但发展的本质应包括改善人类生活质量,提高人类健康水平,创造一个保障人们平等、自由、教育、人权和免受暴力的社会环境。这就是说,在人类可持续发展系统中,经济可持续是基础,生态可持续是条件,社会可持续才是目的。

可持续发展理论使人类文明发展的观念发生了改变。可持续发展观与工业革命延续下来的传统发展观念的区别,主要表现在:从以单纯经济增长为目标的发展转向经济、生态、社会的综合发展;从以物为本的发展转向以人为本的发展;从注重眼前利益、局部利益的发展转向长期利益、整体利益的发展;从物质资源推动型的发展转向非物质资源或信息资源(科技与知识)推动型的发展。可持续发展战略是人类健康新的发展理念和行动纲领。可持续的生态文明必将成为 21 世纪人类社会发展的主旋律。

二、可持续发展遵循的原则

可持续发展是人类一种新的生存方式。贯彻可持续发展战略,要求人类生活遵从下列一些基本原则。

1. 公平性原则（Fairness）

公平是发展可以长期持续的保证。可持续发展的公平性体现在：一是本代人的公平即代内平等，可持续发展要满足全人类的基本需求和给他们满足要求较好生活的愿望机会。当今世界的现实是各国贫富悬殊、两极分化严重，即使在同一国家也是这样，这种状况不符合可持续发展的原则；二是代际间的公平即世代平等。要认识到人类赖以生存的自然资源是有限的。本代人不能因为自己的发展与需求而损害人类世世代代满足需求的条件——自然资源与环境。要给后代人以公平利用自然资源的权利。

2. 持续性原则（Sustainability）

人类经济和社会的发展虽受诸多因素制约，但自然资源与生态环境是主要制约因素。资源与环境是人类生存与发展的基础。可持续发展主张建立在保护地球自然系统基础上的发展，通过发展方式的改变，使资源的耗竭速度低于资源的再生速度。且应以不损害支持地球生命的大气、水、土壤、生物等自然系统为前提。

3. 共同性原则（Common）

虽然世界各国历史、经济、文化和发展水平的差异，可持续发展的具体目标、政策和实施步骤不尽相同。但是，可持续发展作为全球发展的总目标，所体现的公平性原则和持续性原则，则是应该共同遵从的。要实现可持续发展的总目标，就必须采取全球共同的联合行动，因此致力于达成既尊重各方的利益，又保护全球环境与发展体系的国际协定至关重要。

三、可持续发展的指标体系

可持续发展的指标体系是用于测定和评价可持续发展的状态和程度的。其指标体系几乎涉及人类社会经济生活以及生态环境的各个方面。

联合国可持续发展指标体系由驱动力指标、状态指标、响应指标构成。驱动力指标反映的是对可持续发展有影响的人类活动、进程和方式，即表明环境问题的原因。主要包括就业率、人口净增长率、成人识字率、可安全饮水的人口占总人口的比率、运输燃料的人均消费量、人均实际GDP增长率、GDP用于投资的份额、矿藏估量的消耗、人均能源消费量、人均水消费量、排入海域的氮磷量、土地利用的变化、农药和化肥的使用、人均可耕地面积、温室气体等大气污染物排放量等。状态指标是衡量由于人类行为而导致的环境质量或环境状态的变化，即描述可持续发展的状况。它主要包括贫困度，人口密度，人均居住面积，已探明矿产资源储量，原材料使用强度，水中的BOD（生化需氧量）和COD（化学需氧量）值，土地条件的变化，植被指数，受荒漠化、盐碱和洪涝灾害影响的土地面积，森林面积，濒危物种占本国全部物种的比率，二氧化硫等主要大气污染物浓度，人均垃圾处理量，每百万人中拥有的科学家和工程师人数，每百户居民拥有电话数量等。响应指标是对可持续发展状况变化所做的选择和反应，即显示社会及其制度机制为减轻诸如资源破坏等所做的努力。具体包括人口出生率、教育投资占GDP的比率、再生能源的消费量与非再生能源消费量的比率、环保投资占GDP的比率、污染处理范围、垃圾处理的支出、科学研究费用占GDP的比率等。

必须说明的是，这个指标体系虽然经过国际专家多次讨论修改，但是，由于不同国家之间的差异,整个指标体系要涵盖各国的情况,难免以偏概全,甚至可能与具体国家的实际情况相差甚远;其次,由于可持续发展的内容涉及面广且非常复杂,人们对它的认识还在不断加深,要建立一套无论从理论上还是从实践上都比较科学的指标体系,尚需要进行深入的研究和探讨。因此该指标体系只能为我们提供参考。

四、可持续发展的重要文件

1. 全球《21 世纪议程》

以联合国环境与发展大会为标志,人类对环境与发展的认识提高到了新的阶段,可持续发展的实践活动也开始在全球范围内普遍展开,正式贯彻实施可持续发展战略的人类活动计划。这份文件是 1992 年世界环境与发展大会上通过的《21 世纪议程》,是反映环境与发展领域的全球共识和最高级别的政治承诺的重要文件,提供了全球推进可持续发展的行动准则。

全球《21 世纪议程》指出,人类正处于一个历史的关键时刻,国家之间和各国内部长期存在的经济悬殊现象,贫困、饥荒、疾病和文盲有增无减,赖以维持生命的地球生态系统继续恶化。人类必须改变现行的政策,综合处理环境与发展的问题,提高所有人特别是穷人的生活水平,在全球范围更好地保护和管理生态系统。要争取一个更为安全、更为繁荣、更为平等的未来,任何一个国家不可能仅依靠自己的力量取得成功,必须联合起来,建立促进可持续发展全球伙伴关系,只有这样才能实现可持续发展的长远目标。

《21 世纪议程》涉及人类可持续发展的所有领域,提供了 21 世纪如何使经济、社会与环境协调发展的行动纲领和行动蓝图。它强调经济与社会的可持续发展,加速发展中国家可持续发展的国际合作和积极调整有关的国内政策,消除贫困、改变消费方式、保护和促进人类健康、促进人类住区的可持续发展、将环境与发展问题纳入决策进程。强调资源保护与管理,包括保护大气层、统筹规划和管理陆地资源、禁止砍伐森林、促进可持续农业和农村的发展、生物多样性保护、对生物技术的环境无害化管理、保护海洋、合理利用和开发生物资源、保护淡水资源、有毒化学品的环境无害化管理等内容。强调加强主要群体的作用,包括采取全球性行动促进妇女的发展、鼓励青年和儿童参与可持续发展、确认和加强土著人民及其社区的作用,加强非政府组织的作用,加强工人及工会的作用,加强工商界的作用,加强科学和技术界的作用,加强农民的作用。

倡导积极采取有效的实施手段,包括财政资源及其机制、环境无害化(和安全化)技术的转让、促进教育、公众意识和培训、促进发展中国家的能力建设、国际体制安排、完善国际法律文书及其机制等。

2.《中国 21 世纪议程》

因此,我国也制定和实施了《中国 21 世纪议程》,我国是一个发展中国家,人口基数大、人均资源少、经济和科技水平都比较落后,走可持续发展之路,是我国 21 世纪发展的需要和必然选择。

《中国 21 世纪议程》的主要内容分为四大部分。

第一部分,可持续发展总体战略与政策。主要论述实施中国可持续发展战略的背景和必要性,提出了中国可持续发展战略目标、战略重点和重大行动,建立中国可持续发展法律体系,制定促进可持续发展的经济技术政策,将资源和环境因素纳入经济核算体系,参与国际环境与发展合作的意义、原则立场和主要行动领域,其中特别强调了可持续发展能力建设,包括建立健全可持续发展管理体系,费用与资金机制,加强教育,发展科学技术,建立可持续发展信息系统,促使妇女、青少年、少数民族、工人和科学界人士及团体参与可持续发展。

第二部分,社会可持续发展。包括人口、居民消费与社会服务,消除贫困,保障卫生与健康,人类住区可持续发展和防灾减灾等。其中最重要的是实行计划生育、控制人口数量、提高人口素质,包括引导建立适度和健康消费的生活体系。强调尽快消除贫困,提高中国人民的卫生和健康水平。通过正确引导城市化,加强城镇用地规划和管理,合理使用土地,加快城镇基础设施建设,促进建筑业发展,向所有的人提供住房,改善住区环境,完善住区功能。建立与社会主义经济发展相适应的自然灾害防治体系。

第三部分,经济可持续发展。把促进经济快速增长作为消除贫困、提高人民生活水平、增强综合国力的必要条件,其中包括可持续发展的经济政策,农业与农村经济的可持续发展,工业与交通、通信业的可持续发展,可持续能源和生产消费等部分。着重强调利用市场机制和经济手段推动可持续发展,提供新的就业机会,在工业活动中积极推广清洁生产,尽快发展环保产业,提高能源效率与节能,开发利用新能源和可再生能源。

第四部分,资源的合理利用与环境保护。主要包括水、土等自然资源保护与可持续利用,生物多样性保护、防治土地荒漠化、防灾减灾、保护大气层(如控制大气污染和防治酸雨)、固体废物无害化管理等。着重强调在自然资源管理决策中推行可持续发展影响评价制度,对重点区域和流域进行综合开发整治,完善生物多样性保护法规体系,建立和扩大国家自然保护区网络,建立全国土地荒漠化的监测和信息系统,开发消耗臭氧层物质的替代产品和替代技术,大面积造林,建立有害废物处理、利用的新法规和技术标准等。

☞ 复习指导

1. 内容概览

本章主要讲授环境、环境问题、环境保护和可持续发展的基本概念,了解人类环境问题、环境保护的发展阶段。

2. 学习要求

重点要求掌握环境、环境保护的概念、可持续发展的内涵、遵循的原则等问题,增强环境保护意识和责任感。

☞ 思考题

1. 环境的定义是什么?它包括哪两个方面?这两个方面有何关系?

2. 从历史上著名的八大公害事件产生的时间、地点和原因来分析环境问题的由来和发展。

3. 结合世界经济的发展历程,探讨人类在环境保护上经历的几个阶段。

4.何为可持续发展?

5.可持续发展的内涵是什么?

6.可持续发展应遵循的原则是什么?

参考文献

[1]周律.环境工程学[M].北京:中国环境科学出版社,2001.

[2]沈耀良,汪家权.环境工程概论[M].北京:中国建筑工业出版社,2000.

[3]冷宝林.环境保护基础[M].北京:化学工业出版社,2001.

[4]刘天齐.环境保护[M].2版.北京:化学工业出版社,2000.

[5]吕殿录.环境保护简明教程[M].北京:中国环境科学出版社,2000.

[6]马光,曾苏,吕锡武.环境与可持续发展导论[M].北京:科学出版社,2003.

[7]钱易,唐孝炎.环境保护与可持续发展[M].北京:高等教育出版社,2000.

[8]黄润华,贾振邦.环境学基础教程[M].北京:高等教育出版社,1997.

[9]中国21世纪议程——中国21世纪人口、环境与发展白皮书[M].北京:中国环境科学出版社,1994.

[10]国家环境保护局.中国环境保护21世纪议程[M].北京:中国环境科学出版社,1995.

[11]李建民.人口、资源、环境:可持续发展[J].人口研究,1996(1).

[12]甘师俊.可持续发展——跨世纪的抉择[M].广州:广东科技出版社,1997.

[13]编写组.中国白皮书——关系中国政治经济与发展趋势的报告[M].北京:改革出版社,1992.

[14]中国环境报社.迈向二十一世纪——联合国环境与发展大会文献汇编[M].北京:中国环境科学出版社,1992.

[15]张坤民.可持续发展论[M].北京:中国环境科学出版社,1987.

[16]王军.可持续发展[M].北京:中国发展出版社,1997.

[17]王慧炯.可持续发展与经济结构[M].北京:科学出版社,1999.

[18]张建平.可持续发展与清洁生产[J].世界环境,1996(1).

[19]张坤民.中国环境保护事业60年[J].中国人口·资源与环境,2010,20(6):1-5.

第二章 用水与排水

第一节 水体及其自净与污染

一、水体

水体是河流、湖泊、沼泽、海洋的总称,一般是指地表被水覆盖地段的自然综合体,它不仅包括水,而且也包括水中的悬浮物、溶解物、底泥和水生生物等完整的生态系统。

二、水体自净

水体自净是指在自然环境中,水体自身对排放到水体中的污染物具有一定的承受能力、净化功能,也称为环境容量。水体能够在其环境容量的范围内,经过水体的物理、化学和生物作用,使排入的污染物浓度随时间的推移而自然降低,这就称为水体的自净作用。当水体受到污染后,能否逐渐变为清洁的水体,主要取决于水体的自净能力。水体的自净能力包括以下三种。

1. 物理净化

物理净化是利用稀释、扩散、沉淀等作用以降低污染物的浓度,其中稀释是水体净化的重要过程。但物理净化并不彻底,因为它只是改变了污染物的分布数量和状态,并不能从根本上消灭污染物。

2. 化学净化

化学净化主要是指通过对污染物的化学沉淀、氧化、还原、吸附和凝聚等过程,使污染物和水体中的物质相互产生化学反应而使污染物浓度下降,或失去其污染性。

3. 生物净化

生物净化主要是通过水体中微生物对有机污染物的氧化、还原及分解作用,使污染物的浓度降低。水体中微生物可以将有机污染物分解成二氧化碳、水和氮、磷等无机物,这些分解物又可被藻类、水草吸收,成为它们生长所需要的营养物质。

物理净化和化学净化虽然能使水体的污染物浓度降低,但污染物的绝对量几乎没有减少;而生物净化所起的作用具有决定性的意义,它不仅使污染物浓度下降,还将有机物分解为水和二氧化碳等无害物质,使污染物的绝对量减少,通常所说的水体自净能力主要是指生物净化能力。

三、水体污染

所谓水体污染,是指含量大大超过水体自净能力的污染物进入水体后,引起水质恶化,破坏水体原有用途,影响了水的使用价值并且危害人类健康的现象。

水污染原因有两类,一类是自然因素所造成的污染;另一类是人类生活和生产活动中产生的污染,此类水体污染属于人为污染。

水体中主要的污染物质及危害如下。

1. 固体污染物

固体污染物在废水中主要以三种状态存在,即悬浮状态、胶体状态和溶解状态。

(1)悬浮状态。污染物在水中呈悬浮状态的物质称为悬浮物,它是指粒径大于100nm的杂质。悬浮物的存在会造成水质显著的浑浊,其中密度较大的颗粒大多数是泥沙类的无机物,这类物质经静置后会自行沉降。密度较小的颗粒多为动植物腐败而产生的有机物浮在水面上。悬浮物还包括浮游生物及微生物与菌泥等。

(2)胶体状态。污染物的粒径介于1~100nm的杂质。胶体状态的杂质多数是高分子有机物胶体。

(3)溶解状态。污染物的粒径小于1nm的杂质。主要是一些小分子的化合物,它们不会使水变浑浊,就像食盐溶于水中,水仍然是透明的。

在水质分析中,把固体污染物分为溶解性固体和悬浮固体两类。即凡能透过滤膜(孔径0.4μm)的称为溶解性固体,以DS表示。凡不能透过的称为悬浮固体,以SS表示。将这两项指标的合量称为总固形物,以TS表示。

悬浮物沉于水体底部,危害水体底栖生物的繁殖,影响渔业生产;沉积于灌溉的农田,堵塞土壤孔隙,影响通风,不利于农作物生长;如果淤积严重,还会堵塞水道。

当水体溶解性固体的浓度过大,造成pH变化或盐分子增加,就会对水生生物的生长造成危害。

2. 需氧有机物污染

需氧有机物包括碳水化合物、蛋白质、油脂、氨基酸、脂肪酸、酯类等有机物质。

需氧有机物没有毒性,在生物化学作用下易于分解,分解时消耗水中的溶解氧,水体中需氧有机物越多,耗氧也越多,水质也越差,说明水体污染越严重。

水体中有机成分非常复杂,需氧有机物浓度常用五日生化需氧量(BOD_5)表示,也用化学需氧量(COD)、总需氧量(TOD)等作为测量指标,以反映需氧有机物的含量与水体污染的关系。

危害:需氧有机物是水体中最普遍存在的一种污染物,这些物质如果大量进入水体,将造成水中溶解氧的缺乏,如果水中溶解氧的浓度低于3~4mg/L,将严重影响水中生物的生活和生存,对水生生物中的鱼类危害最大,当水中溶解氧被消耗殆尽时,有机物可进行厌氧生物分解,产生CH_4、H_2S、NH_3等散发出臭气,水质变黑,底泥泛起,这就是水质腐败现象。对需氧有机物污染的控制一般采用减少排放量的方法,避免这类污染物直接进入水体,对需要排入水体的污水一般应进行生化处理。

3. 富营养化污染

富营养化污染主要指水流缓慢、更新周期长的地表水体接纳大量氮、磷等富营养素引起的藻类等浮游生物急剧增殖的水体污染。

富营养化是湖泊污染的重要特征,富营养化主要是向湖泊输入过多的氮、磷造成的。当湖水中总磷浓度高于0.02mg/L,全氮浓度高于0.2mg/L以上时,即被视为富营养化。我国城市湖泊普遍存在富营养化现象。

危害:堵塞水道,恶化环境,危害水产业。

4. 有毒污染物

废水中能对生物体引起毒性反应的化学物质都是有毒污染物。各类水质标准中都对主要的毒性物质规定了严格的限量指标。这类物质包括无机化学毒物、有机化学毒物和放射性物质三类。

(1)无机化学毒物。无机化学毒物包括金属和非金属及其化合物两类。金属毒物主要是汞、铬、铝、铅、锌、镍、铜、钴、锰、钛等元素的离子或化合物。前四种危害极大,如汞进入人体后转化为甲基汞,在脑组织积累,破坏神经功能,直至严重发作而死亡。金属毒物常被生物富集于体内,富集倍数可达几百至千倍,又通过饮水与食物链,最终毒害人体。非金属毒物主要有砷、硒、氰、氟、硫、亚硝酸根离子等。如砷中毒时引起中枢神经紊乱,诱发皮肤癌。亚硝酸盐在人体内能与仲胺生成亚硝胺,亚硝胺是强烈致癌物质。许多毒性元素,往往又是生物必需的微量营养元素,因此严格地控制水体中有毒污染物的排放至关重要。

(2)有机化学毒物。有机化学毒物大多数是人工合成、难以被生化降解的有机物,常见的有酚、苯、硝基化合物,有机农药、多氯联苯、稠环芳烃,合成洗涤剂等。这些物质有较强的毒性,在人体和水生物中蓄积,富集倍数很高,多氯联苯、稠环芳烃等具有致癌作用。

(3)放射性物质。放射性物质是指具有放射性物质的元素,它们自己通过自身衰变可放射出α、β、γ等射线。这些物质进入人体后会继续放出射线,使人体患贫血、恶性肿瘤等各种放射性病症。

5. 酸碱污染物

酸碱污染物主要是指废水中含有酸性污染物和碱性污染物,它们可使水体的pH发生变化。水质标准中以pH来表示酸碱污染是否存在。

世界卫生组织规定的饮用水标准中pH的适宜范围是7.0~8.5,极限范围是6.5~9.2。在渔业水体中pH一般不应低于6.0或高于9.2。农业用水pH在4.5~9.0。

酸碱污染物具有较强的腐蚀性,对管道和构筑物造成腐蚀,还可腐蚀桥梁、船舶等。酸性废水对混凝土、金属具有腐蚀作用,碱性污染物易使土壤盐碱化。酸碱污染物还可破坏水体的缓冲作用,抑制细菌及微生物的生长,妨碍水体自净。

6. 感官性污染物

废水中的浑浊、泡沫、恶臭、色变等能引起人们感官上的不快,统称为感官性污染物。

引起水体变色、浑浊、泡沫的废水主要来自于印染、纺织、造纸等行业的工业废水,它们虽无严重的危害,但破坏了优美的风景,降低了作为疗养、旅游地的使用价值。

在各类水质标准中,对水体的色度、臭味、浊度等指标都做了相应的规定。

总之,水是生命之源,人体营养物质的消化吸收、代谢物质的排泄、血液的循环等都离不开水,如果水质受到污染,就会严重影响人们的健康。

根据世界卫生组织报道,在所有已知的疾病中,大约80%与水污染有关,通过水作为媒介传播的疾病主要是肠道传染病,如细菌性痢疾、病毒性肝炎等。近几年,在美国的供水中已发现2110种污染物,其中2090种属于有机污染物。在这2110种污染物中有20种已被确认为致癌物,21种为可疑致癌物,18种为促癌物,47种为致突变物。

水中危害人们健康的污染物大致可分为:微生物学污染物,如细菌、病毒等;无机污染物,如Cd、Cr、Pb、Hg等重金属离子;有机污染物,如水中含有致癌、致畸和致突变的有机物;颗粒状污染物和放射性污染物等。

据环保部门对我国42个城市的55个地表水水源的监测表明:氨氮超标的占58.5%,亚硝酸氮超标的占23.4%,挥发酚超标的占33.3%,悬浮物超标的占41.9%。

第二节　水质标准和工业废水排放标准

一、水质标准的常用指标

为了保障人体健康,保护水源,人们研究废水处理流程和方法时,用以表征废水污染程度的水质指标,可以概括为物理指标、化学指标及生物指标。

1. 物理指标

(1)总固量。是水样在一定温度下蒸干后所残留的固体物质的总量,包括悬浮固体及总溶解固体。由有机物、无机物及各种生物体组成。总固体越少,水越清洁。当水被污染时,总固量增加。以 mg/L 表示,指每升水样中含固体物质的质量。

(2)悬浮固体。是把水样过滤后,截留物蒸干后的残留固体量。是由不溶于水的淤泥、黏土、有机物、微生物等悬浮物质组成。

(3)总溶解固体。是水样过滤后,滤出物蒸干后的残余固体量。是由溶解于水中的各种无机盐类、有机物等组成。

(4)浊度。是指水浑浊的程度,是水样对光线散射和吸收所产生的一种光学性质。其定义为:由于不溶性物质的存在而引起液体透明度的降低。水的浑浊是由于水中含有悬浮的泥沙、有机物、微生物等造成的。也可以表示水中所含杂质的多少,浊度的标准单位规定为1mg SiO₂/L 构成的浑浊度为1度。

(5)色泽及色度。色泽是指废水的颜色,它是由水中某些溶解性物质和浮粒子形成的,它分为真色及表观色两种。真色是废水中某些溶质吸收入射光线的结果,所吸收可见光的波长决定废水的色泽。表观色是废水中某些胶体或悬浮物对入射光散射的结果,废水此时显示浑浊,因此测定废水的色度应将水样中的悬浮物先加以去除。色度是指废水含有带色物质的多少。用铂—钴法表示,以 1mg 铂/L—0.496mg 钴/L 的颜色为1度。描述废水色泽用无色、微绿、绿、黄、微黄、褐黑等词描述。

(6)温度。测定水的温度也很重要。水温过高或过低不但影响水中生物的生命活动,有时也会妨碍废水处理过程和回收利用。

2. 化学指标

(1)溶解氧(Dissoloed Oxygen,简称 DO)。溶解于水中的氧称为"溶解氧"。

水中溶解氧的含量与空气中氧的分压大气压和水温有关。

在 $1.01 \times 10^5 Pa(760mm Hg)$ 的大气压下和空气中含氧 20.9% 时,不同温度的淡水中溶解氧的含量如表 2−1 所示。

表 2−1 不同温度的淡水中溶解氧的含量

温度(℃)	0	1	5	10	15	18	20	25	28	30	35	40
溶解氧含量(mg/L)	14.6	14.2	12.8	11.3	10.1	9.5	9.2	8.3	7.9	7.6	7.1	6.6

清洁的地表水在正常情况下所含的溶解氧接近饱和状态,水中含有藻类植物时,由于光合作用而放出氧就可使水中含饱和的溶解氧。

当水体受到污染时,由于有机物被生物氧化而耗氧,使水中溶解氧逐渐减少。当污染严重,氧化作用进行得很快,而水体又不能从空气中吸收足够的氧来补充氧的消耗,水中溶解氧不断减少,甚至会接近零。这时厌气性细菌繁殖起来,有机物会发生腐败,使水体发臭,所以溶解氧和水生生物等的生存有密切关系。当溶解氧为 3 ~ 4mg/L 时,鱼类就会窒息而死亡。工业污水的好氧生物处理,就是运用微生物在有氧条件下降解有机物。因此,处理设备运行过程中,经常测定溶解氧,对日常控制污染物的排放有着重要的意义。

(2)生物化学需氧量(Biochemical Oxygen Demand,简称 BOD)。指在温度、时间都一定的条件下,微生物在分解、氧化水中有机物的过程中,所消耗的游离氧数量,其单位为 mg/L 或 kg/m^3。可以间接地反映水中有机物的含量。

水温对生物氧化反应速率有很大的影响,一般以 20℃ 为标准。

在第一阶段,有机物在好氧微生物的作用下被降解,并转化为 CO_2、H_2O 及 NH_3,化学式为:

$$\text{有机物} + O_2 \longrightarrow CO_2 + H_2O + NH_3$$

一般在 20℃ 时此反应需 12 ~ 20 天完成。

第二阶段,主要是 NH_3 转化为亚硝酸和进一步转化为硝酸的硝化反应,即:

$$2NH_3 + 3O_2 \longrightarrow 2HNO_2 + 2H_2O$$

$$2HNO_2 + O_2 \longrightarrow 2HNO_3$$

此反应在 20℃ 时需近百天才能完成。

目前,国内外通常以 20℃ 时 5 日作为标准时间,测得结果称 5 日生化需氧量,以 BOD_5 表示。而以 20 日的生化需氧量近似地作为第一阶段完全生化需氧量,以 BOD_{20} 记,一般生活污水的 BOD_5 约为 BOD_{20} 的 70% 左右。而总的生化需氧量则以 BOD_U 表示。

若废水中还含有不能被生物降解的有机物(如 ABS),则在测定过程中未被生物降解,也未消耗氧量。此类物质在测定值中未包括在内。

对于在自然条件下不能被生物降解的污水不能用生化需氧量表征水质污染程度,例如,聚乙烯醇(PVA)在自然条件下几乎不被生物降解,甚至用高效的生物处理,结果也不能令人满意,表面上看它的生化需氧量很低,但并不能表明它对水质污染程度较轻,而只能用 COD 表示。

(3)化学需氧量(Chemical Oxygen Demand,简称 COD)。表示用化学氧化剂氧化水中的有机污染物的需氧量。其单位以单位体积的废水所消耗的氧量(mg/L)来表示。

在测定时,若采用 $K_2Cr_2O_7$ 为氧化剂时,称为铬法,所测得的需氧量常以 COD_{Cr} 或 COD 表示;若采用 $KMnO_4$ 为氧化剂时,称为锰法,所测得的需氧量以 COD_{Mn} 或 OC 表示。

一般废水的 COD_{Cr} 值比 COD_{Mn} 值大,有时甚至可高达数倍,$COD_{Cr} > COD_{Mn}$;而对一定的废水而言,一般是 $COD > BOD_{20} > BOD_5$。

(4)总氮。在废水中蛋白质、氨基酸、尿素等有机氮物质在有氧存在下进行氧化,逐渐分解为 NH_3、NH_4^+、NO_2^-、NO_3^- 等形态。NH_3 和 NH_4^+ 称为氨氮,NO_2^- 称为亚硝酸氮,NO_3^- 称为硝酸氮,这几种形态的含量均可作为水质指标,分别代表有机氮转化为无机物的各个不同阶段,总氮是包括这个转化过程中各种形态的含氮物质的总和。

(5)有毒物质及有害物质。指各种重金属离子、酚、醛和芳烃及其衍生物,部分阴离子,如 I^-、CN^-、NO_2^- 和营养物质(P、N),视具体废水的性质确定是否必须测定。

(6)油类物质。指含有石油类物质的数量。

3.生物指标

(1)细菌总数。指 1mL 水中所含各种细菌总数。

(2)大肠菌数。指 1L 水中所含大肠菌个数。

二、水质标准

水质标准是对不同类型或不同用途水体中污染物或其他物质的最大允许浓度所做的规定。

联合国就国际范围内各种用水和排水的水质制定了标准,各个国家又根据各自的自然状况、工农业发展状况制定了本国各种用水和排水的水质标准,我国也根据环境保护法规制定了各类水质标准,作为进行环境水质管理和水质控制的依据。

1.生活饮用水水质标准

它是根据人们长期积累的经验,综合考虑水质与健康、饮水习惯、自然环境状况等各种因素后制定的。1985 年我国颁布了《生活饮用水卫生标准》,2006 年做了修改,制定了生活饮用水卫生标准,水质常规指标及限值见表 2-2。

表 2-2 水质常规指标及限值(GB 5749—2006)

指标	限值
1.微生物指标[①]	
总大肠菌群(MPN/100mL 或 CFU/100mL)	不得检出
耐热大肠菌群(MPN/100mL 或 CFU/100mL)	不得检出
大肠埃希氏菌(MPN/100mL 或 CFU/100mL)	不得检出
菌落总数(CFU/100mL)	100

续表

指标	限值
2.毒理指标	
砷含量(mg/L)	0.01
镉含量(mg/L)	0.005
铬(六价)含量(mg/L)	0.05
铅含量(mg/L)	0.01
汞含量(mg/L)	0.001
硒含量(mg/L)	0.01
氰化物含量(mg/L)	0.05
氟化物含量(mg/L)	1.0
硝酸盐(以 N 计)含量(mg/L)	10(地下水源限制时为 20)
三氯甲烷含量(mg/L)	0.06
四氯化碳含量(mg/L)	0.002
溴酸盐(使用臭氧时)含量(mg/L)	0.01
甲醛(使用臭氧时)含量(mg/L)	0.9
亚氯酸盐(使用二氧化氯消毒时)含量(mg/L)	0.7
氯酸盐(使用复合二氧化氯消毒时)含量(mg/L)	0.7
3.感官性状和一般化学指标	
色度(铂钴色度单位)	15
浑浊度(NTU—散射浊度单位)	1(水源与净水技术条件限制时为 3)
嗅和味	无异臭、异味
肉眼可见物	无
pH(pH 单位)	不小于 6.5 且不大于 8.5
铝含量(mg/L)	0.2
铁含量(mg/L)	0.3
锰含量(mg/L)	0.1
铜含量(mg/L)	1.0
锌含量(mg/L)	1.0
氯化物含量(mg/L)	250
硫酸盐含量(mg/L)	250
溶解性总固体含量(mg/L)	1000
总硬度(以碳酸钙计,mg/L)	450
化学耗氧量(COD_{Mn}法,以 O_2 计,mg/L)	3(水源限制,原水耗氧量 >6mg/L 时为 5)
挥发酚类(以苯酚计,mg/L)	0.002
阴离子合成洗涤剂(mg/L)	0.3

续表

指标	限值
4.放射性指标②	
总 α 放射性(Bq/L)	0.5
总 β 放射性(Bq/L)	1

①MPN 表示最可能数,CFU 表示菌落形成单位。当水样检出总大肠菌群时,应进一步检验大肠埃希氏菌或耐热大肠菌群;当水样未检出总大肠菌群时,不必检验大肠埃希氏菌或耐热大肠菌群。

②放射性指标超过指导值,应进行核素分析和评价,判定能否饮用。

2. 农田灌溉用水水质标准

为使农田用水的水质符合农作物正常生长和保护农田土壤、地下水源以及保证农产品质量,保障人民身体健康,促进农业生产的发展,我国于 1979 年颁发了 GB 5084《农田灌溉水质标准》,1992 年做了修订。随着社会的不断发展,以及环保要求的日益提高,2005 年对《农田灌溉水质标准》再次修订,并于 2006 年 11 月 1 日起正式实施,见表 2-3。

表 2-3 农田灌溉水质标准(GB 5084—2005)

序号	项目类别		作物种类		
			水作物	旱作物	蔬菜
1	五日生化需氧量(mg/L)	≤	60	100	40①,15②
2	化学需氧量(mg/L)	≤	150	200	100①,60②
3	悬浮物(mg/L)	≤	80	100	60①,15②
4	阴离子表面活性剂(mg/L)	≤	5	8	5
5	水温(℃)	≤	35		
6	pH	≤	5.5~8.5		
7	全盐量(mg/L)	≤	1000③(非盐碱土地区),2000③(盐碱土地区)		
8	氯化物(mg/L)	≤	350		
9	硫化物(mg/L)	≤	1		
10	总汞(mg/L)	≤	0.001		
11	镉(mg/L)	≤	0.01		
12	总砷(mg/L)	≤	0.05	0.1	0.05
13	铬(六价)(mg/L)	≤	0.1		
14	铅(mg/L)	≤	0.2		
15	粪大肠菌群数(个/100mL)	≤	4000	4000	2000①,2000②
16	蛔虫卵数(个/L)	≤	2		2①,1②

①加工、烹调及去皮蔬菜。

②生食蔬菜、瓜类和草本水果。

③具有一定的水利灌排设施,能保证一定的排水和地下水径流条件的地区,或有一定的淡水资源,能满足冲洗土体中盐分的地区,农田灌溉水质全盐量指标可以适当放宽。

3. 地面水环境质量标准

为了保障人民身体健康,维护生态平衡,保护水资源,控制水污染,改善地面水环境质量和促进国民经济和社会发展,1988年我国颁发了《地面水环境质量标准》,2002年进行了修改,见表2-4。

依据地表水水域环境功能和保护目标,按功能高低依次划分为五类。

Ⅰ类:主要适用于源头水、国家自然保护区。

Ⅱ类:主要适用于集中式生活饮用水地表水源地一级保护区、珍稀水生生物栖息地、鱼虾类产卵场、仔稚幼鱼的索饵场等。

Ⅲ类:主要适用于集中式生活饮用水地表水源地二级保护区、鱼虾类越冬场、洄游通道、水产养殖区等渔业水域及游泳区。

Ⅳ类:主要适用于一般工业用水区及人体非直接接触的娱乐用水区。

Ⅴ类:主要适用于农业用水及一般景观要求水域。

表2-4 地面水环境质量标准(GB 3838—2002)

序号	参数 标准值 分类		Ⅰ类	Ⅱ类	Ⅲ类	Ⅳ类	Ⅴ类
1	水温(℃)		人为造成的环境水温变化应限制在: 周平均最大温升≤1 周平均最大温降≤2				
2	pH		6~9				
3	溶解氧含量(mg/L)	≥	饱和率90%(或溶解氧7.5)	6	5	3	2
4	高锰酸盐指数	≤	2	4	6	10	15
5	化学需氧量(COD_{Cr},mg/L)	≤	15	15	20	30	40
6	五日生化需氧量(BOD_5,mg/L)	≤	3	3	4	6	10
7	氨氮(NH_3—N,mg/L)	≤	0.15	0.5	1.0	1.5	2.0
8	总磷(以P计,mg/L)	≤	0.02(湖、库0.01)	0.1(湖、库0.025)	0.2(湖、库0.05)	0.3(湖、库0.1)	0.4(湖、库0.2)
9	总氮(湖、库,以N计,mg/L)	≤	0.2	0.5	1.0	1.5	2.0
10	铜(mg/L)	≤	0.01	1.0	1.0	1.0	1.0
11	锌(mg/L)	≤	0.05	1.0	1.0	2.0	2.0
12	氟化物(以F^-计,mg/L)	≤	1.0	1.0	1.0	1.5	1.5
13	硒(mg/L)	≤	0.01	0.01	0.01	0.02	0.02
14	砷(mg/L)	≤	0.05	0.05	0.05	0.1	0.1

序号	参数	标准值/分类	Ⅰ类	Ⅱ类	Ⅲ类	Ⅳ类	Ⅴ类
15	汞(mg/L)	≤	0.00005	0.00005	0.0001	0.001	0.001
16	镉(mg/L)	≤	0.001	0.005	0.005	0.005	0.01
17	铬(六价)(mg/L)	≤	0.01	0.05	0.05	0.05	0.1
18	铅(mg/L)	≤	0.01	0.01	0.05	0.05	0.1
19	氰化物(mg/L)	≤	0.005	0.05	0.2	0.2	0.2
20	挥发酚(mg/L)	≤	0.002	0.002	0.005	0.01	0.1
21	石油类(mg/L)	≤	0.05	0.05	0.05	0.5	1.0
22	阴离子表面活性剂(mg/L)	≤	0.2	0.2	0.2	0.3	0.3
23	硫化物(mg/L)	≤	0.05	0.1	0.2	0.5	1.0
24	粪大肠菌群(个/L)	≤	200	2000	10000	20000	40000

4. 海水水质标准

为防止和控制海水水质污染,保障人体健康,保护海洋生物资源,保护海洋生态平衡,保证海洋的合理开发利用,1982 年我国颁布了《海水水质标准》,1997 年又做了修改,见表 2-5。

海水水质分类如下。

Ⅰ类:适用于海洋渔业水域,海上自然保护区和珍稀濒危海洋生物保护区。

Ⅱ类:适用于水产养殖区、海水浴场、人体非直接接触海水的海上运动或娱乐区以及与人类食用直接有关的工业用水区。

Ⅲ类:适用于一般工业用水区滨海风景旅游区。

Ⅳ类:适用于海洋港口水域、海洋开发作业区。

表 2-5　海水水质标准(GB 3097—1997)

序号	项目	Ⅰ类	Ⅱ类	Ⅲ类	Ⅳ类
1	漂浮物质	海面不得出现油膜、浮沫和其他漂浮物质			海面无油膜、浮沫和其他漂浮物质
2	色、嗅、味	海水不得有异色、异臭、异味			海水不得有令人厌恶和感到不快的色、臭、味
3	悬浮物质(mg/L)	人为增加的量≤10		人为增加的量≤100	人为增加的量≤150
4	大肠菌群(个/L)　≤	10000(供人生食的贝类增养殖水质≤700)			—
5	大肠菌群(个/L)　≤	10000(供人生食的贝类增养殖水质≤140)			—
6	病原体	供人生食的贝类养殖水质不得含有病原体			

序号	项目		Ⅰ类	Ⅱ类	Ⅲ类	Ⅳ类
7	水温(℃)		人为造成的海水升温,夏季不超过当时当地1℃、其他季节不超过2℃		人为造成的海水升温不超过当时当地4℃	
8	pH		7.8~8.5(同时不超出该海域 pH 正常变动范围的0.2pH 单位)		6.8~8.8(同时不超出该海域 pH 正常变动范围的0.5pH 单位)	
9	溶解氧(mg/L)	>	6	5	4	3
10	化学需氧量(COD,mg/L)	≤	2	3	4	5
11	生化需氧量(BOD₅,mg/L)	≤	1	3	4	5
12	无机氮(以 N 计,mg/L)	≤	0.20	0.30	0.40	0.50
13	非离子氨(以 N 计,mg/L)	≤	0.020			
14	活性磷酸盐(以 P 计,mg/L)	≤	0.015	0.030		0.045
15	汞(mg/L)	≤	0.00005	0.0002		0.0005
16	镉(mg/L)	≤	0.001	0.005	0.010	
17	铅(mg/L)	≤	0.001	0.005	0.010	0.050
18	铬(六价)(mg/L)	≤	0.005	0.010	0.020	0.050
19	总铬(mg/L)	≤	0.05	0.10	0.20	0.50
20	砷(mg/L)	≤	0.020	0.030	0.050	
21	铜(mg/L)	≤	0.005	0.010	0.050	
22	锌(mg/L)	≤	0.020	0.050	0.10	0.50
23	硒(mg/L)	≤	0.010	0.020		0.050
24	镍(mg/L)	≤	0.005	0.010	0.020	0.050
25	氰化物(mg/L)	≤	0.005		0.10	0.20
26	硫化物(以 S 计,mg/L)	≤	0.02	0.05	0.10	0.25
27	挥发性酚(mg/L)	≤	0.005		0.010	0.050
28	石油类(mg/L)	≤	0.05		0.30	0.50
29	六六六(HCH)(mg/L)	≤	0.001	0.002	0.003	0.005
30	滴滴涕(DDT)(mg/L)	≤	0.00005	0.0001		
31	马拉硫磷(mg/L)	≤	0.0005	0.001		
32	甲基对硫磷(mg/L)	≤	0.0005	0.001		
33	苯并[a]芘(mg/L)	≤	0.0025			
34	阴离子表面活性剂(以 LAS 计,mg/L)		0.03	0.10		

序号	项目		I类	II类	III类	IV类
35	放射性核表 （Bq/L）	^{60}Co	0.03			
		^{90}Sr	4			
		^{106}Rn	0.2			
		^{134}Cs	0.6			
		^{137}Cs	0.7			

三、纺织染整工业水污染物排放标准

为进一步控制印染行业的污染排放，国家环境保护部制定了《纺织染整工业水污染物排放标准》（GB 4287—1992），GB 4287—2012《纺织染整工业水污染物排放标准》于 2012 年 9 月 19 日发布，该标准是对 GB 4287—1992 的修订。对印染行业排放废水污染物浓度和单位产品废水排放量提出了更加严格的要求。从 2013 年 1 月 1 日起，新建污染源执行 GB 4287—2012 要求，原有污染源执行 GB 4287—1992 要求；从 2015 年 1 月 1 日起，现有企业和新建企业都必须执行 GB 4287—2012 要求。

注：环境保护部办公厅于 2015 年 3 月 31 日印发了《纺织染整工业水污染物排放标准》（GB 4287—2012）修改单，对部分内容做出修改。

环境保护部办公厅于 2015 年 6 月 18 日印发了关于调整《纺织染整工业水污染物排放标准》（GB 4287—2012）部分指标执行要求的公告。公告内容如下：

（1）暂缓执行 GB 4287—2012 中表 2 和表 3 的苯胺类、六价铬排放控制要求，暂缓期内苯胺类、六价铬执行表 1 相关要求。

（2）暂缓实施 GB 4287—2012 修改单中"废水进入城镇污水处理厂或经由城镇污水管线排放，应达到直接排放限值"。

（3）在 GB 4287—2012 修订实施前，按以上规定执行。

1. 标准适用范围

GB 4287—2012 规定了纺织染整工业企业或生产设施水污染物排放限值、监测和监控要求，以及标准的实施与监督等相关规定。

该标准适用于现有纺织染整工业企业或生产设施的水污染物排放管理。

该标准适用于对纺织染整工业企业建设项目的环境影响评价、环境保护设施设计、竣工环境保护验收及其投产后的水污染物排放管理。

该标准不适用于洗毛、麻脱胶、煮茧和化纤等纺织原料的生产工艺水污染物排放管理。

该标准规定的水污染物排放控制要求适用于企业直接或间接向其法定边界外排放水污染物的行为。

2. 术语和定义

（1）纺织染整。对纺织材料（纤维、纱、线和织物）进行以染色、印花、整理为主的处理工艺过程，包括预处理（不含洗毛、麻脱胶、煮茧和化纤等纺织用原料的生产工艺）、染色、印花和整

理。纺织染整俗称印染。

（2）标准品。机织物标准品为布幅宽度152cm、布重10～14kg/100m 的棉染色合格产品；真丝绸机织物标准品为布幅宽度114cm、布重6～8kg/100m 的染色合格产品；针织、纱线标准品为棉浅色染色产品；毛织物标准品布幅按1500cm、布重30kg/100m 折算。

（3）现有企业。指在本标准实施之日前，已建成投产或环境影响评价文件已通过审批的纺织染整生产企业或生产设施。

（4）新建企业。指在本标准实施之日起，环境影响评价文件通过审批的新建、改建和扩建的纺织染整生产设施建设项目。

（5）排水量。指生产设施或企业向企业法定边界以外排放的废水量，包括与生产有直接或间接关系的各种外排废水（含厂区生活污水、冷却废水、厂区锅炉和电站排水等）。

（6）单位产品基准排水量。指用于核定水污染物排放浓度而规定的生产单位印染产品的废水排放量上限值。

（7）直接排放。指排污单位直接向环境排放水污染物的行为。

（8）间接排放。指排污单位向公共污水处理系统排放水污染物的行为。

（9）公共污水处理系统。指通过纳污管道等方式收集废水，为两家以上排污单位提供废水处理服务并且排水能够达到相关排放标准要求的企业或机构，包括各种规模和类型的城镇污水处理厂、区域（包括各类工业园区、开发区、工业聚焦地等）废水处理厂等，其废水处理程度应达到二级或二级以上。

3. 污染物排放控制要求

GB 4287—2012 中关于污染物排放控制要求及测试标准表2-6 现有企业水污染物排放浓度限值及单位产品基准排水量、表2-7 新建企业水污染物排放浓度限值及单位产品基准排水量、表2-8 水污染物特别排放限值、表2-9 水污染物浓度测定方法标准。其中并包含修改单内容。

自2013 年1 月1 日起至2014 年12 月31 日止，现有企业执行表2-6 规定的水污染物排放限值。

表2-6 现有企业水污染物排放浓度限值及单位产品基准排水量（GB 4287—2012 表1）

单位：mg/L（pH，色度除外）

序号	水污染项目	限值		污染物排放监控位置
		直接排放	间接排放③	
1	pH	6～9	6～9	
2	化学需氧量（COD_{Cr}）	100	500④/200⑤	
3	五日生化需氧量	25	150④/50⑤	企业废水总排放口
4	悬浮物	60	100	
5	色度	70	80	

序号	水污染项目	限值		污染物排放监控位置
		直接排放	间接排放③	
6	氨氮	12 20①	20 30①	企业废水总排放口
7	总氮	20 35①	30 50①	
8	总磷	1.0	1.5	
9	二氧化氯	0.5	0.5	
10	可吸附有机卤素（AOX）	15	15	
11	硫化物	1.0	1.0	
12	苯胺类	1.0	1.0	
13	总锑	0.01	0.01	
14	六价铬	0.5		车间或生产设施废水排放口
单位产品基准排水量（m³/t，标准品②）	棉、麻、化纤及混纺机织物	175		排水量计量位置与污染物排放监控位置相同
	真丝绸机织物（含练白）	350		
	纱线、针织物	110		
	精梳毛织物	560		
	精梳毛织物	640		

①蜡染行业执行该限值。

②当产品不同时，可按 FZ/T 01002—2010 进行换算。

③废水进入城镇污水处理厂或经由城镇污水管线排放，应达到直接排放限值。

④适用于园区（包括工业园区、开发区、工业聚集地等）企业向能够对纺织染整废水进行专门收集和集中预处理（不与其他废水混合）的园区污水处理厂排放的情形，集中预处理的出水应满足⑤所要求的排放限值。

⑤适用于除③和④以外的其他间接排放情况。

自 2013 年 1 月 1 日起，新建企业执行表 2-7 规定的水污染物排放限值。

自 2015 年 1 月 1 日起，现有企业执行表 2-7 规定的水污染物排放限值。

表 2-7 新建企业水污染物排放浓度限值及单位产品基准排水量（GB 4287—2012 表 2）

单位：mg/L（pH，色度除外）

序号	水污染项目	限值		污染物排放监控位置
		直接排放	间接排放③	
1	pH	6~9	6~9	企业废水总排放口
2	化学需氧量（COD$_{Cr}$）	80	500④/400⑤	
3	五日生化需氧量	20	150④/50⑤	
4	悬浮物	50	100	
5	色度	50	80	

序号	水污染项目	限值		污染物排放监控位置
		直接排放	间接排放③	
6	氨氮	10 15①	20 30①	企业废水总排放口
7	总氮	15 25①	30 50①	
8	总磷	0.5	1.5	
9	二氧化氯	0.5	0.5	
10	可吸附有机卤素(AOX)	12	12	
11	硫化物	0.5	0.5	
12	苯胺类	不得检出	不得检出	
13	总锑	0.01	0.01	
14	六价铬	不得检出		车间或生产设施废水排放口
单位产品基准排水量(m³/t,标准品②)	棉、麻、化纤及混纺机织物	140		排水量计量位置与污染物排放监控位置相同
	真丝绸机织物(含练白)	300		
	纱线、针织物	85		
	精梳毛织物	500		
	精梳毛织物	575		

①蜡染行业执行该限值。

②当产品不同时,可按 FZ/T 01002—2010 进行换算。

③废水进入城镇污水处理厂或经由城镇污水管线排放,应达到直接排放限值。

④适用于园区(包括工业园区、开发区、工业聚集地等)企业向能够对纺织染整废水进行专门收集和集中预处理(不与其他废水混合)的园区污水处理厂排放的情形,集中预处理的出水应满足⑤所要求的排放限值。

⑤适用于除③和④以外的其他间接排放情况。

根据环境保护工作的要求,在国土开发刻度已经较高、环境承载能力开始减弱,或环境容量较小,生态环境脆弱,容易发生严重环境污染问题而需要特别保护措施的地区应严格控制企业的污染物排放行为,在上述地区的企业执行表 2-8 规定的水污染物特别排放限值。

表 2-8 水污染物特别排放限值(GB 4287—2012 表 3)

单位:mg/L(pH,色度除外)

序号	水污染项目	限值		污染物排放监控位置
		直接排放	间接排放②	
1	pH	6~9	6~9	企业废水总排放口
2	化学需氧量(COD$_{Cr}$)	80	200	
3	五日生化需氧量	15	20	
4	悬浮物	20	50	

序号	水污染项目	限值		污染物排放监控位置
		直接排放	间接排放②	
5	色度	30	50	企业废水总排放口
6	氨氮	8	10	
7	总氮	12	15	
8	总磷	0.5	0.5	
9	二氧化氯	0.5	0.5	
10	可吸附有机卤素（AOX）	8	8	
11	硫化物	不得检出	不得检出	
12	苯胺类	不得检出	不得检出	
13	总锑	0.01	0.01	
14	六价铬	不得检出		车间或生产设施废水排放口
单位产品基准排水量（m³/t，标准品①）	棉、麻、化纤及混纺机织物	140		排水量计量位置与污染物排放监控位置相同
	真丝绸机织物（含练白）	300		
	纱线、针织物	85		
	精梳毛织物	500		
	精梳毛织物	575		

①当产品不同时,可按 FZ/T 01002—2010 进行换算。

②废水进入城镇污水处理厂或经由城镇污水管线排放,应达到直接排放限值。

水污染物排放浓度限值适用于单位产品实际排水量不高于单位产品基准排水量的情况。若单位产品实际排水量超过单位产品基准排水量时,须按式(2-1)将实测水污染物浓度换算为水污染物基准排水量排放浓度,并以水污染物基准排水量排放浓度作为判定排放是否达标的依据。产品产量和排水量统计周期为一个工作日。

在企业的生产设施同时生产两种以上产品时,可适用不同排放控制要求或不同行业国家污染物排放标准,且生产设施产生的污水混合处理排放的情况下,应执行排放标准中规定的最严格的浓度限值,并按式(2-1)换算水污染物基准排水量排放浓度。

$$\rho_{基} = \frac{Q_{总}}{\sum Y_i \cdot Q_{i基}} \times \rho_{实} \tag{2-1}$$

式中:$\rho_{基}$——水污染物基准排水量排放浓度,mg/L;

$\quad Q_{总}$——排水总量,m³;

$\quad Y_i$——某种产品产量,t;

$\quad Q_{i基}$——某种产品的单位产品基准排水量,m³/t;

$\quad \rho_{实}$——实测水污染物排放浓度,mg/L。

若 $Q_{总}$ 与 $\sum Y_i \cdot Q_{i基}$ 的比值小于1,则以水污染物实测浓度作为判定排放是否达标的依据。

4. 污染物监测要求

(1)对企业排放废水的采样,应根据监测污染物的种类,在规定的污染物排放监控位置进行,有废水处理设施的,应在处理设施后监控。企业应按照国家有关污染源监测技术规范的要求设置采样口,在污染物排放监控位置应设置排污口标志。

(2)新建企业和现有企业安装污染物排放自动监控设备的要求,按有关法律和《污染源自动监控管理办法》的规定执行。

(3)对企业污染物排放情况进行监测的频次、采样时间等要求,按国家有关污染源监测技术规范的规定执行。

(4)企业产品产量的核定,以法定报表为依据。

(5)企业应按照有关法律和《环境监测管理办法》的规定,对排污状况进行监测,并保存原始监测记录。

(6)对企业排放水污染物浓度的测定采用表2-9所列的方法标准进行。

表2-9　水污染物浓度测定方法标准(GB 4287—2012 表4)

序号	污染物项目	方法标准名称	方法标准编号
1	pH	水质　pH 的测定　玻璃电极法	GB/T 6920—1986
2	化学需氧量	水质　化学需氧量的测定　重铬酸盐法	GB/T 11914—1989
3	五日生化需氧量	水质　五日生化需氧量(BOD$_5$)的测定　稀释与接种法	HJ 505—2009
4	悬浮物	水质　悬浮物的测定　重量法	GB/T 11901—1989
5	色度	水质　色度的测定	GB/T 11903—1989
6	氨氮	水质　氨氮的测定　纳氏试剂分光光度法	HJ 535—2009
		水质　氨氮的测定　水杨酸分光光度计	HJ 536—2009
		水质　氨氮的测定　蒸馏—中和滴定法	HJ 537—2009
		水质　氨氮的测定　气相分子吸收光谱法	HJ/T 195—2005
7	总氮	水质　总氮的测定　碱性过硫酸钾消解紫外分光光度法	GB/T 11894—1989
		水质　总氮的测定　气相分子吸收光谱法	HJ/T 199—2005
8	总磷	水质　总磷的测定　钼酸铵分光光度法	GB/T 11893—1989
9	二氧化氯	水质　二氧化氯的测定　连续滴定碘量法(暂行)	HJ/T 551—2009
10	可吸附有机卤素(AOX)	水质　可吸附有机卤素(AOX)的测定　离子色谱法	HJ/T 83—2001
11	硫化物	水质　硫化物的测定　碘量法	HJ/T 60—2000
12	苯胺类	水质　苯胺类的测定　N-(1-萘基)乙二胺偶氮分光光度法	GB/T 11889—1989
13	总锑	水质　汞、砷、硒、铋和锑的测定原子荧光法	HJ 694—2014
		水质　65种元素的测定电感耦合等离子体质谱法	HJ 700—2014
14	六价铬	水质　六价铬的测定　二苯碳酰二肼分光光度法	GB/T 7467—1987

5. 实施与监督

（1）本标准由县级以上人民政府环境保护行政主管部门负责监督实施。

（2）在任何情况下，企业均应遵守本标准的污染物排放控制要求，采取必要措施保证污染防治设施正常运行。各级环保部门在对设施进行监督性检查时，可以现场即时采样或监测的结果，作为判定排污行为是否符合排放标准以及实施相关环境保护管理措施的依据。在发现企业耗水或排水量有异常变化的情况下，应核定企业的实际产品产量和排水量，按本标准的规定，换算水污染物基准水量排放浓度。

第三节　染整工业的用水与废水回用

一、染整工业的用水

1. 水质要求

染整行业是纺织工业中用水量较大的行业，各类纺织产品的前处理、染色、印花等加工过程都必须以水作为媒介才能实现，而且染整加工用水的水质还有一定的要求，一般是无色、无味、透明、含盐类少，特别是钙皂、镁盐、铁盐等物质的含量不能超标。如果使用不符合要求的水进行染整加工，就很难保证产品的质量，如在纯棉织物煮练加工中，使用含钙离子、镁离子的硬水，煮练后棉织物吸水性较差，水中的钙盐、镁盐还会与肥皂等洗涤剂作用生成钙皂、镁皂沉淀在织物上，影响织物的手感、光泽，同时还增加了肥皂的耗用量；在漂白的过程中，若水中含有较多的铁、锰等离子，不仅影响织物的白度，而且还可能在漂白时起催化作用，影响织物的强度；在漂洗时，对水的色度和纯净度要求也较高，否则漂洗后织物易泛黄。此外，含有钙离子、镁离子的水，也能与染料生成沉淀，影响染色的鲜艳度和色牢度。可见，水质的优劣直接影响到产品的质量。

为保证印染产品质量，人们制订了印染用水质量的基本要求：

总硬度（mg/L，以 $CaCO_3$ 计）　　　　0 ~ 25

铁（mg/L）　　　　　　　　　　　< 0.1

锰（mg/L）　　　　　　　　　　　< 0.02

pH　　　　　　　　　　　　　　7 ~ 8

色度（铂—钴比色法，倍）　　　　< 10

高锰酸钾需氧量（OC，mg/L）　　< 10

2. 用水量

水资源短缺已成为制约我国经济发展的重要因素之一。印染业是用水量较大的行业，因此合理用水是印染业可持续发展的重要保证。由于棉印染产品产量大，用水量多。因此，控制棉印染产品的取水量和排水量是促使印染行业可持续发展的重要因素。

2002 年 12 月发布的《取水定额　第 4 部分：棉印染产品》（GB/T 18916.4—2002）标准，对机织和针织产品分别制订了取水定额。棉印染行业在该标准的指导下，积极推进清洁生产，采取各类节能减排技术，使用新工艺、新设备、新染料、新助剂，使节水工作取得较明显效果。但随着经济社会的发展,2002 版国家棉印染产品取水定额标准已经难以满足棉印染用水管理的需求。

2011 年,中国标准化研究院组织对棉印染产品取水定额国家标准开展修订工作。修订后的《取水定额　第 4 部分:纺织染整产品》(GB/T 18916.4—2012)分为现有企业和新建企业两个指标(表 2 - 10、表 2 - 11)。现有企业取水定额指标值与原标准指标相比有显著变化,各类产品取水定额值均有明显下降;对新建企业取水定额更加严格,新建企业的产品取水定额即为行业的准入条件标准。

修订标准的颁布,对印染企业的产业合理布局和产品结构调整,推行新工艺、新技术,淘汰落后产能起到推动作用,进一步推进了节水工作的开展。

表 2 - 10　现有纺织染整企业单位产品取水量定额指标

产品名称	单位	单位纺织品染整产品取水量
棉、麻、化纤及混纺机织物	$m^3/100m$	3.0
棉、麻、化纤及混纺机织物	m^3/t	150.0
真丝绸机织物	$m^3/100m$	4.5
精梳毛织物	$m^3/100m$	22.0

表 2 - 11　新建纺织染整企业单位产品取水量定额指标

产品名称	单位	单位纺织品染整产品取水量
棉、麻、化纤及混纺机织物	$m^3/100m$	2.0
棉、麻、化纤及混纺机织物	m^3/t	100.0
真丝绸机织物	$m^3/100m$	3.0
精梳毛织物	$m^3/100m$	18.0

3. 印染产品的用水

(1)棉印染产品的用水。棉印染产品主要以棉纤维和棉纤维与化学纤维混纺为主。其前处理主要是去除纤维上各种杂质,包括退浆、煮炼、漂白、丝光,其用水量为棉印染产品用水量的一半(50% ~55%)。

印花和染色加工过程中新鲜用水量较大,也是节约用水潜力最大的工艺过程。高档印染产品在加工过程中需用相当量的软水。

(2)毛、麻、丝印染产品的用水。羊毛等毛纤维含有一定量的油质和泥沙,需经洗毛后制成毛条。洗毛过程用水量较大,产生大量高浓度污水。由毛条制成绒线或粗纱,与细纱加工成坯布进行染色、整理等工序,用水量较大,产生的废水量也较大。目前,洗毛工艺主要由专业厂负责生产。毛纺染整厂则单独设立。当产量一定时,染整生产用水量远大于洗毛用水量。

麻和丝纤维是由麻皮沤制脱胶和蚕蛹抽丝脱胶而获得,用水量较多。麻和丝的坯布染色用水量较大,产生的废水量较高,水重复利用率较低。麻、丝脱胶厂一般在原料产地单独建厂,少数大、中型企业脱胶和印染厂合建。

（3）化纤印染产品的用水。化纤产品由于纤维结构为实心状，其染色过程需要高温、高压和一定的恒温时间，其主要染料为分散染料与活性染料，与天然纤维染色相比其水洗次数较少，单位产品的用水量较低，一般比天然纤维产品低 20% 左右。

（4）牛仔服装的水洗用水。近年，我国牛仔服装产量较大，为了适应人们的喜爱和市场需求，牛仔服装需经过物理法的石磨水洗和化学法的加药水洗，用水量较大但排放的水质污染物含量较低。

二、染整废水回用

1. 染整废水回用标准与要求

我国现有印染废水回用标准是 FZ/T 01107—2011《纺织染整工业回用水水质》。相比于印染行业推荐用水要求，回用水标准水质参数限值略有提高，参见表 2 - 12。其中，铁、锰离子浓度和硬度等对印染加工具有明显影响的指标也有所限制。随着日益严格的环保法规，排放标准与回用标准主要水质参数限值之间的差距逐渐越小，这也促使企业越来越重视印染废水的深度处理与回用。

表 2 - 12　现有印染废水用水、排放和回用标准主要水质参数限值

控制项目	GB 4287—2012	GB/T 18919—2002		我国印染行业推荐用水水质	FZ/T 01107—2011
		洗涤用水	工艺用水		
pH	6.9 ~ 9.0	6.5 ~ 9.5	6.5 ~ 8.5	6.5 ~ 8.5	6.5 ~ 8.5
总悬浮物（mg/L）	50	30	—	10	30
色度（铂—钴比色法）	50（稀释倍数法）	30	30	10（稀释倍数法）	25（稀释倍数法）
透明度（铅字法,cm）	—	—	—	30	30
生化需氧量（BOD_5,mg/L）	20	30	10	—	—
化学需氧量（COD_{Cr},mg/L）	80	—	60	—	—
铁（mg/L）	—	0.3	0.3	0.1	0.3
锰（mg/L）	—	0.1	0.1	0.1	0.2
总硬度（以 $CaCO_3$ 计,mg/L）	—	450	450	150;150 ~ 325	450
溶解性部固体（mg/L）	—	1000	1000	—	—
电导率（μs/cm）	—	—	—	—	2500
粪大肠菌（个/L）	—	2000	2000	—	—

注　其中 GB 4287—2012《纺织染整工业水污染物排放标准》（参照新建企业，直接排放标准）；GB/T 18919—2002《城市污水再生利用水质标准》；FZ/T 01107—2011《纺织染整工业回用水水质》。

回用标准和用水要求主要针对 pH,色度,浊度,电导率,铁、锰离子浓度和硬度等常规水质指标,而对于化学需氧量（COD）和生化需氧量（BOD）并无特别说明。随着废水处理工艺改进

和新染料、新助剂的使用，以及日常生产过程中存在工艺常规调节和产品小批量、多品种等情况，印染废水成分以及处理后的组分复杂多变，甚至某些可能还具有一定的潜在毒性，因而在印染废水回用标准中缺乏COD限制显然是不恰当的。针对回用水中可能出现的有毒有害污染物问题，可以参考国际生态纺织品 Oeko‑Tex Standard 100 标准或者我国 GB 18401—2010《国家纺织产品基本安全技术规范》，对以回用水染整所得织物进行生态性能测试。

对于印染企业来说，如何正确选择回用水水质指标及其限值是至关重要的。一般而言，以回用为目的的印染废水处理程度有两种方案：一是全部按照要求最严格的水质指标要求处理；二是先按照回用水水质指标限值最高的要求处理，个别有更高水质要求的以少量清水进行适当的补充。显而易见，后者的成本要小于前者，更能够得到企业的认可。印染废水处理和回用应当采用"分质供水"和"适度处理"的原则，尽量降低印染废水处理和回用的难度和成本。

印染废水成分复杂多变，难以形成一种普适性、规范性的回用工艺。各印染企业一般是根据所排废水特点和回用水质的要求，选择合适的印染废水回用技术和工艺。现有印染废水回用技术根据处理对象可分为两大类：一种是印染混合废水经生化处理之后进行深度处理，然后再进行回用；另一种是基于"清浊分流，分质处理"原则，针对某一特定工序产生的印染废水（如染色残浴、洗涤废水等）的单独处理回用技术。一般而言，前者工艺流程较长，后者则工艺流程较短。

2. 印染废水回用技术

目前，典型的印染废水回用技术有如下几种。

（1）印染混合废水→冷却→气浮（射流气浮或混凝气浮）→厌氧生物处理→絮凝反应器＋膜生物反应器→回用。

（2）印染混合废水→二级生化处理→化学絮凝→电化学氧化→回用。

（3）印染混合废水→二级生化处理→二氧化氯氧化（臭氧和其他高级氧化技术）→过滤或者吸附→回用。

（4）印染混合废水→二级生化处理→膜组合技术→回用。

（5）印染混合废水→生物曝气滤池→精密过滤器→阳离子交换→阴离子交换→回用。

（6）印染混合废水→生化二级出水＋微过滤→回用。

☞ 复习指导

1. 内容概览

本章主要讲授用水与排水的基本概念知识、水质标准和工业废水排放标准以及染整工业用水水质要求、废水产生的过程和水质分析。

2. 学习要求

重点要求掌握水质的物理指标、化学指标、生物指标，并能分析染整工业废水水质情况，熟悉各种水质标准。

☞ **思考题**

1. 名词解释：

　　水体　水体自净　水体的污染

2. 湖泊污染的重要特征是什么？并解释之。

3. 水体中的主要污染物有哪些？并说明其危害。

4. 工业废水排放标准有哪几种？并解释之,他们各有什么特点?

5. 衡量水质的常用指标有哪些？并说明其含义。

参考文献

[1]杨书铭,黄长盾.纺织印染工业废水治理技术[M].北京:化学工业出版社,2002.

[2]于向勇.染整工艺与通用标准全书[M].北京:北京中软电子出版社,2004.

[3]李家珍.染料、染色工业废水处理[M].北京:化学工业出版社,1998.

[4]黄长盾.印染废水处理[M].北京:纺织工业出版社,1987.

[5]陆柱,陈中兴.水处理技术[M].上海:华东理工大学出版社,2000.

[6]邹家庆.工业废水处理技术[M].北京:化学工业出版社,2003.

[7]蒋其昌.造纸工业环境保护概论[M].北京:中国轻工业出版社,1992.

[8]罗固源.水污染物化控制原理与技术[M].北京:化学工业出版社,2003.

[9]王韬,邵芳,李烃.我国印染业用水定额现状分析及建议[J].中国水利,2016(5):
　　9-11.

[10]李春辉.印染废水在线处理回用关键技术研究[D].上海:东华大学,2015.

[11]杨爱民.关于印染用水问题的再思考[J].染整技术,2015,37(1):31-32.

[12]许明,揭大林,张君,等.印染废水回用处理的设计实例[J].化工环保,2015,35(5):
　　502-507.

[13]马春燕,奚旦立,刘媛,等.《纺织染整工业废水治理工程技术规范》修订思路[J].印
　　染,2016(7):51-53.

[14]麦建波,江栋,范远红,等.我国环保新常态下的印染废水提标改造现状与趋势[J].
　　2016,38(2):58-61.

[15]代学民,杨国丽,南国英,等.针织印染废水处理工程设计实例[J].印染,2014(18):
　　33-35.

第三章　染整工业废水的物理处理法

第一节　水质水量的调节

　　染整工业废水的物理处理法是借助于物理作用,分离和除去废水中不溶性悬浮物体或固体的方法,又称机械治理方法。印染废水处理常用的物理处理法有调节池、格栅与筛网、沉淀等。物理法的最大优点是,简单易行,费用较低,效果良好。

　　染整工业废水不仅水质和水量变化大,而且含有大量的漂浮物和悬浮物。水量和水质的变化使得处理设备不能在最佳的工艺条件下运行,严重时甚至使设备无法工作,为此需要设置调节池,对水量和水质进行调节。

一、调节池

　　用于调节印染废水水质和水量的构筑物叫调节池。调节池的形式有很多,按照调节的目的,可将调节池分为三种:水质调节、水量调节、水质水量同时调节。此外,在调节池内可以设置搅拌和预曝气系统,减少后续水处理负荷。

　　通过调节池的调节作用主要达到以下目的。

　　(1)提供对污水处理负荷的缓冲能力,防止处理系统负荷的急剧变化。

　　(2)减少进入处理系统污水流量的波动,使处理污水时所用化学药品的加料速度稳定,适应加料设备的能力。

　　(3)控制污水的 pH,稳定水质,并可减少中和作用中化学药品的消耗量。

　　(4)防止高浓度的有毒物质进入生物处理系统。

　　(5)当工厂或其他系统暂时停止排放污水时,仍能对处理系统继续输入污水,保证废水处理系统的正常运行。

二、调节池的构造

1. 水量的调节

　　印染废水处理中单纯的水量调节有两种方式。一种为线内调节(图 3-1),进水采用重力流,出水用泵进行提升。另一种为线外调节(图 3-2),调节池设在旁路上,当污水流量过高时多余污水用泵打入调节池;当流量低于设计流量时,再从调节池回流至集水井,并送去后续处理。

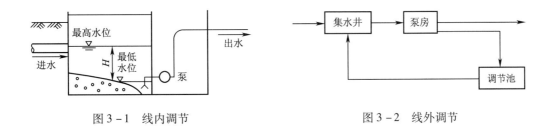

图 3-1　线内调节　　　　　　　　　　　图 3-2　线外调节

线内调节与线外调节相比,其调节池不受进水管道高度的限制,但被调节水量需要两次提升,动力消耗大。

2. 水质的调节

水质调节的任务是对不同时间或不同来源的废水进行混合,使流出的水质比较均匀,调节池也称均和池或匀质池。

水质调节的原理:在不同构造的调节池中,对不同时间或不同来源的印染废水利用水流流程长短不同或使用机械设备,使前后进入池内的印染废水相互混合以达到匀质目的。

池型有矩形、方形、圆形等几类。

水质调节的基本方法有外加动力调节和差流式调节两种。

(1)外加动力调节。外加动力调节就是利用外加动力(如叶轮搅拌、压缩空气搅拌、水泵循环等)对水质进行强制调节。这种调节方式的设备比较简单,运行效果好,但运行费用高。

图 3-3 是一种外加动力的水质调节池,它采用压缩空气搅拌,在池底布设曝气管,在空气搅拌作用下,使不同时间进入池内的印染废水得以混合。这种调节池构造简单,混合效果较好,并同时防止悬浮物沉积于池内。但废水中存在易挥发的有害物质时,不宜使用此类调节池,这种情况下可采用叶轮搅拌。

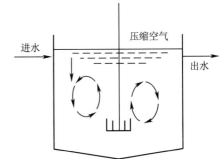

图 3-3　外加动力水质调节池

(2)差流式调节。差流式调节就是利用印染废水自身的水力作用,使不同时间和不同浓度的废水进行调节。这种方式基本上没有运行费用,但设备比较复杂。差流式调节池有对角线调节池和折流调节池两种。

①对角线调节池。对角线调节池的特点是出水槽沿对角线方向设置(图 3-4)。废水从池的左右两侧进入池内,经过一定时间的混合才流到出水槽,使出水槽中的混合废水在不同的时间内流出,从而达到不同时间、不同浓度的废水进入调节池后,就能达到自动调节均和水质的作用。为防止废水在池内短路,可以在池内设置若干纵向隔板。当废水中悬浮物发生沉淀时,池内设置沉渣斗,通过排渣管定期将污泥排出池外;当调节池容积很大时,需要设置的沉渣斗过多,造成管理麻烦,则可考虑将调节池做成平底,用压缩空气搅拌,防止沉淀。空气用量一般为

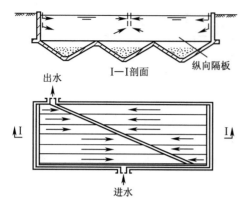

I—I剖面　　　　纵向隔板

出水

进水

图 3 - 4　对角线调节池

$1.5 \sim 3m^3/(m^2 \cdot h)$，调节池有效水深为 $1.5 \sim 2m$，纵向隔板的间距为 $1 \sim 1.5m$。

如果调节池采用堰顶溢流出水，则其只能调节水质的变化，而不能调节水量的变化；若后续处理构筑物要求处理水量比较均匀时，则需要使调节池内的水位能够上下自由波动，以便储存盈余水量，补充水量短缺。

②折流调节池。折流调节池（图 3 - 5）是在池内设置许多折流隔墙，废水在池内来回折流得到充分混合、均衡。折流调节池配水槽设在调节池上，通过许多空口溢流，投配到调节池的前后各个位置内。调节池的起端流量一般控制在1/3 ~ 1/4 流量，剩余的流量可通过其他各投配口等量地投入池内。

外加动力的水质调节池和折流调节池，一般只能调节水质而不能调节水量，调节水量的调节池需要另外设计。

有的调节池只在池内设置折流隔墙，废水从池前端流入，池尾端流出，这种布置形式的调节效果差。

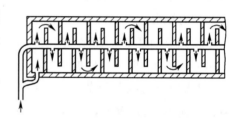

图 3 - 5　折流调节池

三、调节池的设计计算

调节池的设计计算主要包括：调节池容积和尺寸的确定；调节池搅拌方式的选择。

1. 调节池容积和尺寸的确定

调节池的容积和尺寸主要根据以下三方面确定。

（1）废水浓度的变化规律。

（2）废水流量的变化规律。

（3）废水要求的调和程度。

当废水浓度无周期变化时，则按最不利情况即浓度和流量在高峰时的区间计算。对于一般的调节池，其容积可按 6 ~ 8h 的废水流量计算，若水质水量变化大时，可取 10 ~ 12h 的流量，甚至采取 24h 的流量计算。采用的调节时间越长，废水水质越均匀。

当废水浓度呈周期性变化时，废水在调节池中的停留时间一般按一个变化周期的时间。

废水经过调节后，其平均浓度可按下式计算：

$$C = \frac{C_1 q_1 t_1 + C_2 q_2 t_2 + \cdots + C_n q_n t_n}{qT} \tag{3-1}$$

式中：C——调节时间 T 小时内废水的平均浓度，mg/L；

q——调节时间 T 小时内废水的平均流量，m^3/h；

$C_1,C_2,\cdots,C_n$——废水在各相应时间段 $t_1,t_2,\cdots,t_n$ 内的平均浓度，mg/L；

$q_1,q_2,\cdots,q_n$——废水在各相应时间段 $t_1,t_2,\cdots,t_n$ 内的平均流量，m^3/h；

$t_1,t_2,\cdots,t_n$——时间间隔，其总和为 T。

调节池所需要的容积(V)可按下式计算：

$$V = \sum_{i=1}^{n} q_i t_i = q_1 t_1 + q_2 t_2 + \cdots + q_n t_n \tag{3-2}$$

若采用对角线出水时，调节池容积可按下式计算：

$$V = \frac{qT}{2\alpha} \tag{3-3}$$

式中：α——在调节池内废水不均匀流动所致的容积利用系数，一般取 0.7。

2. 调节池搅拌方式的选择

为使废水充分混合，避免悬浮物的沉淀，调节池需要安装搅拌设备进行搅拌，搅拌方式有如下四种。

(1)水泵强制循环搅拌。这种搅拌方式，在调节池底部设置穿孔管，穿孔管与水泵压水管相连，利用压力水进行搅拌。此方式优点是简单易行，但动力消耗大。

(2)空气搅拌。在调节池底设置穿孔管，穿孔管与鼓风机空气管相连，利用压缩空气进行搅拌。此方式搅拌效果好，还可起到预曝气的作用，但运行费用较高，当废水中存在易挥发性污染物时，可能造成二次污染。

(3)机械搅拌。在调节池内安装机械搅拌设备。机械搅拌设备有桨式、推进式、涡流式等。此方式搅拌效果好，但设备常年浸于水中，易腐蚀，运行费用也较高。

(4)水力搅拌。水力搅拌是利用废水水流自身的搅拌作用，使不同浓度的废水进行混合。这种搅拌方式混合效果较差，但不需用机械设备，动力消耗低，管理方便，所以常被采用。四种搅拌方式的比较见表 3-1。

表 3-1　调节池中废水混合搅拌方式的比较

分类	处理效果
机械搅拌	混合效果好，但管理、维修都较困难，成本大
水泵强制循环搅拌	本质上与机械搅拌相同
空气搅拌	混合效果较好，可利用曝气空气余量进行
水力搅拌	混合效果较差，但不需用机械，动力消耗低，管理方便。采用该法比较普遍

例题 3-1　已知某印染厂废水排放量为 $50m^3/h$，废水的平均浓度变化见表 3-2。求该印染废水经 6h 调节后调节池出水的平均浓度和调节池的容积。

表 3-2　印染废水 BOD₅ 值的变化

时间(h)	BOD$_5$(mg/L)	时间(h)	BOD$_5$(mg/L)	时间(h)	BOD$_5$(mg/L)	时间(h)	BOD$_5$(mg/L)
0~1	100	3~4	100	6~7	100	9~10	100
1~2	300	4~5	200	7~8	300	10~11	200
2~3	600	5~6	200	8~9	600	11~12	200

解　由表可知,废水浓度变化周期为 6h,经过 6h 调节后废水的平均浓度为:

$$C = \frac{C_1 q_1 t_1 + C_2 q_2 t_2 + \cdots + C_n q_n t_n}{qT}$$

$$= \frac{50 \times 100 + 50 \times 300 + 50 \times 600 + 50 \times 100 + 50 \times 200 + 50 \times 200}{50 \times 1 + 50 \times 1 + 50 \times 1 + 50 \times 1 + 50 \times 1 + 50 \times 1} = 250 \text{mg/L}$$

若采用对角线调节池的形式,调节池容积为:

$$V = \frac{50 \times 6}{2 \times 0.7} = 214 \text{m}^3$$

调节池的有效水深取 1.5m,则其表面积为 142m²,取池宽 6m,池长 23m,纵向隔板间距为 1.5m,将池宽分为 4 格,沿调节池长度方向设 3 个沉渣斗,沿宽度方向设置 2 个沉渣斗,共 6 个沉渣斗,沉渣斗底部坡度取 45°。

第二节　格　栅

印染废水中含有棉绒、毛绒短纤维、非溶解性化学药剂等漂浮物和悬浮物,如果不预先将其从废水中去除,会堵塞水泵、管道,影响后续处理设备的运行。

一、格栅的种类和规格

根据构造不同,格栅设备分为格栅和格网两种。

格栅是用于去除印染废水中那些较大悬浮物、保护后续处理设备正常工作的一种装置。它由一组平行的金属栅条制成的框架,斜置在进水渠道上或泵房集水井的进口处。在印染废水处理过程中,尽管格栅并非印染废水处理的主体设备,但因其设备在废水处理流程之首或泵站的进口处,位属咽喉,其作用相当重要。

格栅可按栅条形状、清渣方式和格栅栅条净间距分类。

1. 按栅条形状分类

按栅条形状可分为平面格栅和曲面格栅两类。

(1)平面格栅。平面格栅由框架和栅条组成。基本形式有 A 型和 B 型,A 型栅条布置在框架外侧,B 型栅条布置在框架内侧。长度大于 1m 时需增设横向肋条。

基本参数:宽度(B)、长度(L)、栅条间距(e)、栅条至外框距离(b)。

型号:PGA—$B \times L$—e(A 型)、PGB—$B \times L$—e(B 型)(图 3 – 6)。

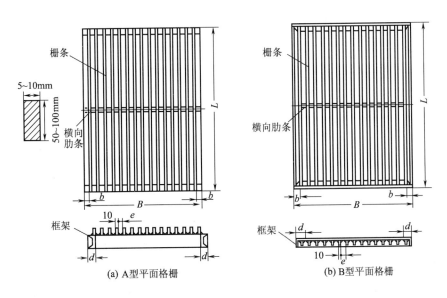

(a) A型平面格栅　　　　(b) B型平面格栅

图 3 – 6　平面格栅两种基本形式的示意图

平面格栅的基本参数和尺寸见表 3 – 3。

表 3 – 3　平面格栅的基本参数和尺寸　　　　　　　　　　单位:mm

名称	数值
格栅宽度 B	600,800,1000,1200,1400,1600,1800,2000,2200,2400,2600,2800,3000,3200,3400, 3600,3800,4000,用移动除渣机时,$B > 4000$
格栅长度 L	600,800,1000,1200,…,以 200 为一级增长,上限值决定于水深
栅条间距 e	10,15,20,25,30,40,50,60,80,100
栅条至外框距离 b	b 值按下式计算: $$b = \frac{B - 10n - (n-1)e}{2}; b \leq d$$　式中:B——格栅宽度 n——栅条根数 e——栅条间距 d——框架周边宽度

(2)曲面格栅。曲面格栅可分为固定曲面格栅和旋转鼓筒式格栅两种,结构如图 3 – 7 所示。

2.按清渣方式分类

按清渣方式可分为人工清渣格栅和机械格栅两类。

(1)人工清渣格栅。人工清渣格栅是用直钢条制成,为增加有效格栅面积,格栅在放置时与水平面呈 45° ~ 60°。栅条间距视废水中的悬浮物的多少而定。这种格栅只适用于处理量

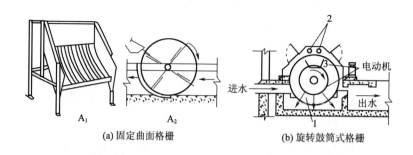

图3-7 固定曲面格栅和旋转鼓筒式格栅结构图

1—鼓筒 2—冲洗水管 3—渣槽 A₁—格栅 A₂—清渣浆板

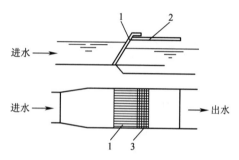

图3-8 人工清渣格栅的结构示意图

1—格栅 2—操作平台 3—滤水板

（栅渣量≤0.2m³/d）不大，或所截留的污染物量较少的场合。

图3-8是人工清渣格栅的结构示意图。

（2）机械格栅。当栅渣量大于0.2m³/d时，为改善劳动卫生条件，应采用机械清渣格栅。机械清渣格栅一般与水平面呈60°～70°角安置，有时也呈90°角安置。

机械格栅分为两大类：一类是格栅固定不动，截流物用机械方法清除，如移动式伸缩机械格栅（图3-9）；另一类是活动格栅，如链条式格栅（图3-10）。

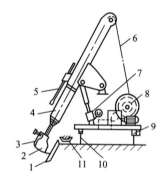

图3-9 移动式伸缩机械格栅

1—格栅 2—耙斗 3—卸污板 4—伸缩臂

5—卸污调整杆 6—钢丝绳 7—臂角调整结构

8—卷扬机构 9—行走轮 10—轨道

11—皮带运输机

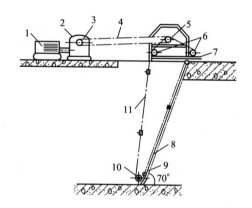

图3-10 链条式格栅

1—电动机 2—减速器 3—主动链轮 4—传动链条

5—从动链轮 6—张紧轮 7—导向轮

8—格栅 9—齿耙 10—导向轮

11—除污链条

3. 按格栅栅条的净间距分类

按格栅栅条的净间距可分为粗格栅(栅条净间距为 40～100mm)、中格栅(栅条净间距为 10～40mm)、细格栅(栅条净间距为 3～10mm)三类。

格网是由金属丝制成的网状组织,固定在金属框架上,放置于格栅的后面,以截留水中的棉、毛绒短纤维。格网按其孔眼的大小可分为粗网和细网两种。

粗网:孔眼直径 $d \geqslant 6mm$。

细网:孔眼直径 $d < 6mm$。

二、格栅的选择

1. 格栅栅条间隙的选择

当格栅设于废水处理系统之前时,采用机械格栅,栅条间隙为 16～25mm;采用人工清除栅渣时,栅条间隙为 25～40mm;当格栅设于水泵之前时,栅条间隙采用的数据参照表 3－4。

表 3－4 污水泵型号与栅条间隙的关系

污水泵型号	栅条间隙(mm)	栅渣量[L/(人·d)]
$2\frac{1}{2}$PW, $2\frac{1}{2}$PWL	≤20	4～6
4PW	≤40	2.7
6PW	≤70	0.8
8PW	≤90	0.5
10PWL	≤110	<0.5

2. 格栅栅条端面形状的选择

栅条端面形状可按表 3－5 选择。圆形端面的栅条水力条件好,水流阻力小,但刚度差,易堵塞,特别是纤维、布片等缠绕于栅条上很难清除;矩形端面的栅条刚度大,不易堵塞,维护、清除方便,但过栅的水头损失较大。对于纺织印染废水,一般多采用矩形端面。

表 3－5 栅条端面形状与尺寸

栅条端面形状	尺寸(mm)	栅条端面形状	尺寸(mm)
正方形		矩形	
圆形		带半圆的矩形	

3.清渣方式的选择

清渣方式一般根据所需清渣的量而定。每日栅渣量大于0.2m³时,采用机械格栅清渣。目前在一些小的污水处理站,为改善劳动和卫生条件,也常采用机械格栅清渣。

机械格栅清渣机的类型很多,常用的清渣机类型、使用范围及优缺点见表3-6。

表3-6 不同类型机械格栅清渣机的比较

类型	使用范围	优点	缺点
链条式	深度不大的中小型格栅,主要去除废水中的长纤维、带状物等杂物	构造简单,制造方便,占地面积小	杂物进入链条和链轮之间容易卡住;套筒滚子链造价高,耐腐蚀性差
移动伸缩机械式	中等深度的宽大格栅,耙斗式	不清渣时设备全部在水面上,维护检修方便,可不停水检修;钢丝绳在水面上运行寿命长	需配3套电动机、减速器,构造较复杂;移动时齿耙与栅条间隙的对位较困难
圆周回转式	深度较浅的中小型格栅	构造简单,制造方便,动作可靠,容易检修	配置圆弧形格栅,制造较难,占地面积大
钢丝绳牵引式	固定式适用于中小型格栅,深度范围广,适用于宽大格栅	使用范围广,无水下固定部件的设备,维修方便	钢丝绳干湿交替易腐蚀,需采用不锈钢丝绳;有水下固定部件的设备,维修时需停水

三、格栅应用时的注意事项

格栅在安装和操作管理中,应注意如下事项。

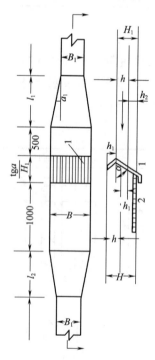

图3-11 格栅结构计算图

1—栅条 2—工作台

(1)及时清除格栅上截留的污物,保证废水流经格栅时,水流横断面面积不减少。

(2)为防止阻回流现象的发生,应把格栅后渠底降低一定的高度,所降低的高度应大于水流通过格栅的水头损失。

(3)对于间歇式操作的机械格栅,其运行方式可用定时控制操作,或按格栅前后渠道的水位差的随动装置来控制格栅的工作高度。

四、格栅的设计

(1)设计参数。

栅前流速一般控制在0.4~0.8m/s;

过栅流速一般控制在0.6~1.0m/s;

过栅水头损失一般在0.2~0.5m;

栅渣量0.1~0.01m³/10³m³;

栅渣含水率80%,栅渣容重750kg/m³。

(2)设计内容。尺寸计算、水力计算、栅渣量计算及清渣机械的选用等,格栅结构计算如图3-11所示。

第三节　沉　淀

一、沉淀的意义

沉淀是使废水中悬浮物质(主要是可沉固体)在重力作用下下沉,从而与废水分离,使水质变得澄清。这种方法简单易行,分离效果良好,是处理印染废水的重要手段。

用于完成沉淀过程的构筑物称为沉淀池。沉淀池可分为预沉池、初次沉淀池和二次沉淀池。预沉池和初次沉淀池设在生物处理构筑物前,二次沉淀池设在混凝和生物处理构筑物后。由于它们的位置不同,所起的作用有所不同。

(1)预沉池和初次沉淀池的作用是减少后续生物处理构筑物的负荷,对印染废水进行处理。

(2)用于化学处理和生物处理后的二次沉淀池的作用是分离污泥、化学沉淀物或生物膜,使出水得以澄清。

目前在印染废水中常用的沉淀池有平流式沉淀池、竖流式沉淀池、辐流式沉淀池和斜板、斜管沉淀池。

二、沉淀的类型

根据废水中悬浮颗粒的浓度、性质及其絮凝性能的不同,沉淀现象分为以下几种类型。

1. 自由沉淀

废水中的悬浮颗粒浓度不高,固体颗粒没有凝聚性。在沉淀过程中颗粒的形状、尺寸及密度不发生改变,颗粒互不黏合,在整个沉淀过程中沉速也不发生变化。如初次沉淀池中颗粒的初期沉淀阶段。

2. 絮凝沉淀

废水中的悬浮颗粒浓度不高,固体颗粒具有凝聚性。在沉淀过程中颗粒能发生凝聚或絮凝作用。由于絮凝作用,颗粒质量增加,沉降速度加快,沉速随深度而增加。经过化学混凝的水中颗粒的沉淀,即属于絮凝沉淀。

3. 拥挤沉淀

废水中悬浮颗粒的浓度比较高,在沉降过程中会产生颗粒互相干扰的现象,在清水与浑水之间形成明显的交界面,并逐渐向下移动,因此又称成层沉淀。活性污泥法后期的二次沉淀池以及污泥浓缩池中的初期情况均属于这种沉淀类型。

4. 压缩沉淀

一般发生在高浓度的悬浮颗粒的沉降过程中,颗粒相互接触并部分受到压缩物支撑,下层颗粒间隙中的液体被挤出界面,固体颗粒群被浓缩。浓缩池中污泥的浓缩过程属于此类型。

三、沉淀池的构造及类型特征

按照沉淀池内水流方向的不同,沉淀池可分为平流式、竖流式、辐流式和斜板式四种。

沉淀池按照结构和功能的不同,分为进水区、出水区、沉降区、污泥区以及缓冲区五个部分。

沉淀池的排泥方法有静压力排泥法和机械排泥法。

静压力排泥法是利用池内的静水位,将污泥排出池外。排泥管直径一般为200mm,它的底端插入污泥斗内,上端伸出水面以便清通。不同的沉淀池静水水头大小不同,初沉池的静水水头一般为1.5m,二沉池的静水水头为0.9m。为了使池底污泥能滑入污泥斗,池底应有0.01 ~ 0.02的坡度。

机械排泥法利用链带式刮泥机上的刮板,沿池底缓缓移动,把污泥推入泥斗,速度一般为1m/min。当链带刮板转到水面时,将浮渣推向流出挡板处的浮渣槽。这种刮泥机的缺点是机件长期浸于活水中,容易被腐蚀,且难维修。

1. 平流式沉淀池

平流式沉淀池池型呈长方形,水在池内按水流方向流动,从池一端流入,从另一端流出(图3 – 12)。

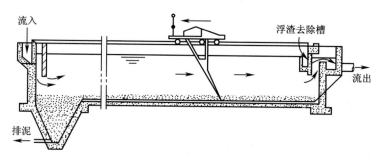

图3 – 12　平流式沉淀池

按功能区分,沉淀池可分为流入区、流出区、沉降区、污泥区以及缓冲区五个部分。流入区的任务是使水流均匀地流过沉降区,流入装置常用潜孔,在潜孔后(沿水流方向)设有挡板,其作用一方面是消除流入污水能量;另一方面也可使流入污水在池内均匀分布。流入处的挡板一般高出池水水面0.1 ~ 0.15m,挡板的浸没深度在水面下应不小于0.25m,并距进水口0.5 ~ 1.0m。

流出区设有流出装置(多采用自由堰型式),溢流堰可用来控制沉淀池内的水面高度,且对池内水流的均匀分布有着直接影响,安置要求是沿整个溢流堰的单位长度溢流量相等。

溢流堰最大负荷不宜大于2.9L/(m·s)(初次沉淀池)、1.7L/(m·s)(二次沉淀池)。为了减少负荷,改善出水水质,溢流堰可采用多槽沿程布置。为此锯齿形三角堰水面宜位于齿高的1/2处,见图3 – 13(a)。为适应水流的变化,在堰口处设有能使堰板上下移动的调节装置,使堰口尽可能水平,为防止浮渣随出水流走,距溢流堰0.25 ~ 0.5m。锯齿堰及沿程布置流出槽见图3 – 13(b)。堰前也应设挡板或浮渣槽。挡板应高出池内水面0.1 ~ 0.15m,并浸没在水面下0.3 ~ 0.4m。

沉降区是可沉颗粒与水进行分离的区域。污泥区用于储放与排出污泥,在沉淀池前端设有污泥斗,其他池底设有坡度为 0.01 ~ 0.02 的底坡。收集在泥斗内的污泥通过排泥管排出池外,排泥方法分静压力排泥法和机械排泥法,静压力应大于或等于 11.3kPa(1.5mH₂O),排泥管的直径通常不小于200mm。为保证已沉入池底与泥斗中的污泥不再浮起,有一层分隔沉降区与污泥区的水层,称为缓冲区,其厚度为 0.3 ~ 0.5m。

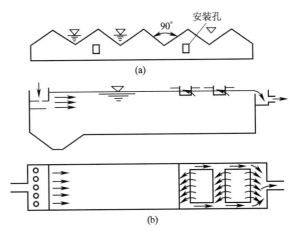

图 3 – 13 溢流堰及多槽流出装置

为了不设置机械刮泥设备,可采用多斗式沉淀池,在每个储泥斗中单独设置排泥管,各自独立排泥,互不干扰,以保证污泥的浓度。

平流式沉淀池的沉降区有效水深一般为 2 ~ 3m,污水在池中停留时间为 1 ~ 2h,表面负荷 1 ~ 3m³/(m²·h),水平流速一般不大于5mm/s。为了保证污水在池内分布均匀,池长与池宽比以 4 ~ 5 为宜。

平流式沉淀池的主要优点是有效沉降区大,沉淀效果好,造价较低,对污水流量适应性强。缺点是占地面积大,排泥较困难。

2. 竖流式沉淀池

竖流式沉淀池在平面图形上一般呈圆形或正方形,原水通常由设在池中央的中心管流入,在沉降区的流动方向是由池的下面向上做竖向流动,从池的顶部周边流出(图3 – 14)。池底锥体为储泥斗,它与水平的倾角为45°~60°,排泥一般采用静水压力。

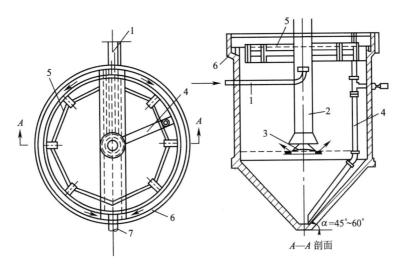

图 3 – 14 圆形竖流式沉淀池

1—进水管 2—中心管 3—反射板 4—排泥管 5—挡板 6—流出槽 7—出水管

竖流式沉淀池的直径或边长一般为 4~7m,不大于 10m。沉降区的水流上升速度一般采用 0.5~1.0mm/s,沉降时间 1~1.5h。为保证水流自下而上垂直流动,要求池子直径与沉降区深度之比不大于 3。中心管内水流速度应不大于 0.03m/s,而当设置反射板时,可取 0.1m/s。

污泥斗的容积视沉淀池的功能各异。对于初次沉淀池,池斗一般以储存 2 天污泥量来计算,而对于活性污泥法后的二次沉淀池,其停留时间以取 2h 为宜。

竖流沉淀池的优点是:排泥容易,不需设机械刮泥设备,占地面积较小。其缺点是造价较高,单池容量小,池深大,施工较困难。因此,竖流式沉淀池适用于处理水量不大的小型污水处理厂。

3. 辐流式沉淀池

辐流式沉淀池也是一种圆形的、直径较大而有效水深相应较浅的池子,池径一般在 20~30m,池深在池中心处为 2.5~5m,在池周边处为 1.5~3m。池径与池高之比一般为 4~6。污水一般由池中心管进入,在穿孔挡板(称为整流板)的作用下使污水在池内沿辐射方向流向池的四周,水力特征是水流速度由大到小变化。由于池四周较长,出口处的出流堰口不容易控制在一致的水平,通常用锯齿形三角堰或淹没溢孔出流,尽量使出水均匀。

圆形大型辐流式沉淀池常采用机械刮泥,把污泥刮到池中央的泥斗,再靠静压力或泥浆泵把污泥排走。当池径小于 20m 时,可考虑采用方形多斗排泥,污泥自行滑入斗内,并用静水压力排泥,每斗设独立的排泥管,其工艺构造见图 3-15。

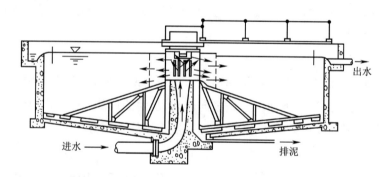

图 3-15 普通辐流式沉淀池工艺图

辐流式沉淀池的优点是:建筑容量大,采用机械排泥,运行较好,管理较简单。其缺点是:池中水流速度不稳定,机械排泥设备复杂,造价高。这种池子适用于处理水量大的情况。

4. 斜板(斜管)式沉淀池

(1)浅池沉淀理论。斜板(斜管)式沉淀池是利用浅池沉淀原理发展而成的一种池型(图 3-16),减少沉淀池的深度,可以缩短沉降时间,因而减少沉淀池的体积也可提高沉降效率。

池长为 L,池深为 H,池中水流速度为 v,颗粒沉速为 u_0 的沉淀池中,在理想状态下,$\dfrac{L}{H} = \dfrac{v}{u_0}$。

可见,L 与 v 值不变时,池深 H 越小,可被沉淀去除的悬浮物颗粒也越小。若用水平隔板,将 H 分为 3 等分,每层深 $H/3$,如图 3-16(a),在 u_0 与 v 不变的条件下,则只需 $L/3$ 就可将沉速为 u_0 的颗粒去除,也即总容积可减少到 1/3。如果池长 L 不变,见图 3-16(b),由于池深为 $H/3$,则水平

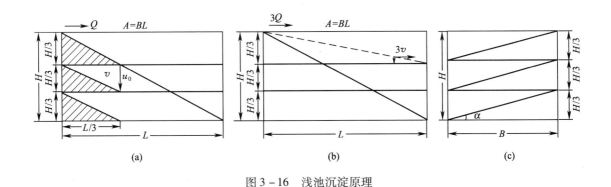

图 3 – 16　浅池沉淀原理

流速可增加到 $3v$,仍然能将沉速为 u_0 的颗粒沉淀掉,也即处理能力可提高 3 倍。把沉淀池分成 n 层就可把处理能力提高 n 倍,这就是 20 世纪初哈真(Hazen)提出的浅池沉淀理论。

（2）斜板(斜管)式沉淀池的特征。为了解决沉淀池的排泥问题,浅池沉淀理论在实际应用时,把水平隔板改为倾角为 α 的斜板(管),α 采用 $50° \sim 60°$。所以把斜板(管)有效面积的总和乘以 $\cos\alpha$,即得水平沉淀面积。

$$A = \sum_{i=1}^{n} A_i \cos\alpha \tag{3 – 4}$$

式中:A——水流沉降总面积;

$\quad\quad\alpha$——斜板(管)与水平面的夹角;

$\quad\quad A_i$——每块斜板的有效面积。

斜板沉淀池按水流方向,可分为上向流(又称异向流)、平向流(又称侧向流)和下向流(又称同向流)三种。斜管沉淀池只有上向流和下向流两种。

图 3 – 17 为异向流斜板式沉淀池示意图。异向流斜板(管)长度通常采用 $1 \sim 1.2m$,倾斜角 $60°$,从沉淀效率考虑,斜板间距越小越好,但从施工安装和排泥的角度看,板间垂直间距不能太小,以 $80 \sim 120mm$ 为宜,生产上斜板间距多采用 $100mm$,斜管通常采用 $25 \sim 30mm$。为防止沉淀污泥的上浮,缓冲层高度一般采用 $0.5 \sim 1.0m$。

斜板(管)沉淀池的水流接近层流状态,对沉淀有利,且增大了沉淀面积以及缩短了颗粒沉淀距离,因而大大减少了污水在池中的停留时间,在初次沉淀池停留约 $30min$。这种池的处理能力高于一般沉淀池,占地面积也小。但存在造价较高,斜板(管)上部在日光照射下会大量繁殖藻类,增加污泥量,易在板间积泥,不宜用于处理黏性较高的泥渣等缺点。

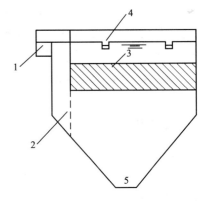

图 3 – 17　异向流斜板式沉淀池示意图
1—进水槽　2—布水孔　3—斜板
4—出水槽　5—污泥斗

斜板(管)的材料要求轻质、坚固、无毒而价廉,使用较多的有薄塑板、玻璃钢等。

四、沉淀池池型和设计参数的选择

沉淀池各种池型的优缺点和适用条件见表3-7。

表3-7 四种沉淀池性能比较

池型	优点	缺点	使用材料
平流式	沉淀效果好,对废水量和温度的变化适应能力强,施工简易,造价低,处理水量不限,适合地下水位高及地址较差地区	占地面积大,排泥较困难,池子配水不易均匀	砖石、混凝土或钢筋混凝土
辐流式	适用地下水位较高的地区及大型处理厂	机械排泥较复杂,施工质量要求高	钢筋混凝土
竖流式	排泥方便,管理简单,占地面积小,适于中小型处理厂	池子深度较大,施工较困难,对废水量和温度的变化适应能力差	钢筋混凝土
斜板式	去除率高,占地面积小,适于小型废水处理厂	排泥困难	钢筋混凝土,斜板(管)为聚乙烯材料

五、提高沉淀池沉淀效果的有效途径

沉淀池是废水处理工艺中使用最广泛的一种水处理构筑物,但实际运行资料表明:无论平流式、竖流式还是辐流式沉淀池,都存在着去除率不高的问题,通常在1.2~2h的沉淀时间内,悬浮物的去除率只有50%~60%(二沉池除外)。除了可以用斜板式沉淀池提高沉淀池的分离效率和处理能力外,还有如下方法。

(1)通过投加混凝剂,改善废水中悬浮物的物理性质,增加悬浮物的凝聚性能。

(2)采用预曝气的方法,使废水中的细小颗粒间相互作用,产生自然絮凝,可使沉淀效率提高5%~8%,这种方法一般在沉淀池前端设置调节池,池内采用空气搅拌。

(3)采用剩余污泥投加到入流废水中,利用污泥的活性,产生吸附与絮凝作用。这一方法已在国内外得到广泛应用。采用这种方法,可以使沉淀效率比原来的沉淀池提高20%~30%,活性污泥的投加量一般在100~400mg/L。

☞ 复习指导

1. 内容概览

本章主要讲授染整工业废水物理处理法即水质水量的调节、格栅及沉淀的目的、作用。

2. 学习要求

(1)重点掌握染整废水水质水量调节的意义及调节池的构造、格栅的选择和沉淀原理,熟悉人工、机械清渣格栅的结构。

(2)了解各种沉淀的构造。

思考题

1.格栅的作用是什么？它是如何分类的？

2.调节池的作用是什么？

3.沉淀有哪几种类型？各有什么特点？试说明它们之间的内在联系与区别。

4.影响沉淀的因素有哪些？

5.试述斜板(斜管)沉淀池的工作原理。

6.比较四种沉淀池的结构和性能。

7.如何提高沉淀池的沉淀效率？

参考文献

[1]黄长盾.印染废水处理[M].北京:纺织工业出版社,1987.

[2]胡亨魁.水污染控制工程[M].武汉:武汉工业大学出版社,2003.

[3]王金梅.水污染控制技术[M].北京:化学工业出版社,2004.

[4]高廷耀.水污染控制工程[M].北京:高等教育出版社,1999.

[5]唐受印.废水处理工程[M].北京:化学工业出版社,1998.

[6]黄巡武.纺织废水处理治理技术与管理[M].成都:四川科学技术出版社,1990.

[7]许保玖.当代给水与废水处理原理[M].北京:高等教育出版社,1990.

[8]同济大学.排水工程[M].上海:上海科学技术出版社,1980.

[9]井出哲夫.废水处理概论[M].张自杰译.北京:中国建筑工业出版社,1986.

[10]张希衡.水污染控制工程[M].北京:冶金工业出版社,1993.

第四章　染整工业废水的化学处理法

第一节　中　和　法

酸和碱反应生成盐和水的过程称为中和反应。利用中和反应消除废水中过量的酸和碱,使废水 pH 达到中性或接近中性的方法称为中和法。

印染废水多呈碱性,pH 一般在 9~12,需要进行中和处理,达到所需的 pH 调节值取决于后续处理的方法。对于生物处理法,pH 调节值应在 10 以下;对于化学混凝法,pH 调节值取决于混凝剂的等电点和排放标准。

一、中和法的基本原理

中和法的基本原理是:使酸性废水中的氢离子与外加的氢氧根离子,或使碱性废水中的氢氧根离子与外加的氢离子相互作用生成盐和水,从而调节废水的酸碱度。

二、中和法的分类

中和法分酸性废水中和与碱性废水中和两类。对于碱性印染废水的处理,主要有碱性废水与酸性废水直接中和、加酸中和及烟道气中和三种方法。这里主要介绍中和法对碱性印染废水的处理。

1. 酸、碱废水直接中和

当印染厂内既有碱性废水又有酸性废水时,且酸碱废水的浓度变化不大,可将酸碱废水引入调节池进行直接中和,中和后废水 pH 可调节到 6.5~8.5。

酸、碱废水直接中和不用投药,设备简单,管理方便。但当水质水量变化较大时,为保证中和效果稳定,一般应设置投药补充处理设施。

根据化学基本原理,酸碱中和符合等物质的量定律,酸碱废水混合后呈中性反应,可按下式计算。

$$\sum Q_j C_j \geqslant \sum Q_s C_s ak \tag{4-1}$$

式中:Q_j——碱性废水流量,m^3/h;

$\quad\ C_j$——碱性废水浓度,g/L;

$\quad\ Q_s$——酸性废水流量,m^3/h;

$\quad\ C_s$——酸性废水浓度,g/L;

a——碱性中和剂对酸的比耗量,kg/kg,即中和1kg酸所需的碱量(kg),见表4-1;

k——反应不均匀系数,一般 $k = 1.5 \sim 2.0$。

表4-1　碱性中和剂对酸的比耗量

酸	中和1kg酸所需碱的比耗量(kg)						
	CaO	Ca(OH)$_2$	CaCO$_3$	MgCO$_3$	NaOH	Na$_2$CO$_3$	CaCO$_3 \cdot$ MgCO$_3$
H$_2$SO$_4$	0.571	0.755	1.02	0.86	0.866	1.08	0.94
HNO$_3$	0.446	0.59	0.795	0.668	0.635	0.84	0.732
HCl	0.77	1.01	1.37	1.15	1.10	1.45	1.29
CH$_3$COOH	0.466	0.62	0.83	0.695	0.666	0.88	—

需要注意的是:在调节池兼作酸碱废水中和池时,应对调节池和有关管道进行防腐处理。调节池可采用耐酸混凝土浇筑,池内壁衬以瓷砖,缝隙用沥青玛蹄脂(其成分为难溶沥青15%~25%,耐酸粉25%~28%,5~6级石棉40%~60%)充填,总厚度为3mm左右。此外,进出水管和混合搅拌设备也应进行防腐处理。

在印染废水处理中,中和法一般只能调节废水的pH起预处理作用,并不能去除废水中其他污染物质。对含有硫化染料的废水,还会释放出硫化氢有毒气体,因此中和法一般不单独采用,往往是与其他处理方法配合使用。

2. 加酸中和法

加酸中和法是向印染废水中直接加入酸中和剂,常用的酸中和剂有工业硫酸和盐酸。其中工业硫酸价格较低,应用较多。加酸中和后一般不产生沉渣,不必设置沉渣池,是印染废水处理常用的方法。

印染废水中的碱性物质主要有 NaOH、Na$_2$CO$_3$ 和 Na$_2$S 等,它们与硫酸反应如下:

$$2NaOH + H_2SO_4 \Longrightarrow Na_2SO_4 + 2H_2O$$

$$Na_2CO_3 + H_2SO_4 \Longrightarrow Na_2SO_4 + H_2O + CO_2 \uparrow$$

$$Na_2S + H_2SO_4 \Longrightarrow Na_2SO_4 + H_2S \uparrow$$

加酸中和印染废水处理流程如图4-1所示。

当硫酸用量超过10kg/h时,可采用浓硫酸(98%)直接加入中和反应池。硫酸直接由储酸槽泵入调配池,经阀门控制流入中和反应池。调配池容积按一日用酸量考虑。

当硫酸用量较少时,一般先在调配池内把硫酸稀释成5%~10%的浓度后再投配。调配池有效容积按下式计算:

$$V = \frac{M_s \times C_s \times 24}{1000 \times \beta \times \gamma \times n} \qquad (4-2)$$

式中:V——调配槽有效容积,m^3;

M_s——工业硫酸用量,kg/h;

C_s——工业硫酸浓度;

β——稀释后硫酸浓度,一般 β 取 $5\% \sim 10\%$;

γ——稀释后硫酸密度,g/cm^3,可查表得到;

n——每日稀释次数,一般 $n = 3 \sim 6$。

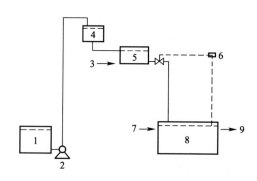

图 4 - 1　硫酸中和处理印染废水的流程

1—储酸槽　2—耐酸泵　3—压缩空气　4—计量泵　5—调配池
6—酸度计　7—碱性废水　8—中和反应池　9—中和水

调配池通常应该不少于两个,交替使用。硫酸储槽的容积按 $15 \sim 30$ 天用酸量确定。

加酸量的计算:

$$M_s = M_j \frac{ak}{d} \qquad\qquad (4-3)$$

式中:M_s——酸的总消耗量,kg/h;

M_j——废水中的含碱量,kg/h;

a——酸性中和剂对碱的比耗量,kg/kg,即中和 $1kg$ 碱所需酸的量(kg),见表 $4-2$;

d——酸纯度,%;

k——反应不均匀系数,一般 $k = 1.1 \sim 1.2$。

表 4 - 2　酸性中和剂对碱的比耗量

碱	中和 $1kg$ 碱所需酸的比耗量(kg)					
	硫酸		盐酸		硝酸	
	100%	98%	100%	36%	100%	65%
NaOH	1.22	1.24	0.91	2.53	1.58	2.42
Na_2CO_3	0.92	0.94	0.69	1.92	1.19	1.83
Na_2S	1.26	1.29	0.94	2.61	1.62	2.49

续表

碱	中和1kg碱所需酸的比耗量(kg)					
	硫酸		盐酸		硝酸	
	100%	98%	100%	36%	100%	65%
KOH	0.88	0.9	0.65	1.8	1.13	1.74
Ca(OH)$_2$	1.2	1.34	0.99	2.75	1.7	2.62
NH$_3$	2.88	2.93	2.12	5.9	3.71	5.7

3. 烟道气中和法

烟道气中含有高达24%的 CO_2,有时还含有 SO_2 和 H_2S 等酸性气体,所以利用烟道气中和碱性印染废水是一种以废治废的有效的中和方法。一般利用烟道气中和碱性废水在喷淋塔中进行,如图4-2所示。

印染废水由塔顶布水器均匀淋下,烟道气则由塔底逆流而上,两者在填料层间逆流接触,烟道气中的酸性气体与印染废水中的碱性物质(如 NaOH)反应如下:

$$2NaOH + CO_2 = Na_2CO_3 + H_2O$$
$$2NaOH + SO_2 = Na_2SO_3 + H_2O$$
$$2NaOH + H_2S = Na_2S + 2H_2O$$

通常,烟道气中和碱性印染废水是与烟道气除尘同时进行的。碱性废水送到水膜除尘器

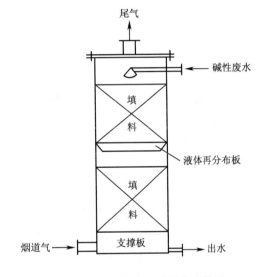

图4-2　烟道气中和碱性废水装置

上部作为喷淋用水,使烟道气与喷淋水逆流接触,烟道气中的 CO_2、SO_2 和 H_2S 溶解于水中,使碱性废水得到中和;同时烟道气中的烟尘微粒被喷淋水带出,并在沉淀池中沉淀。这样既降低废水的 pH,又除去烟道气中的灰尘,达到以废治废的目的。

此外,也可将烟道气直接引入碱性废水池中,通过池底部穿孔管向上鼓泡,也能达到满意的效果。

烟道气中和碱性印染废水的优缺点如下。

(1)用烟道气中和碱性印染废水,不仅使废水的 pH 可从 10～12 下降到 6～7,同时也可达到除尘目的,改善了环境卫生。

(2)利用碱性印染废水除去烟道气中的粉尘,不仅可节省大量自来水,而且除尘后的沉淀物含煤量达30%左右,还可作为燃料回用,降低了废水处理的成本,具有一定的社会效益和经济效益。

(3)经烟道气中和后的废水,其硫化物、耗氧量和色度都有所增加,其中以硫化物最显著,

还需要进一步处理。

（4）利用烟道气中和后的印染废水的温度会有所提高,这对废水的后续处理将产生不良影响,选用时需慎重。

第二节　混凝处理法

由于近年来化纤织物的发展和印染后整理技术的进步,使 PVA 浆料、新型助剂等难生化降解的有机物大量进入印染废水,给印染废水处理增加了难度。印染废水中含有很多染料、淀粉、表面活性剂和 PVA 浆料、新型助剂等细小的分散颗粒和胶体物质,其中染料多呈胶体状态。这些胶体物质在废水中能够长期稳定地存在,不能用沉淀的方法去除,对后续的生物处理法产生很大的影响,所以,在废水进入生物处理构筑物之前,必须最大限度地加以去除,才能保证水处理效果。

混凝法是处理印染废水中胶体物质的一种有效的化学方法。混凝法就是在废水中预先投加化学药剂,使水中难以沉淀的细小颗粒(粒径在 $1 \sim 100 \mu m$)及胶体颗粒失去稳定性,形成聚集或具有可分离性的絮凝体,再加以分离除去的过程。

该方法不仅可以去除水中多种有机物,还能降低水的色度,改善污泥的脱水性能。混凝法处理工业废水,设备简单,维护操作易于掌握,处理效果好,间歇或连续运行均可以。所以,近几年在染整废水的处理中,混凝法是常用的方法之一。

一、胶体的特性与结构

1. 胶体的特性

胶体的特性包括光学性质、力学性质、表面性能、动电现象四个方面。

（1）光学性质。胶体的光学性质是胶体在水溶液中能引起光反射的性质。

（2）力学性质。胶体的力学性质主要是指胶体的布朗运动,胶体颗粒一刻不停地做不规则运动。这也是胶体颗粒不能自然沉淀的原因之一。它可用水分子的热运动来解释,胶体颗粒总是处于周围水分子的包围中,而水分子由于热运动总在不停地撞击胶体颗粒,其瞬间合力不能完全抵消,就使得胶体颗粒不断改变位置。

（3）表面性能。胶体颗粒微小,故其比表面积大,具有极大的表面自由能,从而使胶体颗粒具有强烈的吸附能力和水化作用。

（4）动电现象。胶体的动电现象包括电泳与电渗,两者都是由于外加电位差的作用而引起的胶体溶液系统内固相与液相产生的相对移动。电泳现象是指在电场作用下,胶体颗粒能向一个电极方向移动的现象。与此同时,也可认为有一部分液体渗透过了胶体颗粒的孔隙而移向相反的电极,这种液体在电场中透过多孔性固体的现象称为电渗。

电泳现象说明胶体颗粒是带电的。在外加电场作用下,胶体颗粒移向阴极,说明该类胶体颗粒带正电,如氢氧化铁、氢氧化铝等;相反,胶体颗粒向阳极运动,则说明该类胶体颗粒带负电,如碱性条件下的氢氧化铝和蛋白质等。黏土胶体一般也带负电。由于胶体微粒的带电性,当它们互相靠近时,就产生排斥力,因此不能聚合。

2. 胶体的双电层结构

胶体结构很复杂,它是由胶核、吸附层及扩散层三部分组成的,图4-3是胶体结构示意图。

粒子的中心是胶核,它是由胶体分子聚合而成的胶体微粒,由数百个乃至数千个分散相固体物质分子组成。由于胶体的吸附性,胶核附近吸附了一层带同性电荷的离子,称为电位离子层。为维护胶体离子的电中性,胶核表面的电位离子在静电引力的作用下,从溶液中吸附了电量与电位离子总电量相同,而电性相反的离子,这称为反离子层。

电位离子层与反离子层就构成了胶体的双电层结构。其中电位离子层构成了双电层的内层,其所带电荷称为胶体粒子的表面电荷,其电性和电荷数决定了双电层总电位的符号和大小。反离子层构成了双电层

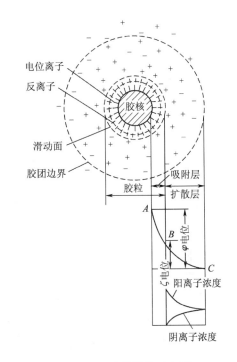

图4-3　胶体结构示意图

的外层,按其与胶核的紧密程度,反离子层又分为吸附层和扩散层,前者靠近电位离子,并随胶核一起运动,它和电位离子层一起构成了胶体粒子的固定层。这部分反离子又叫作束缚反离子。而反离子扩散层是指固定层以外的那部分反离子,它由于受电位离子的引力较小,因而不随胶核一起运动,并趋于向溶液主体扩散,直至与溶液中的平均浓度相等,所以这部分反离子又叫作自由反离子。吸附层与扩散层的交界面在胶体化学上称为滑动面。

通常将胶核与吸附层合在一起称为胶粒,胶粒再与扩散层组成电中性胶团(又称胶体粒子)。由于胶粒内束缚反离子电荷数总少于电位离子数,故胶粒总是带电的,其电量等于电位离子数与吸附层反离子电荷数之差,其电性与电位离子电性相同。

胶核与溶液主体间由于表面电荷的存在所产生的电位称为总电位(或称 φ 电位)。而胶粒与扩散层之间的电位由于胶粒剩余电荷的存在所产生的电位称为电动电位(或称 ζ 电位)。

总电位 φ 对于某类胶体而言,是固定不变的,它无法测出,也不具备实用意义;而 ζ 电位可通过电泳或电渗计算得出,它随着温度、pH 及溶液中反离子浓度等外部条件而变化,在水处理中具有重要的意义。

对于某一种胶体,总电位 φ 总是一定的, ζ 电位则随扩散层的厚度发生变化,它能引起胶体的静电斥力,阻止胶粒相互接近。 ζ 电位越高,胶体的稳定性越强。

按以上叙述,胶体的结构式可写为:

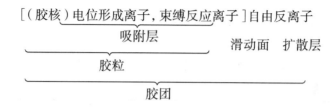

3. 胶体的稳定性与脱稳

胶体的稳定性是指胶体颗粒在水溶液中保持分散的悬浮状态的特性。造成胶体微粒稳定性的主要原因是微粒的布朗运动、微粒间的电斥力和微粒表面的水化作用。

(1)布朗运动。分散在水中的各种固体颗粒时刻受到水分子热运动的撞击。对于较大的颗粒,由于受各方向水分子撞击的次数很多,可以平衡抵消,而且它的质量较大,能够在重力作用下自然下沉。胶体微粒很小时,同时受各方向水分子撞击的次数很少,不可以平衡抵消,而且它的质量很小,重力对它的影响极微,使胶体微粒在水分子的撞击下做无规则运动,即布朗运动,使其成为均匀分散状态。

布朗运动为胶体微粒提供相互碰撞的机会,但胶体微粒并未由此而相互吸附聚集成大颗粒下沉,主要是由于带有同性电荷的胶体微粒存在着静电斥力,使微粒彼此无法接触。

(2)微粒间的静电斥力。由于同类的胶体微粒电性相同,它们之间的静电斥力阻止微粒彼此接近,因而很难聚合成较大的颗粒;一种胶体的胶粒带电越多,其 ζ 电位就越大,稳定性越强。

(3)微粒表面的水化作用。由于胶粒的带电性,使周围极性水分子因定向作用而被吸引在胶粒的周围形成一层水化膜,阻止了胶粒间的相互接触。扩散层中反离子越多,水化作用越大,水化层也越厚,因此扩散层也越厚,稳定性越强。胶粒反离子都能与周围的水分子发生水化作用,形成一层水化壳,也阻碍了胶粒的聚合。

因此,要使胶体颗粒沉降,就需要破坏胶体的稳定性。促使胶体颗粒相互接触,成为较大的颗粒,这可以通过压缩扩散层的厚度、降低 ζ 电位来达到。

胶体因 ζ 电位降低或消除,从而失去稳定性的过程称为脱稳。脱稳的胶粒相互聚集为较大颗粒的过程称为凝聚。未经脱稳的胶体也可形成大的颗粒,这种现象称为絮凝。不同的化学药剂能使胶体以不同的方式脱稳、凝聚或絮凝。

二、混凝的机理

按混凝的机理,混凝可归结为压缩双电层、吸附电中和、吸附架桥、沉淀物网捕四种。

1. 压缩双电层机理

由胶体粒子的双电层结构可知,反离子的浓度在胶粒表面处最大,并沿着胶粒表面向外的距离呈递减分布,最终与溶液中离子浓度相等。当向溶液中投加电解质,使溶液中离子浓度增高,加入的反离子与扩散层原有反离子之间的静电斥力把原有部分反离子挤压到吸附层中,从而使扩散层厚度减小。

一方面,由于扩散层厚度的减小,ζ 电位相应降低,因此胶粒间的相互斥力也减少。另一方面,由于扩散层减薄,它们相撞时的距离也减少,因此相互间的吸引力相应变大。从而其斥力与吸引力的合力由斥力为主变为以引力为主,胶粒得以迅速凝聚。

2. 吸附电中和机理

胶粒表面对异号离子、异号胶粒、链状离子或分子带异号电荷的部位有强烈的吸附作用,由于这种吸附作用中和了电位离子所带电荷,减少了静电斥力,降低了 ζ 电位,使胶体的脱稳和凝聚易于发生。此时静电引力常是这些作用的主要方面。但若投加混凝剂过多,混凝效应反而下降。因为胶粒吸附了过多的反离子,使原来的电荷变号,排斥力变大,从而发生了再稳现象。

3. 吸附架桥机理

吸附架桥作用主要是指链状高分子聚合物在静电引力、范德瓦耳斯力和氢键力等作用下,通过活性部位与胶粒和细微悬浮物等发生吸附、桥联的过程。高分子絮凝剂具有线型结构,含有某些化学活性基团,能与胶粒表面发生特殊反应而产生吸附,在相距较远的两胶粒之间进行吸附架桥,使颗粒逐渐变大,从而形成较大的絮凝体。

本机理能解释当废水浊度很低时,有些混凝剂效果不好的现象。因为废水中胶粒少,当聚合物伸展部分一端吸附一个胶粒后,另一端因粘连不到第二个胶粒,只能与原先的胶粒粘连,就不能起架桥作用,从而达不到混凝的效果。

在废水处理中,对高分子絮凝剂投加量及搅拌时间和强度都应严格控制。如投加量过大时,一开始微粒就被若干高分子链包围,而无空白部位去吸附其他的高分子链,结果造成胶粒表面饱和而产生再稳现象。已经架桥絮凝的胶粒,如受到剧烈的长时间搅拌,架桥聚合物可能从另一胶粒表面脱开,重卷回原所在胶粒表面,造成再稳定状态。

显然,在吸附、桥联过程中,胶粒并不一定要脱稳,也无须直接接触。这个机理可解释非离子型或带同号电荷的离子型高分子絮凝剂具有优良絮凝效果的现象。

4. 沉淀物网捕机理

采用硫酸铝、石灰或氯化铁等高价金属盐类凝聚剂时,当投加量大得足以迅速沉淀金属氢氧化物[如 $Al(OH)_3$、$Fe(OH)_3$]或带金属碳酸盐(如 $CaCO_3$)时,水中的胶粒和细微悬浮物可被这些沉淀物再形成时作为晶核或吸附质所网捕。

以上介绍混凝的四种机理,在水处理中往往可能是同时或交叉发挥作用的,只是在一定情况下以某种机理为主而已。低分子电解质混凝剂,以压缩双电层作用产生凝聚为主;高分子聚合物则以架桥连接产生絮凝为主。

三、混凝剂与助凝剂

1. 混凝剂

用于水处理的混凝剂要求:混凝效果好,对人体健康无害,价廉易得,使用方便。其品种很多,按化学组成可分为无机盐类和有机高分子类。印染废水常用的混凝剂如下。

(1)无机盐类。目前应用最广的是铁系和铝系金属盐,可分为普通铁、铝盐和碱化聚合盐。其他还有碳酸镁、活性硅酸、高岭土、膨润土等。

①三氯化铁。三氯化铁有无水物、结晶水合物和液体,其中常用的是三氯化铁($FeCl_3 \cdot 6H_2O$),

它是黑褐色的结晶体,有强烈的吸水性,极易溶于水。其溶解度随温度上升而增加,形成的矾花,沉淀性好,处理低温水或低浊度的水效果比铝盐的好(适宜的 pH 范围较宽,但处理后水的色度比铝盐高)。三氯化铁的液体、晶体或受潮的无水物腐蚀性极大,调制和加药设备必须考虑用耐腐蚀材料。

②硫酸亚铁。硫酸亚铁($FeSO_4 \cdot 7H_2O$)是半透明绿色的结晶体,易溶于水。硫酸亚铁离解出的二价铁离子只能生成最简单的单核络合物,因此,不如三价铁盐那样有良好的混凝效果。残留在水中的二价铁离子会使处理后的水带色,二价铁离子与水中的某些有色物质作用后,会生成颜色更深的溶解物。因此,使用硫酸亚铁时应将二价铁先氧化为三价铁,然后再起混凝作用。

③硫酸铝。硫酸铝是世界上水和废水处理中使用最多的混凝剂。常用的硫酸铝含 18 个结晶水,其产品有精制和粗制两种。精制硫酸铝是白色结晶体。粗制硫酸铝的 Al_2O_3 含量为 14.5% ~ 16.5%,不溶杂质含量为 24% ~ 30%,价格较低,但质量不稳定,因含不溶杂质较多,增加了药液配制和排除废渣等方面的困难。硫酸铝易溶于水,水溶液呈酸性。

硫酸盐使用便利,混凝效果较好,不会给处理后的水质带来不良影响。当水温低时,硫酸铝水解困难,形成的絮凝体较松散。

④聚合氯化铝。聚合氯化铝(PAC)是目前国内外使用广泛的无机高分子混凝剂,其化学式为 $Al_n(OH)_mCl_{3n-m}$(称碱式氯化铝)。它是一种多价电解质,应用范围广,对各种废水都可以达到好的混凝效果;易快速形成大的矾花,沉淀性能好,投药量一般比硫酸铝低,过量投加时也不会像硫酸铝那样造成水浑浊;适宜的 pH 范围为 5.0 ~ 9.0,且处理后水的 pH 和碱度下降较少。水温低时,仍可保持稳定的混凝效果,药液对设备的侵蚀作用小。

⑤聚合硫酸铁。聚合硫酸铁(PFS)的化学式为 $[Fe_2(OH)_n(SO_4)_{3-n/2}]_m$。它是一种无机高分子聚合物,且作用机理与聚合铝盐相似。适宜水温为 10 ~ 50℃,pH 为 5.0 ~ 8.5,但在 pH 为 4.0 ~ 11.0 范围内仍可使用。与普通铁铝盐相比,它具有投加剂量少、絮凝体生成快、对水质的适应范围广等优点,因而在废水处理中应用越来越广泛。

(2)有机高分子类混凝剂。高分子混凝剂可分为天然、人工两种,其中天然高分子混凝剂的应用远不如人工的广泛,主要原因是其电荷密度小,相对分子质量较低,且容易发生降解而失去活性。高分子混凝剂一般为链状结构,各单位间以共价键结合。单体的总数称为聚合度,高分子混凝剂的聚合度为 1000 ~ 5000,甚至更高。高分子混凝剂溶于水中,将生成大量的线型高分子。

聚丙烯酰胺(PAM)是印染废水处理中常用的有机高分子混凝剂。它是一种非离子型高聚合度的有机高分子混凝剂。有机高分子混凝剂的优良性能在于其分子的各个链节与水中胶粒都有强烈的吸附作用,即使是阴离子型高聚物,对负电胶粒也具有吸附作用。阳离子型高聚物,除了具有强烈吸附作用外,对负电胶粒还起电中和脱稳作用,一般用作混凝剂。

聚丙烯酰胺,既可用作混凝剂,又可用作助凝剂。以聚丙烯酰胺为助凝剂,与无机铝盐或铁盐混凝剂配合使用,可获得显著的混凝效果。

表 4-3 列出了几种常用混凝剂的特性。

表4-3　常用混凝剂的一般特性

混凝剂	分子式	一般特性
精制硫酸铝	$Al_2(SO_4)_3 \cdot 18H_2O$	制造工艺复杂,价格较贵,水解作用缓慢;含无水硫酸铝50%~52%,含不溶性杂质0.05%~0.30%;适用水温为20~40℃;当pH=4.5~5.0时,主要去除水中的有机物和色度;当pH=6.5~7.5时,主要去除水中悬浮物
粗制硫酸铝	$Al_2(SO_4)_3 \cdot 18H_2O$	制造工艺简单,比精制品便宜20%;含无水硫酸铝20%~25%,含不溶性杂质20%~30%;其他同精制品
硫酸亚铁	$FeSO_4 \cdot 7H_2O$	pH<8.5时,混凝效果甚差;腐蚀性较高;絮凝体形成快,极稳定,沉淀时间短,适用温度范围较广
三氯化铁	$FeCl_3 \cdot 6H_2O$	最优pH为6.0~8.4;不受温度影响,絮凝体生成快。颗粒大,沉淀速度快,效果好,脱色效果好;易溶解,易混合,沉渣少;腐蚀性大
碱式氯化铝	$Al_n(OH)_m Cl_{3n-m}$	混凝能力强,效率高,耗药量少;絮凝体生成快,颗粒大,沉淀速度快;适用pH和温度范围较广;操作方便,腐蚀性小;价格较高,污泥脱水难
聚丙烯酰胺	$\begin{array}{c} \overbrace{} \\ -[CH_2-CH]_n- \\ \vert \\ CONH_2 \end{array}$	混凝能力强,效率高,耗药量少;絮凝体生成快,颗粒大,沉淀快;受原水的pH、水温和其他因素影响小;絮凝体强度较小,易破碎;污泥含水率大,但易处理;价格较贵,且有微弱毒性

2. 助凝剂

由于废水水质的差异,有时仅用混凝剂往往不能取得良好的效果,需要投加某些辅助药剂以提高混凝效果,这种药剂称作助凝剂。助凝剂按作用不同分为下列两类。

(1)起调节和改善混凝条件作用。这类药剂本身不起混凝作用,仅起辅助作用。如废水的pH不适宜,使混凝剂水解发生困难时,可投加石灰或硫酸,调节废水的pH,使其适应混凝剂水解的要求。当采用硫酸亚铁时,为防止残留二价铁离子对水质的影响,需将二价铁离子氧化成三价铁离子,一般用氯作为氧化剂。在处理色度较高的废水时,为了破坏原水中的胶体,便在投加混凝剂之前加氯,以减少混凝剂用量。

(2)起改善絮凝体结构作用。当铝盐或铁盐混凝剂产生的絮凝体细小松散时,可投加高分子助凝剂。利用其强烈的吸附架桥作用,使细小松散的絮凝体变得粗大密实,其中以有机高分子助凝剂效果最优,常用的有聚丙烯酰胺。无机助凝剂活化硅酸已得到重视。

四、混凝剂的选择

影响印染废水混凝效果的因素主要是水温、pH和染料品种。印染废水的水温一般较高,可加速无机盐类混凝剂的水解过程,对混凝有利。pH可以人工调节。因此,染料品种成为影响混凝效果的主要因素,也是选择混凝剂的主要依据。

通常,铝盐和铁盐等无机混凝剂,对废水中呈胶状或悬浮状的染料有良好的混凝效果。例如,分散染料、硫化染料、氧化后的还原染料、偶合后的冰染染料、水溶性染料中相对分子质量较大的部分直接染料等。但是对水溶性染料中相对分子质量较小,不易形成胶体微粒的酸性染料、活性染料和部分直接染料的混凝效果很差。对阳离子染料的效果也不好。此外,对水溶性非离子型的污染物,如非离子型表面活性剂、浆料、煮练废水中的酸类,混凝效果也不理想。碱式氯化铝和聚丙烯酰胺的混凝效果优于无机盐混凝剂,但聚丙烯酰胺价格较高,多作为助凝剂;碱式氯化铝在印染废水处理中近几年得到了广泛的应用,具有很好的脱色效果。

总之,对于印染废水的处理,在选择混凝剂时,要根据废水的水质特性,通过实验确定合适的混凝剂。表4-4和表4-5列出了不同混凝剂对各种染料废水的混凝效果,供选择混凝剂时参考。

表4-4 不同混凝剂对各种染料的混凝效果

项目 染料	混凝剂用量(g/L)					pH变化	脱色率(%)
	明矾	石灰	硫酸亚铁	三氯化铁	硫酸		
直接染料	0.887	—	—	0.407	—	10.8→4.3	75.0
						10.8→3.5	85.0
		6.375	0.419			10.8→11.9	90.0
冰染染料	6.687	—	—		0.739	11.6→4.5	99.0
						11.6→4.5	99.5
				4.063		11.6→5.6	99.5
硫化染料	6.950	—		—	1.237	11.7→3.5	99.0
						11.7→5.0	99.0
			25.645			11.7→8.3	99.7
还原染料			111.211			11.7→11.1	85.0
		1.498	13.901	—		11.7→11.0	87.5
	27.863					11.7→6.3	87.5
靛蓝		0.839				10.5→11.8	65.0
		1.534	0.695	—		10.5→11.5	94.5
	1.198					10.5→4.2	65.0

表4-5 不同混凝剂对各种印染废水的混凝效果

项目 废水种类	混凝剂		混凝效果(%)	
	名称	投加量(g/L)	BOD₅	色度
硫化染料、靛蓝混合废水	硫酸亚铁	0.70	41.5	91.0
	石灰	0.70	—	—
	石灰	2.50	—	99.0
	明矾	2.50	43.7	97.5
	酸	0.78	—	—
	明矾	4.46	—	99.4

项目 废水种类	混凝剂		混凝效果（%）	
	名称	投加量（g/L）	BOD_5	色度
树脂整理废水	酸	0.24	0	0
	硫酸亚铁	0.50	50	80.0
	石灰	0.50	—	—
煮练废水	硫酸亚铁	17.37		98.0
	石灰	1.51		
	明矾	10.03		99.0
	酸	0.78		
	明矾	15.6		99.5
煮练、染色和丝光混合废水	硫酸亚铁	0.98	41.2	50
	石灰	0.74	—	—
	明矾	2.00	60.9	82.5
	酸	0.56	—	—
染色和树脂整理混合废水	硫酸亚铁	0.70	42.2	80.0
	硫酸亚铁	0.50	52.5	80.0
	石灰	0.50	—	—
	明矾	2.00	56.9	90.0
	酸	0.80	—	—

五、影响混凝的因素

影响混凝的因素很多，可以归结为水力条件、废水水质和混凝剂三方面对混凝效果的影响。

1. 水力条件对混凝效果的影响

混凝剂从溶于水到矾花变大依靠重力下沉的过程，分两个阶段进行。第一阶段为混合阶段，第二阶段为反应阶段。

在混合阶段，要求混凝剂与废水迅速混合，创造良好的水解和聚合条件，使胶体脱稳，并不要求形成大的絮凝体。该阶段的控制指标：搅拌强度较大，而搅拌时间较短，一般在 10~30s 内即可完成。

反应阶段，既要创造足够的碰撞机会和良好的吸附条件，让絮体有足够的成长机会，又要防止生成的小絮体被打碎，因此搅拌强度要逐渐减小，而反应时间要长，一般需要 15~30min。

2. 废水水质对混凝效果的影响

（1）浊度。浊度过高或过低都不利于混凝，浊度不同，所需的混凝剂用量也不同。

（2）pH。在混凝过程中，废水的 pH 对混凝的影响很大，每一种混凝剂对不同的水质都有一个相应的最佳 pH,此 pH 可通过试验确定。

例如:硫酸铝投入废水后生成的氢氧化铝胶体,可以起到混凝作用。但氢氧化铝是否总是以胶体存在于废水中,要看废水的 pH。当废水的 pH < 4 时,氢氧化铝的溶解不再是氢氧化铝胶体,而是以铝离子 Al^{3+} 的状态存在,起不到黏附架桥去除水中杂质和污染物的作用,混凝效果差。当废水的 pH 在 5 ~ 7.5 时,氢氧化铝的溶解度最小,以氢氧化铝胶体状态存在于废水中,混凝效果好。当废水的 pH > 8.5 时,氢氧化铝胶体又明显地溶解,生成铝酸离子 $Al_2O_4^{2-}$,这时混凝效果也很差。因此,硫酸铝作为混凝剂使用时,废水的 pH 尽量调为 5 ~ 7.5。

使用硫酸亚铁作混凝剂时,只有在 pH > 3 时,可以生成氢氧化铁胶体;当 pH ≥ 8 时,生成的氢氧化铁胶体会溶解,使混凝效果降低。因此,硫酸亚铁在 pH = 4.5 ~ 7.5 时,混凝效果最佳。

(3)水温。水温会影响无机盐类的水解,水温低,水解反应慢。另外水温低,水的黏度增大,布朗运动减弱,混凝效果下降。这也是冬天混凝剂用量比夏天多的缘故。但温度也不是越高越好,当温度超过 90℃ 时,易使高分子老化或分解生成不溶性物质,反而降低混凝效果。

3. 混凝剂的影响

混凝剂种类、投加量和投加顺序都对混凝效果会产生影响。

(1)混凝剂种类。混凝剂的选择主要取决于胶体和细微悬浮物的性质、浓度。若水中污染物主要呈胶体状态,且 ζ 电位较高,则应先投加无机混凝剂,使其脱稳凝聚;若絮体细小,还需投加高分子混凝剂或配合使用活性硅酸等助凝剂。很多情况下,将无机混凝剂与高分子混凝剂并用,可明显提高混凝效果,扩大应用范围。对于高分子混凝剂而言,链状分子所带电荷量越大,电荷密度越高,链状分子越能充分延伸,吸附架桥的空间范围也越大,絮凝作用就越好。

(2)混凝剂投加量。投加量除与水中微粒种类、性质、浓度有关外,还与混凝剂品种、投加方式及介质条件有关。对任何废水的混凝处理,都存在最佳混凝剂和最佳投药量的问题,应通过试验确定。一般的投加量范围是:普通铁盐、铝盐为 10 ~ 30mL/L;聚合盐为普通盐的 1/2 ~ 1/3;有机高分子混凝剂只需 1 ~ 5mL/L,且投加量过量,很容易造成胶体的再稳。

(3)混凝剂投加顺序。当使用多种混凝剂时,其最佳投加顺序可通过试验来确定。一般而言,当无机混凝剂与有机混凝剂并用时,先投加无机混凝剂。但当处理的胶粒在 50μm 以上时,常先投加有机混凝剂吸附架桥,再加无机混凝剂压缩扩散层,两者使胶体脱稳。

六、混凝剂的投加与混合

化学混凝设备包括混凝剂的配置与投加设备、混合设备和反应设备。

1. 混凝剂的配置与投加设备

混凝剂的投加分为固体投加和液体投加两种形式,目前国内主要采用液体投加形式,即将混凝剂先配成一定浓度的溶液再定量投加。因此,它包括了溶解配置设备和投加设备。

(1)混凝剂的溶解和配置。混凝剂的溶解是在溶解池内进行的。为加速药剂的溶解,溶解池内应配备搅拌装置。常见的搅拌方法有机械搅拌、压缩空气搅拌和水泵搅拌。机械搅拌是利用电动机带动搅拌桨或涡轮;压缩空气搅拌是通过加入压缩空气进溶解池实施搅拌;水泵搅拌是直接用水泵从溶解池内抽取溶液再循环回溶解池。在溶解无机盐混凝剂时,必须考虑防腐措施,所用管、配件等都相应使用防腐材料。

药剂完全溶解后,可将其用清水稀释到一定浓度备用。这个过程需在溶液池中进行。溶液池的体积一般为溶解池体积的 3~5 倍,在溶液池中无机混凝剂溶液的浓度一般为 10%~20%,有机高分子混凝剂溶液的浓度一般为 0.5%~1.0%。

(2)混凝剂溶液的投加。药剂的投加形式有三种:重力投加、压力投加和负压投加。常见的有泵前重力投加及水射器投加,图 4-4 和图 4-5 为这两种形式的布置示意图。

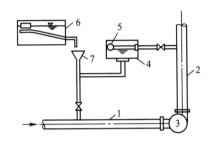

图 4-4　泵前重力投加

1—吸水管　2—出水管　3—水泵　4—水封箱

5—浮球阀　6—溶液池　7—漏斗管

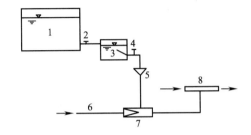

图 4-5　水射器投加

1—溶液池　2—阀门　3—投药箱　4—阀门　5—漏斗

6—高压水管　7—水射器　8—原水

2.混合设备

(1)水泵混合。如果药剂投加采用的是泵前重力投加形式,由于水泵的混合效果好,因此不需要另建混合设备。

(2)隔板混合。对于其他的投加药剂形式,则需兴建混合设备。常见的有隔板混合及机械混合两种形式。对应的混合设备称作隔板混合池与桨板混合池,如图 4-6 和图 4-7 所示。

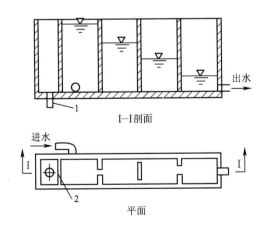

图 4-6　隔板混合池

1—溢流管　2—溢流堰

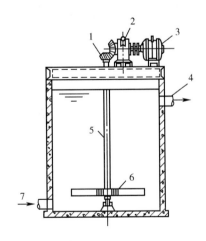

图 4-7　桨板混合池

1—齿轮　2—减速器　3—电动机　4—出水管

5—轴　6—桨板　7—进水管

隔板混合池内设有数块隔板,水流通过隔板孔道时产生急剧的收缩和扩散,形成涡流,使药剂和原水充分混合。混合一般在 10~30s 内完成。隔板混合池一般适应水流量变化较小时的混合,如果水流量变化大时,混合效果不太好。

(3)机械混合。机械混合是借助电动机带动搅拌桨进行搅拌混合的一种混合方式。搅拌的强度可以通过调节转速来控制,比较灵活,在染整废水的处理中常采用。

3.反应设备

(1)隔板式反应池。利用水流断面上流速分布不均所造成的速度梯度,促进颗粒相互碰撞进行絮凝。为避免结成的絮凝体被打碎,隔板中的流速应逐渐减小。图4-8是隔板式反应池示意图。隔板反应池结构简单,管理方便,混凝效果好。缺点是反应时间长,占地面积大,特别适合处理水流量大的污水处理厂。

(2)机械搅拌反应池。图4-9为机械搅拌反应池。机械搅拌反应池是利用搅拌桨的转动引起水中的颗粒相互碰撞而进行混凝,转动轴可以是水平轴式,也可以是垂直轴式。

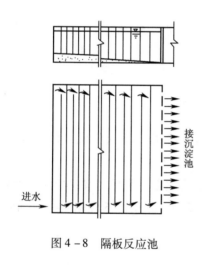

图4-8 隔板反应池

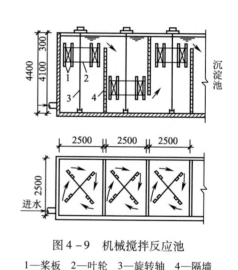

图4-9 机械搅拌反应池
1—桨板 2—叶轮 3—旋转轴 4—隔墙

第三节 氧化脱色法

造成印染废水色度较大的原因主要是残留在废水中的染料。某些悬浮物、浆料和助剂也可能产生色泽。脱色就是去除废水中的显色物质,降低废水的色度。

印染废水经生物法或混凝法处理后,随 BOD 值下降和部分悬浮物的去除,色度也有一定的降低。一般情况下,生物法的脱色效率较低,仅为 40%~50%。混凝法的脱色效率较高,但因染料品种和混凝剂的不同而有很大差异,脱色率在 50%~90%。因此,采用生物法和混凝法处理后,出水色度仍然很高,不能达标排放。为此,必须进一步进行脱色处理。常用的脱色处理法有氧化脱色法和吸附法两种。氧化脱色法有光氧化法、氯氧化法和臭氧氧化法三种,下面着重介绍这三种氧化脱色方法。

一、光氧化脱色法

1. 光氧化脱色法的原理

光氧化脱色法是利用光和氧化剂联合作用,产生强烈氧化作用,氧化分解废水中的有机污染物质,使废水的 BOD、COD 和残留染料大幅度下降的一种处理方法。

光氧化脱色法中常用的氧化剂是氯气,有效光是紫外线。紫外线对氧化剂的分解和污染物质的氧化起催化作用。有时,某些特殊波长的光对某些物质有特效作用。因此,设计时应选择相应的特殊紫外线灯作为光源。

以氯为氧化剂的光氧化反应过程如下:

$$Cl_2 + H_2O \longrightarrow HCl + HClO$$

$$HClO \xrightarrow{\text{紫外光}} HCl + [O]$$

$$含碳有机物 + [O] \xrightarrow{\text{紫外光}} H_2O + CO_2$$

氯溶于水生成次氯酸,在光的作用下分解产生新生态氧 $[O]$,其性质非常活泼而且具有强烈的氧化能力。在光的促进下,新生态氧对废水中的有机污染物质进行急速氧化分解,这种作用反复进行,最终有可能使含碳有机物分解成水和二氧化碳,从而达到脱色效果。

2. 光氧化脱色法的特点

(1)氧化作用强烈。光氧化能力比单独用氯氧化强 10 倍以上。若单独用氯不能脱色的印染废水,在紫外线催化下能够获得较好的脱色效果。

(2)没有污泥产生。光氧化处理废水,一般不产生污泥。但并不是废水中全部悬浮物质都能被氧化分解。

(3)适用范围广。只要能被氧化的物质,无论是有机物或无机物,都能用光氧化法加以处理。

(4)光氧化脱色法在脱去印染废水色度的同时,可使 BOD 和 COD 值也有很大的下降。

(5)装置紧凑,占地面积小。

(6)印染废水的氧化脱色,反应时间一般为 0.5 ~ 2.0h。光氧化法除对一小部分分散染料的脱色效果较差外,对其他染料的脱色率可达到90%以上。

二、氯氧化脱色法

氯作为消毒剂已广泛地应用于废水处理,其作为氧化剂时的功能与消毒有所不同。

1. 氯氧化脱色法的原理

氯氧化脱色法是利用存在于废水中的显色有机物,在化学反应中能被氧化的性质,应用氯及其化合物作为氧化剂,氧化显色有机物并破坏其结构,达到脱色的目的。

氯氧化法常用的氯氧化剂有液氯、漂白粉和次氯酸钠等。其中次氯酸钠的价格较高,但投加设备简单,产泥量少。漂白粉价廉,来源广,可就地取材,但产泥量较多。如果采用液氯,沉渣很少,但氯的用量大,余氯多,在一般温度下反应时间也长,而且某些染料氯化后可能产生有毒的物质。

采用液氯时,氯溶于水中后迅速水解成次氯酸,反应如下:

$$Cl_2 + H_2O \Longrightarrow H^+ + Cl^- + HClO$$

水解产物次氯酸 HClO 具有强烈的氧化能力,能氧化废水中的染料和其他显色物质,使废水脱色。

此外,次氯酸是弱酸,在水中的电离反应如下:

$$HClO \Longrightarrow H^+ + ClO^-$$

其中,次氯酸根离子 ClO⁻ 也具有较强的氧化能力,但不如 HClO 分子氧化能力强。氯在水中形成的[HClO]和[ClO⁻]的比例与废水的 pH 有关。

pH < 6 时,次氯酸几乎全部以分子状态存在。

pH = 6 ~ 9 时,两种形态所占比例变化较大。

pH > 9.5 时,次氯酸几乎全部电离为 ClO⁻。

因此,在较低 pH 条件下,氯氧化脱色效果好。

采用漂白粉或次氯酸钠作脱色剂时,在水溶液中它们离解成次氯酸根离子,反应式如下:

$$Ca(ClO)_2 \longrightarrow Ca^{2+} + 2ClO^-$$

$$NaClO \longrightarrow Na^+ + ClO^-$$

接着次氯酸根离子水解生成 HClO:

$$ClO^- + H_2O \Longrightarrow OH^- + HClO$$

由于产生 OH⁻,使废水的 pH 升高,因而水中分子态的 HClO 数量不多,脱色效果不如液氯。

2. 氯氧化脱色法的特点

氯氧化剂并不是对所有的染料都有脱色效果。对于水溶性又比较容易氧化的染料,例如,阳离子染料、偶氮染料,能在氯氧化下脱色分解,在不溶性染料中,以硫化染料比较容易被氧化;但对于还原性染料、分散染料等不溶性染料就不容易脱色。当废水中含有较高的悬浮物和浆料时,氯氧化法不仅不能去除此类物质,反而要消耗大量的氧化剂。

在氧化过程中,并不是所有染料都被破坏,其中大部分是以氧化态存在于水中,经过放置,有的还可能恢复原色。因此单独采用此法脱色并不理想,可和其他方法联用。目前在印染废水处理中,常选择合适的混凝剂和氯氧化剂合用,共同去除水的色度,可获较好的脱色效果。

3. 氯氧化脱色法的设备

氯氧化法的处理设备是投氯装置和接触反应池。采用液氯时,投氯装置由氯瓶和加氯机组成。采用漂白粉或次氯酸钠时,需有一套调制与投加设备。接触反应时间为 0.5 ~ 1.5h。

三、臭氧氧化脱色法

臭氧作为强氧化剂,除了在水消毒中得到应用,在废水脱色及深度处理中也得到广泛应用。

由于臭氧具有强氧化作用的原因,曾经认为是在分解时生成新生态的氧原子,表现为强氧化剂。目前认为,臭氧分子中的氧原子本身就是强烈亲电子或亲质子的,直接表现为强氧化剂是更主要的原因。

1. 臭氧的性质与制备

(1)臭氧的性质。

①强氧化性。氧化还原电位与 pH 有关,在酸性溶液中为 2.07V,仅次于氟(3.06V),在碱性溶液中为 1.24V。

②在水中的溶解度较低,只有 3 ~ 7mg/L(25℃时)。臭氧化空气中臭氧只占 0.6% ~ 1.2%。

③臭氧会自行分解为氧气。在水中的分解速度比空气中快。如水中的臭氧浓度为 3mg/L 时,在常温常压下,其半衰期仅为 5 ~ 30min。

④臭氧是有毒气体,对肺功能有影响,工作场所规定的最大允许浓度为 0.1mg/L。

⑤臭氧具有腐蚀性。除金和铂以外,臭氧化空气对所有的金属材料都有腐蚀,一般采用不锈钢材料。对非金属材料也有强烈的腐蚀作用,不能用普通橡胶作密封材料。

(2)臭氧的制备。由于臭氧的不稳定性,一般多在现场制备臭氧。制备臭氧的方法有高压无声放电法、化学法、电解法和紫外线法等。目前工业上采用干燥空气或氧气经无声放电来制取臭氧。中国已有多种臭氧发生器的定型产品。反应式如下:

$$3O_2 \xrightarrow{\text{无声放电}} 2O_3 - 288kJ$$

如图 4 - 10 所示为卧管式臭氧发生器,内装有几十组至上百组的放电管,每根放电管均由两根同心管组成,外管为金属管,内管为玻璃管。冷却水作为低压极,内管金属管为高压极,内外管之间留有 1 ~ 3mm 的环内放电间隙。当含氧气体如空气或氧气,通过放电间隙时,一部分氧分子在电子轰击下分解成氧原子,再与氧分子合成为 O_3。这种方法生产出来的臭氧浓度占含氧气体重量的 1% ~ 2%。

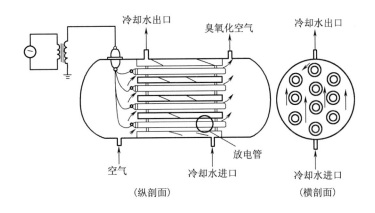

图 4 - 10 卧管式臭氧发生器

2. 臭氧脱色的原理

在印染废水处理中,臭氧可用于脱色。一般认为,染料显色是由其发色团引起。如:

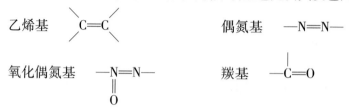

这些发色团都有不饱和键,臭氧能使染料中所含的这些基团氧化分解,生成相对分子质量较小的有机酸和醛类,使其失去发色能力,所以,臭氧是良好的脱色剂。但因染料的品种不同,其脱色率也有较大差异。对于含水溶性染料废水如活性染料、直接染料、阳离子染料和酸性染料等,其脱色率很高。对含不溶性分散染料废水也有较好的脱色效果。但对于以细分散悬浮状存在于废水中的不溶性染料如还原染料、硫化染料和涂料,脱色效果较差。

用臭氧处理印染废水,因所含染料品种不同,处理流程也不一样。对含水溶性染料多,悬浮物含量少的废水,可单独采用臭氧氧化法,或臭氧与其他工艺联合使用,如臭氧与活性炭联合、混凝法与臭氧氧化法组合及生物处理法与臭氧氧化法组合。

当废水中所含染料以分散染料为主,且悬浮物含量较多时,宜用混凝—臭氧法联合流程。臭氧氧化与废水的接触时间一般为 10 ~ 30min。

臭氧氧化的主要影响因素有水温、pH、悬浮物浓度、臭氧浓度、臭氧投加量、接触时间和剩余臭氧等,臭氧投加量与脱色率的关系见表 4 – 6。

表 4 – 6　臭氧投加量与脱色率的关系

臭氧投加量（mg/L）	20	30	50	60
平均脱色率（%）	30 ~ 50	40 ~ 60	60 ~ 80	60 ~ 80
平均吸光度	0.13 ~ 0.28	0.10 ~ 0.24	0.05 ~ 0.16	0.05 ~ 0.16

3. 臭氧氧化法的特点

（1）臭氧氧化法在处理染整废水时,不仅可以脱色除臭,而且还有很好的杀菌效果,去除有机物的能力显著。

（2）臭氧为强的氧化剂,能与有机物、无机物迅速反应,氧化能力强,不产生污泥。

（3）臭氧现场制取,现场使用,没有原料的储存和运输问题,操作、管理方便。

（4）受水温和 pH 的影响小。

（5）整个设备需要防腐,设备费用高。

（6）臭氧发生器耗电量大,效率低。臭氧有毒性,工作环境必须有足够的通风措施,使空气畅通,空气中臭氧浓度不得超过3%。

第四节 电 解 法

电解工艺是在 20 世纪 70 年代应用到废水治理中的,由于该法具有适用范围广、处理效果好、使用寿命长、成本低廉及操作维护方便等优点,并以废铁屑为原料,也不需消耗电力资源,具有"以废治废"的意义。该工艺技术自诞生开始,即在美国、日本等国家引起广泛重视,已有很多的专利,并取得了一些实用性的成果。我国是从 20 世纪 80 年代才开始这一领域的研究,也已有不少文献报道。特别是近几年来发展较快,在印染废水、电镀废水、石油化工废水及含砷、氰废水的治理方面相继有研究报道,有的已投入实际运行。

电解法就是借助于外加电流的作用,使含电解质的印染废水通过电解过程,在阳极发生氧化反应,在阴极发生还原反应,从而使废水中的污染物转化为无害物质的水处理方法。用来进行电解的装置称作电解槽。

一、电解法的原理与过程

在电解槽内,当直流电经过电极通入电解质溶液,两极便产生电子的迁移,从而引起了一系列的化学反应。

当采用惰性材料(如石墨、二氧化铅等)作阳极时,在惰性阳极,OH^- 放电而生成新生态氧,继而生成氧气。

$$H_2O \rightleftharpoons H^+ + OH^-$$
$$4OH^- - 4e \longrightarrow 2H_2O + 2[O]$$
$$\downarrow O_2 \uparrow$$

这种新生态氧的氧化能力很强,对水中的无机化合物和有机化合物都可进行氧化。当水中含有食盐或外加食盐时,由于生成次氯酸或氯气,使水中的杂质氧化。这种利用惰性阳极的氧化产物与废水中有害杂质发生化学氧化而去除的过程,称作间接氧化作用。

与此同时,在阴极产生氢离子放电形成[H],继而形成 H_2。

$$2H^+ + 2e \longrightarrow 2[H]$$
$$\downarrow H_2 \uparrow$$

这种初生态的氢,对某些有机物质有很强的还原作用。如对处于氧化态的某些色素,可以被还原成无色物质。这种利用阴极的还原产物与废水中有害杂质发生化学还原而去除的过程,称作间接还原作用。

有些物质可以直接在电极上产生氧化或还原作用,如氰在阳极表面的电化学氧化过程为:

$$CN^- + 2OH^- - 2e \longrightarrow CNO^- + H_2O$$

$$2CNO^- + 4OH^- - 6e \longrightarrow 2CO_2 \uparrow + N_2 \uparrow + 2H_2O$$

氰被氧化成无毒的无机物,这种过程称作电极表面的电化学作用。在电解过程中,阳极和阴极表面不断产生氧气和氢气,并以微小气泡溢出,使废水中的有机胶体微粒和呈乳浊的油脂类杂质与其黏附在一起浮升至水面而去除,这一过程称作电气浮作用。

当采用可溶性金属(如铝、铁等)作阳极时,则阳极金属发生溶解,并以离子状态溶于水中,经水解反应形成 $Al(OH)_3$ 或 $Fe(OH)_3$,反应如下:

$$Al - 3e \longrightarrow Al^{3+}$$

$$Al^{3+} + 3OH^- \longrightarrow Al(OH)_3$$

$$Fe - 2e \longrightarrow Fe^{2+}$$

$$Fe^{2+} + 2OH^- \longrightarrow Fe(OH)_2$$

$$4Fe(OH)_2 + O_2 + 2H_2O \longrightarrow 4Fe(OH)_3$$

由电解生成的 $Al(OH)_3$ 或 $Fe(OH)_3$,比通过投加铝盐或铁盐混凝剂生成的更为活泼,因为它们的活性大,对水中的有机和无机杂质都有强大的凝聚作用,这一过程称作电凝聚作用。

综上所述,电解法是一种综合性的废水处理方法,废水中不同的污染物质可借助不同的作用得以去除。印染废水、含酚废水、含氰废水、有机磷废水和纤维废水都可采用电解法处理。

二、电解法的影响因素与特点

1. 极板材料

电极极板材料的选用,对处理效果影响很大。如果选择不当,电解历时和电能消耗都会成倍增加。电极材料应根据处理对象和起主导作用的电解过程进行选择,见表4-7。

表4-7　电解过程与电极材料

电解过程	电极材料与布置方式
电凝聚	选用可溶性铝或铁作阳极,电极布置应充满整个电解槽,电流密度较小,电解以电凝聚为主导过程,同时也发生电气浮和氧化还原过程
电气浮	选用不溶性石墨为阳极,石墨电极布置在电解槽底部,不发生电凝聚过程
电凝聚电气浮	选用可溶性铝或铁作阳极,石墨电极部分布置在电解槽底部,不但有电凝聚过程,电气浮过程也较明显
电解氧化	选用不溶性石墨为阳极,电流密度要求较大,主要表现为阳极氧化过程
电解还原	选用铁板为阳极,电解过程中,当处理物质在阴极析出时,阴极总是发生还原过程

对于印染废水,主要利用电凝聚和电气浮过程,应选择可溶性铝或铁作阳极,铁板作阴极。

对含氰废水,以石墨为阳极,铁板作阴极。

对含铬废水,以铁板作阳极和阴极。

2. 槽电压

电能消耗与电压有关,槽电压取决于废水的电阻率和极板间距。一般废水的电阻率控制在 $1200\Omega \cdot cm$ 以下,对于导电性能差的废水可以投加食盐,改善其导电性能。投加食盐后,电压降低,使电能消耗降低。

极板间距的大小直接影响电能消耗和电解历时。间距过大,电解历时、槽电压和电能消耗都要增大,而且处理效果也会受影响;间距越小,电能越低,电解历时也相应缩短。但所需电极板组数太多,一次投资大,且安装与维修管理都较困难,因此极板间距应慎重考虑。对含氰、含铬废水,极板间距一般为 $30 \sim 50mm$;对印染废水,因主导过程是电凝聚与电气浮,极板净间距应采用大些为宜。

3. 电流密度

阳极电流密度是指单位阳极面积通过的电流,单位为 A/dm^2。通常阳极电流密度的大小与所处理的废水浓度有关。当废水的浓度一定时,电流密度越大,电压越高,反应速度加快,电解历时缩短。但电能消耗增大,电极使用寿命缩短。电流密度减小,极板面积增大,基建投资增大。对印染废水,目前尚无成熟经验数据,电流密度一般应通过试验确定。

4. 搅拌

搅拌作用可促进离子的对流和扩散,使废水均质,减少电极附近极化现象,并能起到清洁电极表面的作用,防止沉淀物在电解槽内沉淀。搅拌对于电解历时和电能消耗影响较大,目前多采用压缩空气搅拌,搅拌强度一般为 $0.2 \sim 0.3m^3(气)/[m^3(水) \cdot min]$。

5. pH

电解法处理印染废水只要利用电凝聚过程,因此,进水 pH 要求控制在 $5 \sim 6$。pH 过大,会使阳极发生钝化,阻止金属电极的溶解,使电凝聚失效。

6. 电解历时

电解历时的长短直接影响处理效果和电解槽容积。电解历时与极板间距和电流密度有关。板距越小,电流密度越大,电解历时就越短,但很不经济。一般认为较低的电流密度和较长的电解历时是较经济合理的。电解历时一般控制在 $10 \sim 30min$。

三、电解槽的设计

1. 电解槽的结构特点

电解槽多为矩形。按照槽内水流的情况,可分为翻腾式、回流式;按电极与电源连接方式的不同,将电解槽分为单极性电极电解槽和双极性电极电解槽两种。

翻腾式电解槽结构如图 4-11 所示,整个电解槽用极板分成数段,槽内水流方向与板面平行,水流沿着极板做上下翻腾流动。其特点是电极利用率较高,施工和管理较方便,极板分组悬挂于槽中,在电解消耗过程中,不会引起变形,可避免极板与极板、极板与槽壁互相接触,从而减少漏电现象。但水流路线短,不利于离子的充分扩散,槽的容积利用率较低。实际生产中多采用这种槽型。

回流式电解槽的结构如图4－12所示。这种电解槽中多阴、阳电极交替排列,构成许多折流式水流通道。电极板与进水方向垂直,水流沿着极板往返流动。其特点是水流路线长,接触时间长,死角少,离子扩散与对流能力好,电解槽的利用率高,阳极钝化现象也较缓慢,但更换极板比较困难。

当作为电解凝聚处理或具有凝聚作用时,采用回转式电解槽,其结构如图4－13所示。

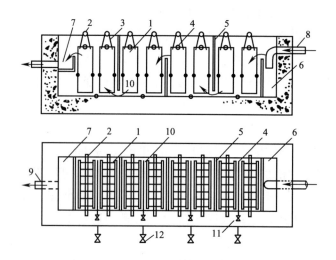

图4－11 翻腾式电解槽

1—电极板 2—吊管 3—吊钩 4—固定卡 5—导流板 6—布水槽 7—集水槽

8—进水管 9—出水管 10—空气管 11—空气阀 12—排空阀

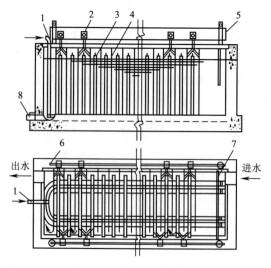

图4－12 回流式电解槽

1—压缩空气管 2—螺钉 3—阳极板 4—阴极板

5—母线 6—母线支座 7—水封板 8—排空板

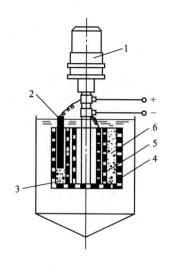

图4－13 回转式电解槽

1—搅拌电动机 2—石墨电极 3—铁阴极筒

4—聚乙烯外框 5—聚乙烯内框 6—铁屑

　　这种电解槽是将废铁屑或铝屑加入聚氯乙烯槽框中,并插入石墨棒作为阳极,中心的铁管作阴极。在两极上施加直流电压,进行电解。接通电源后,阳极旋转,污水流动状态好,容易排除浮渣。另外,由于搅拌作用,促进了凝聚体的凝集。这种电解槽的特点是利用废铁屑处理废水,以废治废;缺点是电极结构复杂,接触电阻较大,电能消耗较大。

2.电解装置的极板电路

　　电解需要直流电源,其整流设备应根据电解所需的总电流和总电压进行选择。电解所需要的电压和电流,不仅取决于电解反应,也取决于电极与电源母线的连接方式。

　　电解槽电极与电源母线的连接方式有单极式和双极式两种,如图4-14所示。其中双极式极板电路中极板腐蚀均匀,相邻极板接触的机会少,即使接触也不致发生电路短路而引起事故,因此,双极式极板电路便于缩小极板间距,提高极板有效利用率,减少投资和节省运行费用等。所以,在实际生产中,双极式极板电路应用较为普遍。

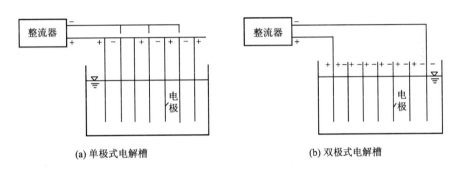

(a) 单极式电解槽　　　　　　(b) 双极式电解槽

图4-14　电解槽的极板电路

3.电解槽工艺参数的确定

(1)电解槽有效容积。

$$V = \frac{QT}{60}$$

式中:V——电解槽有效容积,m^3;

　　　Q——废水设计流量,m^3/h;

　　　T——操作时间,min。

(2)阳极面积A。由选定的极水比(生产中极水比一般常用$2 \sim 3m^2/L$)和已求出的电解槽有效容积V推得,也可由选定的电流密度和总电流推得。

(3)电流。应根据废水情况和要求的处理程度由试验确定。

(4)电压。电压等于极间电压和导线上的电压降之和。

4.设计时还应考虑的问题

(1)电解槽长宽比取$5 \sim 6$,深宽比取$1 \sim 1.5$。进出水端要有配水和稳流措施,以均匀布水,并维持良好流态。

(2)冰冻地区的电解槽应设在室内,其他地区可设在棚内。

（3）空气搅拌可减少浓差极化,防止槽内积泥,但增加 Fe^{2+} 的氧化,降低电解效率。因此空气量要适当。

（4）阳极在氧化剂和电流的作用下,会形成一层钝化膜,使电阻和电耗增加。可以通过投加适量 NaCl,增加水流速度等方法防止钝化。

（5）耗铁量主要与电解时间、pH、盐浓度、阳极电位有关。

四、电解法的特点

电解法以往多用于处理含氰、含铬的电镀废水,近年来才开始用于处理印染废水的研究,但尚缺乏成熟的经验。研究表明,电解法的脱色效果显著,对直接染料、酸性媒染染料、硫化染料和分散染料印染废水,脱色率可达90%以上;对酸性染料废水的脱色率达70%以上。

电解法具有下列特点。

（1）反应速度快,脱色率高,产泥量小。

（2）在常温常压下操作,管理方便,容易实现自动化。

（3）当进水中污染物浓度发生变化时,可通过调整电压与电流的方法进行控制,保证出水水质的稳定。

（4）处理时间短,设备容积小,占地面积少。

（5）需要直流电源,电能和电极材料消耗量较大,宜用于小水量废水处理。

五、微电池法在染整废水处理中的应用

近年来,电解法在染整废水处理中的应用,主要为铁碳微电池法。其工作原理是利用铁和碳构成无数微小原电池的负极和正极,以充入的酸性废水作为电解质溶液,由于铁与碳存在一定的电位差,使它们表面形成无数个微电池回路,因而两极发生一系列氧化还原反应。反应式如下：

负极（Fe）： $$Fe - 2e \longrightarrow Fe^{2+}$$

正极（C）： $$2H^+ + 2e \longrightarrow 2[H] \longrightarrow H_2\uparrow$$

在偏酸性条件下,正极反应产生的新生态氢具有很强的还原性,能与染料中有机组分反应,破坏染料共轭体系中的发色基团,从而达到脱色目的。而负极溶下来的 Fe^{2+} 与后续的 NaOH 中和后,其产物被空气氧化生成以 Fe^{3+} 为胶体中心的絮凝体。该 $Fe(OH)_3$ 是一种良好的脱色剂,在常温下对硝基、偶氮基等氧化性的含氮基团具有强烈的选择性还原作用,当 pH 为 7.5~8 时,将其还原成苯胺类化合物。同时,该 $Fe(OH)_3$ 也是一种高效的絮凝剂,集捕集、桥联和吸附于一身,比一般药剂法具有更高的吸附凝聚能力。这样,废水中的原有固体悬浮物（SS）及微电池产生的不溶物则被吸附凝聚,因而废水得到更有效的处理。

例如,广东省中山市一家生产弹性织物的企业,所用染料主要以酸性染料、活性染料为主,其染色工序排放一定量染色废水。该废水水量虽少,但色度大,可生化性较差,废水水质和排放标准见表 4-8。

表 4 – 8　染色废水水质及排放标准（GB 4287—2012，现有企业，直接排放）

项目	pH	色度（度）	SS（mg/L）	COD$_{Cr}$（mg/L）	BOD（mg/L）
原水	4 ~ 5	250	248	438	102
排放标准	6 ~ 9	70	60	100	25

处理工艺采用微电池—吸附工艺处理该厂的染色废水。工艺流程如图 4 – 15 所示。

图 4 – 15　染整废水处理工艺流程

染色废水中的织带、布屑等悬浮物经格栅去除后进入调节池均衡调质，然后经 pH 自动调节仪控制到设定条件，再提升进微电池反应器，经过一系列氧化还原反应后，废水中的有机污染物的结构、形态发生变化，颜色由有色转变为无色。然后自流到混凝反应器，由 pH 自动调节仪控制在微碱性条件下快速剧烈混合，生成粒径较小的微絮粒，经反应器折板的水力搅拌后，使微絮粒互相碰撞凝聚，产生的絮凝体经斜管沉淀池实现固液分离。上清液再经活性炭吸附器深度处理后达标排放。而浓缩污泥则经脱水后外运，压滤出水则回流至调节池，从而避免二次污染。

各主要工艺参数如下。

（1）调节池。钢筋混凝土结构，废水停留时间为 12h，有效高度 2.5m。

（2）微电池反应器。内装铁粒、焦炭粒和少量催化剂，废水的停留时间为 30min。

（3）中和混凝反应器。折流式钢制结构，废水停留时间为 30min，与斜管沉淀池合建。

（4）活性炭吸附塔。圆柱状，下层为石英砂，上层为活性炭。过滤水从塔下部进入，上部流出，停留时间为 30 ~ 40min。

经过几年的运行，废水处理各单元运行效果和标准比较见表 4 – 9。

表 4 – 9　废水处理各单元运行效果和标准比较（GB 4287—2012，现有企业，直接排放）

项目	pH	色度（度）	SS（mg/L）	COD$_{Cr}$（mg/L）
原水	4 ~ 5	250	248	438
微电池出水	6.0	150	200	306
沉淀出水	7.5	25	42	102
吸附出水	7.5	15	30	86
排放标准	6 ~ 9	70	60	100

该工程运行稳定，效果良好，色度及 COD$_{Cr}$ 等各指标均达到《纺织染整工业水污染物排放标准》（GB 4287—2012）中的一级标准（参见表 2 – 6 和表 2 – 7）。

微电池法在酸性条件下处理染色废水，利用特有的铁碳微电池对染料分子进行氧化还原反应,破坏染料分子基团,结合后续的中和混凝沉淀和活性炭吸附工序,能使废水稳定达标排放。工艺简单,效果显著,操作方便。

微电池法在应用过程中还存在如下问题:

铁屑易结块,出现沟流等现象,大大降低处理效果。且微电池塔高时,底部的铁屑压实作用过大,易结块,可能在运行过程中表面沉积沉淀物使铁产生钝化,降低处理效果,而需定期反冲洗。

铁屑处理废水通常是在酸性条件下进行的,但在酸性条件下,溶出的铁量大,加碱中和时产生沉淀物多,增加了脱水工段的负担,而废渣的最终归属也成了问题。而且塔前与塔后的 pH 调节也较烦琐,目前在中性条件下的废水处理还有待于进一步研究。

☞ 复习指导

1.内容概览

本章主要介绍染整工业废水常用的中和法、混凝处理法、氧化脱色法以及电解法的原理及工艺过程。

2.学习要求

(1)重点要求掌握酸碱中和法、烟道气中和法的原理及其流程,混凝处理法中的混凝原理、混凝剂与助凝剂的选用等。

(2)熟悉氧化脱色法及电解法的原理和过程。

☞ 思考题

1.中和法处理染整废水主要有哪些方法?它们各有什么特点?

2.化学混凝的使用条件是什么?

3.什么是胶体的双电层结构与ζ电位?对胶体的脱稳有何影响?

4.试简述化学混凝的原理。

5.混凝法处理染整废水时,影响混凝效果的因素有哪些?

6.混凝工艺分哪几个过程?每一过程的任务和满足的条件是什么?

7.氧化脱色法处理染整废水的方法有哪些?它们各自的原理是什么?影响因素有哪些?

8.臭氧氧化脱色的特点是什么?

9.简述电解法处理废水的原理。

10.电解可以产生哪些反应过程?对废水处理可以起什么作用?

11.电解法处理染整废水的特点是什么?

12.电解法的影响因素有哪些?

参考文献

[1]胡侃.水污染控制工程[M].武汉:武汉工业大学出版社,1998.

［2］胡万里.混凝·混凝剂·混凝设备［M］.北京:化学工业出版社,2001.

［3］王燕飞.水污染控制技术［M］.北京:化学工业出版社,2001.

［4］王宝贞.水污染控制工程［M］.北京:高等教育出版社,1990.

［5］黄长盾.印染废水处理［M］.北京:纺织工业出版社,1987.

［6］胡亨魁.水污染控制工程［M］.武汉:武汉工业大学出版社,2003.

［7］王金梅.水污染控制技术［M］.北京:化学工业出版社,2004.

［8］高廷耀.水污染控制工程［M］.北京:高等教育出版社,1999.

［9］唐受印.废水处理工程［M］.北京:化学工业出版社,1998.

［10］黄巡武.纺织废水处理治理技术与管理［M］.成都:四川科学技术出版社,1990.

［11］许保玖.当代给水与废水处理原理［M］.北京:高等教育出版社,1990.

［12］顾夏声.水处理工程［M］.北京:清华大学出版社,1985.

［13］罗辉.环保设备设计与应用［M］.北京:高等教育出版社,1997.

［14］黄铭荣.水污染控制工程［M］.北京:高等教育出版社,1995.

［15］张自杰.排水工程［M］.4版.北京:中国建筑工业出版社,2000.

［16］MOGENS HENZE ETD. Wasterwater Treatment［M］. Springer. Press Company,1996.

［17］ARCEIVALA S J. Wasterwater Treatment and disposal:Engineering and Ecology in Pollution Control［M］. New York:Marcel Dekker,Inc. ,1994.

［18］JOHN W. CLARK, et al. Water Supply and Pollution Control［M］. Thomas Y. Cro well Company,Inc. ,1997.

［19］程凯英.微电解法处理染整废水的工程应用［J］.工业水处理,2001(12).

［20］周培国,傅大放.微电解工艺研究进展［J］.环境污染治理技术与设备,2001(8).

第五章　染整工业废水的物理化学处理法

表面能存在于所有固体物质中,且随表面积的增大而增加,实质上由于表面不饱和价键所致,固体表面存在各向异性。随着固体表面能下降,其稳定性增加。当某些物质与固体表面碰撞时,受到这些不平衡力的吸引而停留在固体表面,这就是吸附。

这里的固体称吸附剂。被固体吸附的物质称吸附质。吸附的结果是吸附质在吸附剂上聚集,吸附剂的表面能降低。

随着纺织业不断发展,印染加工在改善织物外观、提高内在性能、丰富产品品种、提高附加值、赋予织物特殊功能上的作用越来越明显,同时,新材料、新助剂、新工艺不断应用,废水成分越来越复杂,传统活性生化法对于难于降解及难于氧化的如木质素、氯或硝基取代的芳烃化合物、杂环化合物、洗涤剂、合成染料、除莠剂等难于去除,对印染污水色度去除也相当困难。随着可持续发展战略在我国实施,作为水资源严重匮乏的国家之一,生产用水回收再利用已是各个企业必经之路。吸附法不但能去除这些难于分解的有机物,降低 COD 值,还能使废水脱色,除臭味,脱除重金属、放射性元素等,从而满足处理要求,保证回用水的质量。因此,吸附法既可作预处理,也可作为二级处理后的深度处理。

吸附法是利用多孔性物质作为吸附剂,以吸附剂的表面吸附废水中的某种污染物的方法。常用吸附剂有活性炭、硅藻土、铝藻土、磺化煤、矿渣及吸附树脂等,其中活性炭最为常用。吸附法处理具有适应性广、处理效果好、可回收有用物料、吸附剂可重复使用等优点,但对进水预处理要求较高,运转费用高。

第一节　活性炭吸附法

一、吸附原理

1. 吸附机理

吸附法处理废水时,吸附过程发生在液—固两相界面上,是水、吸附质和固体颗粒三者相互作用的结果。吸附质与固体颗粒间的亲和力是引起吸附的主要原因。影响吸附的主要因素,首先是吸附质的溶解度大小,吸附质溶解度越大,则吸附可能性越小;反之,吸附质越容易被吸附。其次是吸附质与吸附剂之间的静电引力、范德瓦耳斯引力或化学键力所引起的分子间作用力。由于这三种不同的力,可形成三种不同形式的吸附,即交换吸附、物理吸附和化学吸附,在废水处理中主要是物理吸附,有时是几种形式的综合作用。

交换吸附指吸附质的离子由于静电引力作用聚集在吸附剂表面的带电点上,并置换出原先固着在这些带电点上的其他离子。离子所带电荷越多,吸附越强;电荷相同时,其水化半径越小,越易被吸附。

物理吸附指吸附质与吸附剂之间由于分子间力(范德瓦耳斯力和氢键)而产生的吸附。由于分子间力存在于任何物质间,故吸附没有选择性,且吸附强度随吸附质性质不同差异很大,范德瓦耳斯力较小,其吸附的牢固程度不如化学吸附,过程放热约 42kJ/mol 或更少,高温将使吸附质克服分子间力而脱附,所以物理吸附主要发生在低温状态下,可以是单分子层或多分子层吸附。吸附作用的大小是物理吸附影响的主要因素,除与吸附剂的性质、比表面积的大小和细孔分布有关,还与吸附质的性质、浓度及温度有关。

化学吸附指吸附质与吸附剂发生化学反应,形成牢固的吸附化学键和表面络合物,吸附质分子不能在表面自由移动。吸附时放热量较大,为 84 ~ 420kJ/mol,且有选择性,即一种吸附剂只对某种、某类或特定几种物质有吸附作用,一般为单分子层吸附。通常需要一定的活化能,在低温时,吸附速度较小。这种吸附与吸附剂的表面化学性质和吸附质的化学性质有密切的关系。被吸附的物质往往需要在很高的温度下才能被解吸,且所释放出的物质已经起了化学变化,不再具有原来的性状,所以化学吸附是不可逆的。

物理吸附后再生容易,且能回收吸附质。化学吸附因结合牢固,再生较困难,利用化学吸附处理毒性很强的污染物更安全。在实际的吸附过程中,物理吸附和化学吸附在一定条件下也是可以互相转化的。同一物质,可能在较低温度下进行物理吸附,而在较高温度下往往是化学吸附,有时可能会同时发生两种吸附。

2. 吸附平衡

在吸附过程中,固、液两相经过充分的接触后,一方面由于吸附剂不断吸附吸附质;另一方面吸附质由于热运动不断脱离吸附剂表面而解吸,最终将达到吸附与解吸的动态平衡。达到平衡时,单位吸附剂所吸附物质的量称为平衡吸附量。

在一定温度下,吸附剂吸附量随吸附质平衡浓度的增加而增加,这种吸附量随平衡浓度增加而变化的曲线称作吸附等温线。根据试验可将吸附等温线归纳为如图 5-1 所示的五种类型。

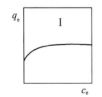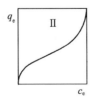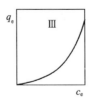

图 5-1 物理吸附的五种吸附等温线

图 5-1 中 I 型的特征是吸附量有一极限值,可以理解为吸附剂的所有表面都发生单分子层吸附,达到饱和时,吸附量趋于定值。II 型是非常普通的物理吸附,相当于多分子层吸附,吸附质的极限值对应于物质的溶解度。III 型相当少见,其特征是吸附热等于或小于纯吸附质的溶解热。IV 型及 V 型反映了毛细管冷凝现象和孔容的限制,由于在达到饱和浓度之前吸附就达到

平衡,因而显出滞后效应。

描述吸附等温线的数学表达式称为吸附等温式。常用的有朗格缪尔(Langmuir)等温式、B. E. T. 等温式和弗罗因德利希(Freundlich)等温式。在废水处理中,常用的为弗罗因德利希等温式,方程式如下:

$$A = KC^{1/n}$$

式中:A——吸附量;

  K——弗罗因德利希常数;

  n——常数,通常大于1;

  C——气体浓度。

上式虽为经验式,但与实际数据较为吻合。

二、影响吸附的因素

影响吸附的因素是多方面的,吸附剂结构、吸附质性质、吸附过程的操作条件等都影响吸附效果。认识和了解这些因素,对选择合适的吸附剂,控制最佳操作条件都是重要的。

1. 吸附剂结构

(1)比表面积。单位质量吸附剂的表面积称为比表面积。吸附剂的颗粒直径越小,或微孔越发达,其比表面积越大。吸附剂的比表面积越大,则吸附能越强。当然,对于一定的吸附质,增大比表面的效果是有限的。对于大分子吸附质,比表面积过大的效果反而不好,因为微孔提供的表面积不起作用。

(2)孔结构。吸附剂的孔结构如图 5-2 所示。吸附剂内部孔的大小和分布对吸附性能影响很大。孔径太大,浪费空间,比表面积小,吸附能力差;孔径太小,则不利于吸附质扩散,直径较大的颗粒无法进入吸附剂内部。吸附剂中内孔一般是不规则的,通常将孔半径大于 $0.1\,\mu m$ 的称为大孔,$2nm \sim 0.1\,\mu m$ 的称为过渡孔,而小于 $2nm$ 的称为微孔。大孔对吸附能贡献很小,过渡孔能吸附较大的吸附质分子,并帮助小分子吸附质通向微孔。大部分吸附表面积由微孔提供。因此吸附量主要受微孔支配。采用不同的原料和活化工艺制备的吸附剂,其孔径分布是不同的。分子筛因其孔径分布十分均匀,而对某些特定大小的分子具有很高的选择吸附性。

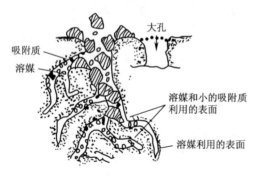

图 5-2 活性炭细孔分布及作用图

(3)表面化学性质。除比表面积、孔容、孔径外,吸附剂的化学组成、表面性质、分子结构也同样是影响吸附的重要因素。一般说来,满足化学中相似相溶原理,即极性吸附剂易吸附极性分子、不饱和分子、极化率高的分子,而非极性吸附剂易吸附非极性分子。含有酸性基团的吸附剂对碱性金属氢氧化物有很好的吸附能力,高温活化时形成的碱性氧化物在溶液中能吸附酸性物质。

2. 吸附质的性质

对于一定的吸附剂,由于吸附质性质的差异,吸附效果也不一样。有机物随分子链长的增加,疏水性加大,在水中溶解度下降,在非极性活性炭吸附剂上的吸附量也随之增加。活性炭处理废水时,一般芳香族化合物的吸附效果好于脂肪族化合物,不饱和有机物好于饱和有机物,非极性或极性小的吸附质好于极性强的吸附质。在实际操作中,吸附质间由于相互作用,可促进或干扰吸附,也可各自完成吸附过程。

3. 操作条件

吸附是放热过程,低温有利于吸附,升温有利于脱附。实际吸附时,温度变化很小。溶液的 pH 影响吸附质的存在方式,从而影响吸附效果,有机物在等电点附近时主要以分子形式存在,故溶解度低,吸附去除率较高。另外,吸附剂与吸附质的接触时间、吸附剂的组成和浓度及其他因素也影响着吸附效果。

三、活性炭吸附

1. 吸附剂

虽然一切固体物质都有吸附能力,但只有比表面积很大的多孔物质或颗粒极细的物质才能作为吸附剂。吸附剂还必须满足下列要求。

(1)吸附能力强。

(2)吸附选择性好。

(3)吸附平衡浓度低。

(4)容易再生和再利用。

(5)机械强度好。

(6)化学性质稳定。

(7)来源广。

(8)价廉。

一般工业吸附剂很难同时满足这八个方面的要求,因此,应根据水体处理不同需要合理选用吸附剂。

目前在废水处理中应用的吸附剂有:活性炭、活化煤、活化白土、沸石、硅藻土、活性氧化铝、焦炭、树脂吸附剂、炉渣、木屑、腐殖酸等。

2. 活性炭

活性炭是一种非极性疏水性吸附剂,外观为暗黑色。活性炭晶格间空隙形成各种形状和大小不同的细孔,使其具有高达 $500 \sim 1700 \mathrm{m}^2 / \mathrm{g}$ 比表面积及特别发达的微孔,因而具有很强的吸附能力,其吸附能力的高低除与比表面积有关外,还与细孔的结构及孔的分布有关。由于微孔表面积占总表面积的 95% 以上,基本决定了活性炭的吸附量,但在液相吸附时,如果吸附质分子直径较大,这时微孔几乎不起作用,吸附容量主要取决于过渡孔。活性炭通常有粒状和粉状两种,目前工业上主要使用粒状活性炭。活性炭主要成分除碳以外,还含有少量的氧、氢、硫等元素以及水分、灰分。它具有良好的吸附性能和稳定的化学性质,可以耐强酸、强碱,能经受水浸、高温、高压作用,不易破碎。

活性炭是用以含碳为主的如木材、煤、石油、废合成树脂及其他有机残物等为原料,经粉碎及加黏合剂成型后再经加热脱水、炭化、活化而制得。为了得到性能优良的活性炭,活化是关键,方法有药剂活化法和气体活化法。药剂活化法是把原料与适当的药剂(如 $ZnCl_2$)等混合,再升温炭化和活化。由于 $ZnCl_2$ 等的脱水作用,原料里的氢和氧主要以水蒸气的形式放出,形成了多孔性结构发达的炭。该活性炭中含很多的 $ZnCl_2$,因此要加 HCl 回收,同时除去可溶性盐类。该法固碳率高,成本较低,几乎被用在所有粉状活性炭的制造上。气体活化法是把成型后的碳化物在高温下与 CO_2、水蒸气、Cl_2 及类似气体接触,利用这些活化气体进行碳的氧化反应,并除去挥发性有机物,使微孔更加发达。活化温度一般不超过 1150℃。

活性炭的吸附以物理吸附为主,但由于表面氧化物存在,也进行一些化学选择性吸附。如果在活性炭中渗入一些具有催化作用的金属离子,如渗银,可以改善废水处理效果。活性炭是目前废水处理中普遍采用的吸附剂。其中粒状炭因工艺简单,操作方便,用量最大。国外使用的粒状炭多为煤质或果壳质无定形炭,国内多用柱状煤质炭。废水处理适用的粒状炭参考性能见表 5-1。

表 5-1 废水处理适用的粒状炭参考性能

项目		数值	项目		数值
比表面积(m²/g)		950~1500	孔隙容积(cm³/g)		0.85
密度	堆积密度(g/cm³)	0.44	碘值(最小)(mg/g)		900
	颗粒密度(g/cm³)	1.3~1.4	磨损值(最小)(%)		70
	真密度(g/cm³)	2.1	灰分(最大)(%)		8
粒径	有效粒径(mm)	0.8~0.9	包装后含水率(最大)(%)		2
	平均粒径(mm)	1.5~1.7	筛径 (美国标准)	大于 8 号(最大)(%)	<8
	均匀系数	≤1.9		30 号(最大)(%)	5

纤维活性炭是一种新型高效吸附材料。它是有机碳纤维经活化处理后形成的,具有发达的微孔结构、巨大的比表面积以及众多的官能团。因此,其吸附性能大大超过普通的活性炭。

3. 吸附过程

吸附过程通常可分为三个阶段。第一阶段吸附质(溶质)扩散通过水膜到达吸附剂表面(膜扩散),吸附速度与吸附剂比表面积成正比;第二阶段吸附质在孔隙内扩散(孔扩散),其扩散速率与吸附质的分子大小、温度、吸附质与吸附剂的结合能及孔内浓度梯度有关;第三阶段吸附质在吸附剂内表面上发生吸附。吸附过程速度由第一、第二阶段速度所控制。一般情况下,吸附过程开始时往往由膜扩散控制,而在吸附接近终了时,内扩散起决定作用。

4. 其他形式的吸附剂

(1)天然矿物质吸附剂。

①膨润土,一种以蒙托石为主要成分的黏性土矿物,它的主要成分为铝酸盐,化学式为

$Al_2O_3 \cdot 4SiO_2 \cdot 3H_2O$。通过吸附对印染废水进行处理,具有操作简单、周期适中、易再生、投资少等特点,对含有酸性染料、阳离子染料的印染废水具有良好的处理能力。

②硅藻土是一种生物成因的硅质沉积岩,主要成分为 SiO_2,还含有少量的 Al_2O_3、Fe_2O_3、CaO、MgO、K_2O、Na_2O、P_2O_5 和有机质等。该物质具有多孔结构、密度低、比表面积大、吸附能力强、悬浮性好、物理性能稳定的特点。

③海泡石,一种富镁纤维状的硅酸盐黏性土矿物,由于具有特殊沟渠结构,因而具有极大的比表面积,具有耐高温、绝缘性好,良好的吸附性、脱色性和分散性。

④沸石是一种含水的铝酸盐架状基型硅酸盐类矿物,按晶体结构和形态特点不同,又可分为三向等长沸石、二向延长沸石、一向延长沸石,为含水碱或碱土金属的铝硅酸盐。具有良好的离子交换性能和较强的吸附能力。

(2)粉煤灰。煤燃烧后从烟气中收集下来的细灰,是燃煤电厂的主要固体废物,呈灰色或灰白色,具有潜在活性的火山质粉末材料,其性质与燃煤品种、煤粉细度、燃烧方式及收集排灰方式有关,且呈多孔蜂窝状结构,具有较大的比表面积、一定的吸附能力,是一种廉价的吸附剂。一般印染厂利用粉煤灰具有微孔多、比表面积大的特点进行废水的脱色处理,以达到降低成本、以废除废的目的。

(3)树脂吸附剂。一种新型的有机吸附剂。随着有机合成工业技术的迅猛发展,性能优良的新型树脂不断出现,目前国内外已有数百个品种。这些树脂具有立体网状结构,呈多孔海绵状,加热不熔化,不溶于一般溶剂及酸、碱,比表面积可达 $800m^2/g$。根据其极性不同,树脂吸附剂可分为非极性、中极性、极性和强极性四种类型。由于树脂吸附剂的结构容易人为控制,因而它具有适应性强、应用范围广、吸附选择性特殊、稳定性高等优点,并且再生简单,多数为溶剂再生,因此应用也日益广泛。

(4)腐殖酸类物质。可用于处理工业废水,尤其是重金属废水以及放射性废水,除去其中的离子。其吸附性能是由其本身的性质和结构决定的。腐殖酸是一组芳香结构、性质相似的酸性物质的复合混合物,所以对阳离子具有较好的吸附性能。既有化学吸附,又有物理吸附;当金属离子浓度低时,以螯合作用为主;当金属离子浓度高时,离子交换占主导地位。用作吸附剂的腐殖酸类物质有两类,一类是天然的富含腐殖酸的风化煤、泥煤、褐煤等;另一类是富含腐殖酸的物质用适当的黏结剂做成腐殖酸系树脂,并造粒成型,以便用于管式或塔式吸附装置。

四、吸附设备

由于水体中杂质的种类和浓度不同,因此,吸附剂种类、吸附方法、再生方法也随之改变。其中吸附操作通常可分为间歇式和连续式两种。

(1)间歇式吸附。间歇式吸附操作简单,特别适合于小规模、间歇排放的废水处理,一般将粉状炭吸附剂直接投入废水中,并进行快速搅拌,使吸附剂与废水充分混合,利用粉状炭比表面积大的特点,经一定时间达到吸附平衡后,用沉淀或过滤的方法进行固液分离。如吸附后,出水仍不能达到要求,则可增加吸附剂用量、延长吸附时间或将一次吸附出水进行二次或多次吸附。但当处理规模较大时,需建较大的混合和固液分离装置,且粉状炭的再生工艺较复杂,故目前生产上应用较少。

（2）连续式吸附。连续式吸附工艺是废水不断流进吸附床，与吸附剂接触，当污染物浓度降至处理要求时，排出吸附柱。按照吸附剂的充填方式，又分为固定床、移动床和流化床三种，如图5－3～图5－5所示。

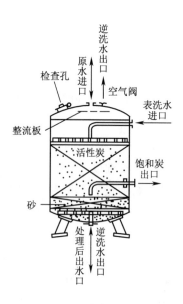

图5－3　固定床吸附塔构造示意图

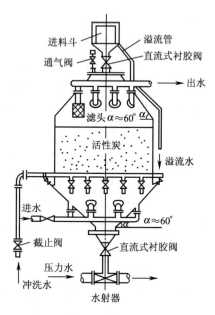

图5－4　移动床吸附塔构造示意图

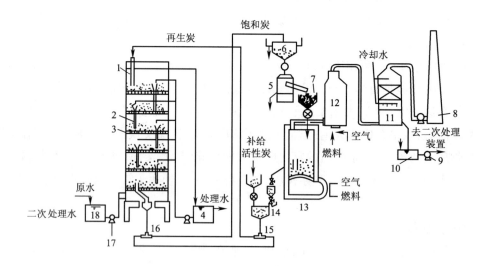

图5－5　粉状炭流化床及再循环系统

1—吸附塔　2—溢流管　3—穿孔管　4—处理水槽　5—脱水机　6—饱和炭储槽　7—饱和炭供给槽

8—烟囱　9—排水泵　10—废水槽　11—气体冷却塔　12—脱臭塔　13—再生炉

14—再生炭冷却槽　15,16—水射器　17—原水泵　18—原水槽

①固定床式吸附。即吸附剂固定不动，水流通过吸附层，根据水流方向不同，可分为降流式和升流式两种，降流式固定床吸附，出水水质较好，但水头损失较大，特别适合于含悬浮物较多

的污水处理;升流式水流从下而上,水头损失增加较慢,但运行时间较长。

②移动床吸附。由于吸附剂的移动,能充分利用床层吸附容量,出水水质较好,操作方便。

③流化床吸附。在处理水水流作用下,吸附剂始终处于流化状态,与水的接触面积大,故设备小而生产能力大,但对操作要求高。

五、吸附剂再生

吸附剂在达到饱和吸附后,只有经过再生后才能重复使用。再生是吸附的逆过程,即在吸附剂结构不变化或者变化极小的情况下,用某种方法将吸附质从吸附剂孔隙中除去,恢复吸附剂的吸附能力。该法能大大降低废水的处理成本,减少废渣的排放,同时回收有用的吸附质。目前吸附剂的再生方法有加热再生、药剂再生、电解再生、湿式氧化再生、生物再生等,具体见表5－2。在选择再生方法时,主要考虑三方面的因素:吸附质的理化性质、吸附机理、吸附质的回收价值。

表5－2　吸附剂再生方法分类

种类		处理温度	主要条件
加热再生	加热脱附	$100 \sim 200℃$	水蒸气、惰性气体
	高温加热再生 （炭化再生）	$750 \sim 950℃$ （$400 \sim 500℃$）	水蒸气、燃烧气体、CO_2
药剂再生	无机药剂	常温 $\sim 80℃$	HCl、H_2SO_4、NaOH、氧化剂
	有机药剂（萃取）	常温 $\sim 80℃$	有机溶剂（苯、丙酮、甲醇等）
生物再生		常温	好氧菌、厌氧菌
湿式氧化再生		$180 \sim 220℃$、加压	O_2、空气、氧化剂
电解再生		常温	O_2

1. 加热再生

活性炭因其微孔发达,吸附能力强,对被吸附物没有选择性,在废水吸附处理中被广泛使用,吸附在活性炭上的物质根据其在不同温度下的分解方式不同。

(1)易挥发性物质,简单的低分子碳氢化合物和芳香族有机物,一般加热到200℃即可脱附。

(2)易分解型物质,在加热过程中该类物质一部分分解成低分子有机物而挥发脱附;另一部分则炭化后残留在吸附剂微孔内。

(3)难分解型物质,该类物质在加热时基本无变化,且有大量的碳化物残留在微孔内。

废水中的污染物因与活性炭结合较牢固,需用高温加热再生。再生过程主要可分为三个阶段。

干燥阶段:加热温度为100～150℃,吸附在活性炭微孔内部的水分蒸发,同时部分低沸点有机物也挥发出来。

炭化阶段:加热到 300~700℃,使高沸点有机物由于加热分解,一部分变成低沸点有机物而挥发;另一部分被炭化而残留在活性炭微孔内部。

活化阶段:升温至 700~1000℃,通入水蒸气、CO_2 等活化气体,将残留在微孔中的碳化物分解为 CO、CO_2、H_2 等,达到重新造孔的目的。

同活性炭制造一样,活化也是再生的关键。必须严格控制活化条件。一般最适宜的活化温度为 800~950℃,活化时间以 20~40min 为宜。活化时最好用水蒸气,以防止氧化性气体对活性炭的氧化。目前用于加热再生的炉型有立式多段炉、转炉、立式移动床炉、流化床炉以及电加热再生炉等。

2. 药剂再生

在饱和吸附剂中加入适当的药剂作溶剂,改变体系的吸附剂与吸附质的动态平衡,改变吸附剂与吸附质分子间的作用力,从而使吸附质离开吸附剂进入溶剂中,达到吸附剂再生和吸附质回收的目的。

常用的有机药剂有苯、丙酮、甲醇、乙醇、异丙醇、卤代烷等。无机酸、碱也是很好的药剂。选择药剂的原则应根据吸附质在吸附剂及溶剂中溶解度的差别而定,对于能电离的物质最好以分子形式吸附,以离子形式脱附,即酸性物质宜在酸里吸附,在碱里脱附;碱性物质在碱里吸附,在酸里脱附。脱附速度一般比吸附速度慢一倍以上。

药剂再生时,吸附剂损失较小,再生可以在吸附塔中进行,无须另设再生装置,而且有利于回收有用物质;缺点是再生效率低,且再生不易完全。

经过反复再生的吸附剂,除了机械损失以外,其吸附容量也会有一定损失,因灰分堵塞小孔或杂质除不去,使有效吸附表面积孔容减小。

第二节 气 浮 法

气浮法作为一种高效、快速的固液分离技术,最早应用于选矿,自 20 世纪 70 年代以来发展迅速,先后经历了以气浮池既长又窄且浅,水力负荷[2~3m^3/(m^2·h)]较低为特点的第一代;以气浮池更宽、更深且长度显著减短,水力负荷[5~15m^3/(m^2·h)]有所提高为特点的第二代;始于 20 世纪 90 年代末池底布满圆孔薄硬板,水力负荷[25~40m^3/(m^2·h)]更大,水流为紊流的第三代。在废水处理中应用也日益广泛,气浮法能分离水中的细小悬浮物、藻类及微絮凝体;能回收工业废水中的有用物质,如造纸厂废液中的纸浆纤维;代替二次沉淀池来分离和浓缩剩余活性污泥;能回收含油废水中的悬浮油和乳化油;特别是对印染废水中有机胶体微粒,各种呈乳浊状油脂类杂质、细小纤维和疏水性合成纤维的纤毛等小颗粒,质量轻、难于沉淀的物质具有良好的分离效果。

一、气浮法的特点

(1)气浮设备运行能力强,表面负荷高,池中水只需 15~20min 就能完成固液分离,故占地较少,效率高。

(2)气浮时增加水中溶解氧,同时对去除表面活性剂效果明显,而水质得到改善,同时为后续处理提供有利条件。

(3)对低温、低浊、含藻较多的水体,气浮法处理效果更好,甚至还可去除原水中的浮游生物。

(4)浮渣含水率低,一般在96%以下,比沉淀池污泥体积少2～10倍,有利于污泥的后续处理,而且表面刮渣也比池底排泥方便。

(5)可以回收利用有用物质。

(6)气浮法所需药剂量比沉淀法节省。

但是,气浮法电耗较大,设备维修工作量大,目前使用的溶气水减压释放器易堵塞,浮渣怕较大的风雨袭击。

二、基本原理

当水体中通入空气、产生微小气泡时,原来水体中各种油脂类杂质、絮凝状悬浮颗粒及各种有机微粒黏附在空气泡上,随气泡一起浮至水面,形成浮渣,从而分离水中微粒的方法叫气浮。实现气浮法分离的必要条件有两个:第一,必须向水中提供足够数量理想尺寸的微细气泡;第二,必须使需要去除的物质呈悬浮状态或具有疏水性质,从而附着于气泡上浮升。

1. 气泡的产生

产生微气泡的方法主要有电解、分散空气和溶解空气再释放三种。

(1)电解。向废水插入多组正负相间的电极,在直流电作用下,废水电解产生 H_2、O_2 和 CO_2 等,密度小、颗粒微细、浮载能力大的气泡,特别适用于脆弱絮凝体的分离。如采用可溶性的铝板或钢板作阳极时,则电解溶蚀产生的 Fe^{2+} 和 Al^{3+} 经过水解及与水中 OH^- 作用形成了吸附能力很强的铝、铁氢氧化物,从而吸附、凝聚水中的杂质颗粒而形成絮凝颗粒,这种颗粒与阴极上产生的 H_2 微气泡黏附而实现气浮,达到与水分离的目的。但存在电耗较高、电极板易结垢等问题。

(2)分散空气。分散空气的方法和设备很多。

①通过由粉末冶金、素烧陶瓷或塑料制成的微孔板(管),将压缩空气分散为小气泡。该法虽简单易行,但产生的气泡较大,且微孔板(管)易堵塞。

②将空气引入一个高速旋转的叶轮附近,通过叶轮的高速剪切运动,将空气吸入并分散为小气泡。

叶轮气浮装置如图5-6所示,气浮池底部有叶轮叶片,通过转轴与上部电动机相连,叶轮在电动机的驱动下高速旋转,在盖板下形成负压,从进气管8吸入压缩空气,在叶轮作用下,空气被粉碎成细小气泡,并与水充分混合成水气混合体甩出叶片,经稳流板9稳流后,气泡在池内垂直上升,达到气浮目的。形成浮渣被缓慢旋转的刮板刮出槽外。该法适用于悬浮物浓度高的废水,如用于洗煤废水及含油脂、羊毛等废水的处理,也用于含表面活性剂的废水泡沫浮上分离,设备不易堵塞。

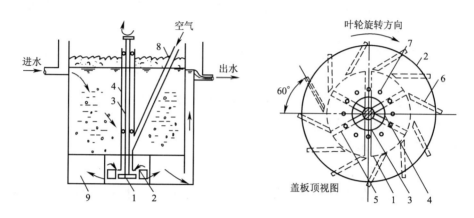

图 5-6　叶轮气浮装置

1—叶轮　2—盖板　3—转轴　4—轴套　5—叶轮叶片　6—导向叶片
7—循环进水孔　8—进气管　9—稳流板

射流气浮是利用射流器将水从射流嘴以高速喷出,其周围产生负压,进气管中的空气不断吸入,与水一起进入喷嘴喉管,在这里水与空气充分混合,空气被切成微小气泡,混合后的流体在扩散管内流速下降,而压力增大,最后由排液口排出进入气浮池,气浮池中的悬浮物被上升的小气泡黏附而随气泡上升至液面形成浮渣。这类方法设备简单,但效率较低,且喷嘴及喉嘴易被油污堵塞。

(3)溶解空气。溶气气浮是使空气在一定压力下溶于水中并呈饱和状态,溶气水经过减压释放装置,反复地受到收缩、扩散、碰撞、挤压、游涡等作用,其压力能迅速消失,水中溶解的空气以极细的气泡释放出来并进行气浮。根据气泡从水中析出时所处的压力不同,溶气气浮又可分为真空式气浮法和加压溶气气浮法两种。

①真空式气浮法指在常压或加压下溶于水中的空气在负压下(即抽真空状态下),以微气泡方式释放出来的气浮方法。该法具有能量消耗少,气泡形成和气泡与絮凝粒黏附较稳定的特点。但气浮池构造复杂,运行维护较困难,溶气压力低,气泡释放量受到限制,此法应用不多。

②加压溶气气浮法指在加压下溶入水中的空气在突然减压下,以微气泡形式黏附絮凝粒而促使其上浮的方法。该法按溶气水不同可分为部分处理水溶气、部分进水溶气和全部进水溶气三种基本流程。

部分处理水溶气是取部分处理后的出水将空气加压溶入其中,再与进水合并后减压至常压释放出气泡。部分进水溶气是将部分进水加压溶气后,与其余废水混合并减压至常压释放出气泡。以上两种流程中,由于加压溶气的水量只占总水量的1/3。因此,在相同能耗的情况下,溶气压力可大大提高,形成的气泡更小,更均匀,也不破坏絮凝体。

全部进水加压溶气流程的系统配置如图 5-7 所示。全部原水由泵加压后压入溶气罐,用空压机或射流器向溶气罐内压入空气。溶气后的水气混合物再通过减压阀或释放器进入气浮池进口处,析出气泡进行气浮。在分离区形成的浮渣用刮渣机去除。这种流程的缺点是能耗高,溶气罐较大。若在气浮之前需经混凝处理时,则已形成的絮凝体势必在压缩和溶气过程中破碎,因此混凝剂耗量较多。当进水中悬浮物多时,易堵塞释放器。

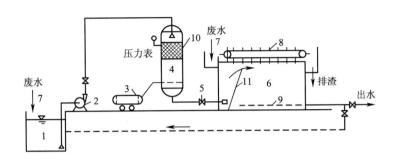

图 5-7 加压溶气气浮流程

1—吸水井 2—加压泵 3—空压机 4—压力溶气罐 5—减压释放阀 6—浮上分液池
7—原水进水管 8—刮渣机 9—集水系统 10—填料层 11—隔板

2. 悬浮物与气泡附着

气泡在悬浮物上附着方式有:在颗粒表面析出、与颗粒相互吸附以及被絮凝体包裹三种方式。

气泡能否与悬浮颗粒发生有效附着,主要取决于颗粒的表面性质。如图 5-8 所示,在浮选时存在三个相:即固相、液相、气相,其相应存在液—固、固—气、气—液三个接触面,其中液固界面张力 σ_{ls} 与气液界面张力 σ_{gl} 的夹角(对着液相的)称为平衡接触角,用 θ 表示。当 $\theta <$ 90°时,固体很易被水润湿,称为亲水性物质,气泡很难黏附到这种物质表面;相反,当 $\theta > 90°$ 时,固体不能被水很好润湿,气体则能较好地附着在这种疏水性物质表面。当固体颗粒吸附气泡后,界面张力降低 $\Delta\sigma = \sigma_{lg}(1 - \cos\theta)$。从上式可知,气浮效果除随接触角增大而易进行外,还与 σ_{lg} 值大小有关,有时 σ_{lg} 过小,虽然有利于形成气泡,但不利于气泡与颗粒的黏附。

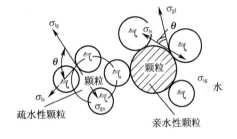

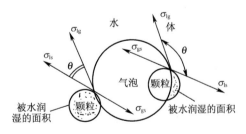

图 5-8 不同悬浮颗粒与水的润湿情况

为了用气浮法分离如纤维、重金属离子等亲水性颗粒,就必须投加合适的药剂,以改变颗粒的表面性质,提高气浮效果,这种药剂通常称为浮选剂。浮选剂大多数由极性—非极性分子表面活性剂组成,其极性端含有—OH、—COOH、—SO₃H、—NH₂ 等亲水基团,而非极性端主要是较长的碳链。例如,肥皂的主要成分是硬脂酸盐,它由极性亲水性的—COOH 及非极性较长碳链的—C₁₇H₃₅组成。在气浮过程中,浮选剂的极性基团能选择性地被亲水性物质所吸附,非极性端则朝向水,从而使水中亲水颗粒表面由亲水性变为疏水表面。

浮选剂的种类很多,如松香油、石油及煤油产品,脂肪酸及其盐类,表面活性剂等。对不同性质的废水应通过试验,选择合适的品种和投加量,必要时可参考矿冶工业浮选的资料。

三、气浮设备

目前,常用的气浮池均为敞式水池,与普通沉淀池构造基本相同,分平流式和竖流式两种。

（1）平流式气浮池。平流式气浮池的池深一般为 1.5～2.0m,不超过2.5m,池深与池宽之比大于0.3,气浮池的表面负荷通常取 5～10m³/(m²·h),总停留时间为 30～40min。构造如图5-9所示。

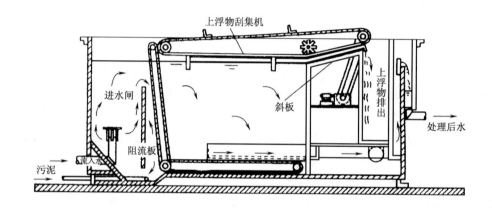

图5-9　平流式气浮池

（2）竖流式气浮池。竖流式气浮池如图5-10所示。池高 4～5m,长、宽或直径一般在 9～10m 以内。中央进水室、刮渣板和刮泥旋转耙均安装在中心转轴上,依靠电动机驱动,以同样速度旋转。

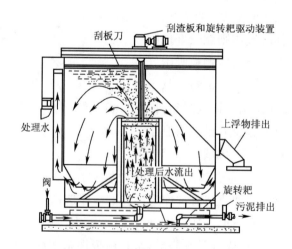

图5-10　竖流式气浮池

复习指导

1. 内容概览

本章主要讲授活性炭吸附法的吸附原理、影响吸附的因素、吸附剂的性能和吸附剂的再生，气浮法的基本原理及气浮设备。

2. 学习要求

通过本章的学习，重点要求掌握活性炭吸附法的吸附原理及工艺、影响吸附的因素及气浮法的基本原理，熟悉气浮池的构造。

思考题

1. 吸附有哪几种形式？
2. 影响吸附的因素有哪些？
3. 试述活性炭吸附的特点及再生方法。
4. 气浮分离的对象是什么？污染物实现气浮必须具备的条件是什么？
5. 加压溶气气浮法的基本原理是什么？有哪几种溶气方式？

参考文献

[1] 唐受印,戴友芝,汪大翚.废水处理工程[M].2版.北京:化学工业出版社,2004.

[2] 张林生.印染废水处理技术及典型工程[M].北京:化学工业出版社,2005.

[3] 杨岳平,徐新华,刘传富.废水处理工程及实例分析[M].北京:化学工业出版社,2003.

[4] 刘景明.污水处理工[M].北京:化学工业出版社,2004.

[5] 朱虹,孙杰,李剑超.印染废水处理技术[M].北京:中国纺织出版社,2004.

[6] 李家珍.染料、染色工业废水处理[M].北京:化学工业出版社,1999.

第六章 染整工业废水的生物处理法

在自然界中存在着大量以有机物为食料的微生物,它们具有将有机物氧化分解成无机物的特殊功能。如果人为的为这种微生物创造一个良好的生活环境,以废水中的有机物作为它们的食料,那么废水中的有机物将在这种微生物的作用下,氧化分解成无机物,从而使废水得以净化。这种利用微生物的氧化分解作用,去除废水中有机物的方法称为废水生物处理法。自然界中能够分解有机物的微生物种类很多,其中以细菌的分解能力最强。因此,废水生物处理所利用的微生物主要是细菌。根据生化反应中氧气的需求与否,可把细菌分为好氧菌、兼性厌氧菌和厌氧菌,其中主要依赖好氧菌和兼性厌氧菌的生化作用来完成处理过程的工艺,称为好氧生物处理法;主要依赖厌氧菌和兼性厌氧菌的生化作用来完成处理过程的工艺,称为厌氧生物处理法。目前,对纺织印染废水处理多数采用生物处理法,并取得良好效果。

第一节 废水处理中的微生物

一、微生物的定义

微生物是一类形体微小、结构简单、必须借助显微镜才能看清其面目的生物。它们既包括细菌、放线菌、立克次氏体、支原体、衣原体、蓝细菌等原核微生物,也包括酵母菌、霉菌、原生动物、微型藻类等真核微生物,还包括非细胞型的病毒和类病毒。因此,"微生物"不是分类学上的概念,而是一切微小生物的总称。

二、微生物的特点

1. 个体小、种类多、分布广

生物的大小用微米来量度,如细菌的大小为零点几微米至几微米;病毒小于 $0.2\mu m$,酵母菌为几微米至十几微米,原生动物为几十微米到几百微米。总之,它们都需借助显微镜才能看见。由于微生物极微小、极轻,易随灰尘飞扬,因此它们分布在江河湖海、高山、寒冷的雪地、空气、人和动植物体内外以及污水、淤泥、废物堆中……目前已确定的微生物种类有10万种左右,其中细菌、放线菌约1500种。近些年来,由于分离培养方法的改进,微生物新种类的发现速度正以飞快的速度增长。地球上,微生物的分布可以说是无孔不入,无远不达。微生物只怕"火",地球上除了火山的中心区域外,从生物圈、岩石、土壤圈、水圈直至大气圈到处都有微生物的足迹。

2. 代谢强度大、代谢类型多样

由于微生物形体微小,表面积大,有利于细胞吸收营养物质和加强新陈代谢。利用这一特性,可使废水中的污染物质迅速地降解。微生物的代谢类型极其多样,其"食谱"之广是任何生物都不能相比的。凡自然界存在的有机物,都能被微生物利用、分解。在废水处理中,很容易找到用于处理各种污染物质的微生物菌种。

3. 繁殖快

在生物界中,微生物具有最高的繁殖速度。尤其是以二分裂方式繁殖的细菌,其速度更是惊人。在适宜的环境中,微生物繁殖一代的时间很短,快的只有20min,慢的也不过几小时(专性厌氧菌繁殖速度慢些)。据此,人们能很快地将适合于处理废水中污染物质的微生物加以繁殖(培菌),使之达到所需的数量。

4. 数量多

由于微生物的营养食谱极广,生长繁殖速度快,代谢强度大,因此,凡有微生物生存的地方,它们通常都拥有巨大的数量。

5. 易变异

微生物的个体一般呈单细胞或接近于单细胞,它们通常都是单倍体,由于大多数微生物为无性繁殖,整个细胞直接与环境接触,易受外界环境条件的影响,因此,微生物具有易变异的特点。在污水处理中,随着水质的不同,出现的微生物种类、数量有明显差异。当环境变化时,微生物会大批死亡,但存活下来的微生物往往会发生结构和生理特性等方面的变异,以适应变化了的环境。利用微生物易变异的特点,在环境保护中的废水生物处理时可进行活性污泥驯化。此外,选育特定的微生物,以分解难降解有机物等工作,也是这一特点的实际应用。

三、废水生物处理中主要的微生物类群

在废水生化处理中,可通过处理系统中微生物的代谢活动,将废水中的有机物氧化分解为无机物,从而得到净化。处理后出水水质的好坏都与微生物的种类、数量及其代谢活力有关。因此,必须对组成活性污泥的微生物种类有个概要的了解。

在生物法处理污水中,细菌起着最重要的作用。此外,还有原生动物和后生动物等微型动物。在某些废水中有时还可见酵母菌、丝状霉菌以及微型藻类。

1. 细菌

细菌是最重要的环境微生物之一,是单细胞生物,有固定的形状,一些细胞还有特殊的结构,如鞭毛、荚膜等。细菌细胞壁用来保护体内原生质免受渗透压引起的破裂,维持细胞体的形状,选择性地吸收环境中的物质进入细胞体内。鞭毛是由细胞质膜穿过细胞壁伸出体外而形成的,是大部分杆菌和螺旋菌的运动器官。在细胞壁外围形成的一层多糖类物质称为荚膜,对细胞具有保护作用。当环境中缺乏营养时,荚膜中的糖类临时充当能源供微生物代谢,多个细菌的荚膜相互融合成一体时,就形成了一个细菌细胞集团,称为菌胶团,菌胶团细菌是构成活性污泥絮凝体的主要成分,有很强的吸附、氧化分解有机物的能力。细菌形成菌胶团后可防止被微型动物所吞噬,并在一定程度上可免受毒物的影响,有很好的沉降性能,使混合液在二沉池中迅

速地完成泥水分离。

2. 丝状细菌

丝状细菌有较发达的菌丝,菌丝体可以有分支和分隔,丝状体的形状和多支的特征是用来区分丝状菌种属的特征。丝状细菌同菌胶团细菌一样,是活性污泥中重要的组成成分。丝状细菌具有很强的氧化分解有机物的能力,起着一定的净化作用。在有些情况下,它在数量上可超过菌胶团细菌,使污泥絮凝体沉降性能变差,严重时即引起活性污泥膨胀,造成出水的质量下降。

3. 真菌

真菌是一类较特别的生物,有单细胞和多细胞结构,真菌细胞具有明显的细胞核,真菌在自然环境和工程条件下都有很广泛的作用。活性污泥中的真菌,主要为丝状菌。真菌在活性污泥中的出现一般与水质有关,它常常出现于某些含碳较高或 pH 较低的工业废水处理系统中。

4. 微型动物

微型动物包括原生动物和微型后生动物。

原生动物是动物界中最原始、最简单的单细胞动物,每个细胞均有独立的生命特征和生理功能。其生理功能与动物相似,有摄食、消化、呼吸、排泄、生长、繁殖、运动等。原生动物常见的类群有肉足虫类、鞭毛虫类和纤毛虫类。由于动物的体型较细菌大得多,借助于显微镜即可将它们很容易地区别开来。可根据污泥中动物的种类、它们的营养特性与净化程度之间存在的一定关系来判断系统运行的状况,使其在处理中起指示的作用。在水质突变或污泥中毒时,即可根据生物相的变化,及时发现问题,采取必要的措施。

5. 微型藻类

藻类是一大类低等植物的统称,其构造简单,没有根、茎、叶的分化,分单细胞和多细胞两种。污水处理中常见的藻类有蓝藻、绿藻、硅藻三类。藻类一般是无机营养的,其细胞内含叶绿素及其他辅助色素,能进行光合作用。在有光线照射时,能利用光能吸收二氧化碳合成细胞物质,同时放出氧气。在活性污泥中,藻类数量及种类较少,大多为单细胞种类,在沉淀池边缘、出水槽等阳光暴露处较多见,甚至可见附着成层生长。

第二节　生物处理的生化过程

一、微生物的生长曲线

废水中的生物处理过程实际上可看作是一种微生物的连续培养过程,即不断给微生物补充食物,使其数量不断增加。微生物的生长规律可用细菌的生长曲线来反映,此曲线可划分为四个生长时期,如图 6 - 1 所示。

1. 停滞期

这是细菌培养的最初时期。在这个时期,细菌刚接入新鲜培养液中时对新的环境还有一个适应过程,所以,在此时期细菌的数量基本不增加,生长速度接近于零。在污水生物处理过程中,这一时期一般在细菌的培养驯化时或处理水质突然发生变化后出现,能适应的细菌则能够生存,不能适应的细菌则被淘汰,此时细菌的数量有可能减少。

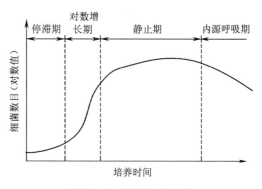

图6-1 细菌生长曲线

2. 对数增长期(生长率上升阶段)

细菌的代谢活动经调整后适应了新的培养环境,由于环境中的营养物质相当丰富,细菌的生长不受营养物质的限制,以最快的速度增大,生物量按几何级数增加,故又称对数增长期。在此期间,废水中的有机物以最快的速度进行氧化和合成,污泥的增长速度与生物量呈正比,与有机物浓度无关。此阶段的活性污泥处于新生期,活性最大,氧化能力最强,但凝聚沉淀性能却相当差。增长速度的快慢取决于细菌自身的生理机能。

在对数增长期,细菌对污水处理能力强,处理速度快,运行效率高,可缩短处理时间,减少处理容积,但要维持在对数增长期,必然要供给细菌较多的营养,这就要求进水的有机物含量较高,因此,出水中有机物含量也相应较多,出水水质较差。

3. 静止期(生长率下降阶段)

在这个时期,环境中的营养物质急剧下降,因此,微生物的生长直接受到营养物质浓度的限制,其增长速度与有机物浓度呈正比,并随有机物浓度的减少而不断下降,细菌总数达到最大值。但由于培养基中底物逐渐消耗,代谢产物逐渐积累,并对细菌产生抑制和毒害作用,以致使细菌开始死亡。虽然仍有新分裂的细菌产生,但细菌总数基本保持不变,呈现一个动态平衡。在此期间,污泥量达到最大值,其氧化能力减弱,但凝聚和沉降性能增强。

此阶段对营养及氧的要求低,运行稳定,废水中有机物消耗比较彻底,有机物去除率高,处理效果好,污泥处理量少。但由于污水在处理装置中需要停留时间长,设备容积要大,占地面积也大,电能消耗高,因此,投资和运行费用都较高。

4. 内源呼吸期

此阶段中食物已经耗尽,代谢产物大量积累,对细菌的毒害也越来越大,造成细菌大量死亡,细菌只能大量分解自己细胞内的营养物质,使污泥量不断减少,生长曲线显著下降。此时的污泥处于衰弱期,活性较差。本阶段初期,污泥的凝聚沉淀性能较好,絮凝体形成迅速,至后期,因污泥中无机成分大量增加,污泥易碎,活性差,凝聚和沉淀性能也差。

上面所述的生长曲线只是反映了细菌的生长与底物浓度之间的依赖关系。在污水处理中,污泥的增长规律取决于有机物浓度(F)和生物量(M)的比例关系。不同生长阶段的污泥,其要求的 F/M 值也不一样。所以,只要控制 F/M 值,就可使污泥处于某一个生长阶段。因此,选择与控制适宜的 F/M 值,成为废水生物处理的重要指标。

二、生物处理的生化过程

生物处理的生化过程是通过微生物的新陈代谢来完成的。微生物在生命活动过程中,不断从外界环境中摄取营养物质,并通过复杂的酶催化反应将其加以利用,提供能量并合成新的生物体,同时又不断向外界环境排泄废物。这种为了维持生命活动与繁殖下一代而进行的各种化学变化称为微生物的新陈代谢。

根据能量的释放和吸收,可将代谢分为分解代谢和合成代谢。在分解代谢过程中,结构复杂的大分子有机物或高能化合物分解为简单的低分子物质或低能化合物,逐级释放出其固有的能量。在合成代谢中,微生物把从外界环境中摄取的营养物质,通过一系列生化反应合成新的细胞物质,在微生物的生命活动过程中,两种代谢过程不是单独进行的,而是相互依赖、共同进行的,两者的密切配合推动微生物的生命运动。

1. 分解代谢

高能化合物分解为低能化合物,物质由复杂到简单并逐级释放能量的过程叫分解代谢。一切生物进行生命活动所需要的物质和能量都是通过分解代谢提供的,所以说分解代谢是新陈代谢的基础。

根据分解代谢过程对氧的要求,又可分为好氧代谢和厌氧代谢。废水的好氧代谢即好氧生物处理,是一种在提供游离氧的前提下,在好氧微生物和兼性厌氧微生物的参与下,使有机物降解、稳定的无害化处理方法。废水中存在的各种有机物,主要以胶体状、溶解状的有机物为主,作为微生物的营养源。这些高能位的有机物经过一系列的生化反应,逐渐释放能量,最终以低能位的无机物质稳定下来,达到无害化的要求,以便进一步回到自然环境和妥善处理。好氧分解代谢过程中,有机物的分解比较彻底,最终产物是含能量最低的,故释放能量多,代谢速度快,代谢产物稳定。

废水的厌氧代谢即厌氧生物处理,是指在没有游离氧的情况下,在厌氧微生物和兼性厌氧微生物的作用下对有机物进行降解、稳定的一种无害化处理方法。在厌氧生物处理过程中,复杂的有机化合物被降解,转化为简单、稳定的化合物,同时释放能量。其中,大部分能量以甲烷(CH_4)的形式出现,这是一种可燃气体,可回收利用。同时,仅少量的有机物被转化而合成为新的细胞组成部分,故厌氧法相对好氧法来讲,污泥增长率小得多。厌氧分解代谢中有机物氧化不彻底,最终代谢产物中还含有相当的能量,故释放的能量较少,代谢速度较慢。

2. 合成代谢

微生物从外界获得能量,将低能化合物合成生物体的过程叫合成代谢,是微生物机体自身物质制造的过程。在此过程中,微生物合成所需要的能量和物质由分解代谢提供。

第三节 生物处理法对废水水质的要求

近几十年来,有机合成化合物日益增加,这些新问世的化合物,有些是可以被生物降解的,有些是难以被生物降解的。这些有毒物质进入废水生物处理系统后不仅不能得到理想的处理效果,而且对微生物产生毒害作用,影响生物处理的正常进行。因此,首先必须通过试验来判断废水用生物处理的可能性,它的目的在于了解污染物的分子结构能否在生物作用下分解到环境所允许的结构形式,而且是否有足够快的分解速度。如果废水的可生化性能较好,为了取得预期的处理效果,还必须为微生物的生长繁殖创造一个适宜的环境。

一、温度

微生物的全部生长过程都取决于化学反应,而这些化学反应的速率又都受到温度的影响。因此,环境中的温度除影响微生物总量增长外,也影响微生物增长速率。对任何一种微生物都有一个最适宜的生长温度,在一定的温度范围内,随着温度的上升,微生物生长加速。一般情况下,温度提高 10℃,微生物的生长速度可增加 1 倍。此外,还有最低生长温度和最高生长温度。所谓最低生长温度,就是指低于这一温度时,这种微生物的生长就停止了,但并未死亡,人们就是利用这个原理在低温下保存菌种。最高生长温度就是指高于这个温度微生物生长停止,并最终导致死亡。对大多数细菌而言,其适宜温度范围为 20 ~ 40℃,温度低于 10℃或高于 40℃,处理效果明显下降。因此,对于高温废水必须有降温措施;在北方地区,冬季应注意保温,有条件的,可将建筑物建于室内或采用余热加温。

二、溶解氧

好氧生化过程需要氧,而氧必须溶解于水中成为溶解氧才能为好氧微生物所利用。好氧生物处理过程中提供足够的溶解氧是至关重要的,只有在有氧情况下,好氧微生物才能生长和繁殖,供氧不足会出现厌氧状态,妨碍好氧微生物正常的代谢过程,并产生丝状细菌。为了使好氧微生物正常代谢和使沉淀分离性能良好,一般要求溶解氧维持在 0.5 ~ 2.0mg/L。厌氧微生物的生长不需要氧,在有氧的情况下,生长反而受到抑制,甚至会死亡。厌氧微生物在厌氧的条件下,可将废水中的有机物分解,转化成为相对分子质量较小的有机物——甲烷,处理设备也必须密封、与空气隔绝。因此,根据生化处理过程中微生物的种类来创造其特定的生存环境,对处理效果有直接影响。

三、pH

废水中氢离子浓度对微生物的生长有直接影响。生物体内的生化反应都在酶的参与下进行,酶反应需要合适的 pH 范围,因此,废水的酸碱度对微生物的代谢活力有很大的影响。微生物的生长都有一个最佳 pH 范围,对于好氧生物处理,适宜的 pH 为 6 ~ 9。纺织印染废水大部分 pH 较高,一般为 9 ~ 12,细菌经驯化后对酸碱度的适应范围可进一步提高。但若 pH 超过 11,处理效果会显著下降。因此,当它进入生物处理设备之前,必须把 pH 控制在 10 以内。对厌氧生物处理,pH 必须控制在 6.5 ~ 8,因为甲烷细菌生长最佳 pH 范围较窄,pH 低于 6 或高于 8 时,对甲烷细菌都有不利影响。

四、营养物质

微生物的生长、繁殖及其代谢活动都离不开营养，而且微生物的代谢需要一定比例的营养物质。所需营养物质主要有碳源、氮源以及磷、硫和微量的钾、镁、铁、钙以及维生素等。在生活污水及与之性质相近的有机工业废水中，一般均含有上述各种营养物质，但有些工业废水中含有的营养成分不一定完全适合或完全满足微生物的需要，在这种情况下，就要靠外加营养来合理调配。对于好氧生物处理，废水中的营养物质一般应满足 $BOD_5 : N : P = 100 : 5 : 1$。

五、有毒物质

凡在废水中存在的对细菌具有抑制或杀害作用的物质都称有毒物质。主要毒物有金属离子（如锌、铜、铅、铬等）和一些非金属化合物（如酚、醛、硫化物等），这些毒物或是破坏细菌细胞内某些必要的物理结构，或是抑制其他物质的生物氧化，当然，有的化合物本身在某种浓度范围内能被某些微生物分解，但超过一定的极限浓度时，则就成了抑制微生物新陈代谢的有害物质。因此，在废水处理中，应防止超过允许浓度的有毒物质进入。对含有重金属的废水，依靠生化处理不能去除重金属，它在污泥中的积累还会影响到剩余污泥的处置，因此必须采用适当的物理、化学方法进行预处理。

第四节　好氧生物处理技术——活性污泥法

废水的生物处理法是19世纪末出现的污水治理技术，发展至今已成为世界各国处理城市生活污水和工业废水的主要手段。生物处理法包括活性污泥法和生物膜法，其中活性污泥法自1914年在英国创建以来，经过不断地改进和修正，在各类废水处理中都取得了成功，至今仍然是生物处理废水中的主要方法。

一、活性污泥的定义及组成

所谓活性污泥，就是由细菌、原生动物等微生物与悬浮物质、胶体物质混杂在一起形成的具有很强吸附分解有机物能力的絮状体颗粒。

活性污泥是以细菌、原生动物和后生动物组成的活性微生物为主体，此外，还有一些无机物、未被微生物分解的有机物和微生物自身代谢的残留物等四部分组成。活性污泥结构疏松，表面积很大，对有机污染物有着强烈的吸附凝聚和氧化分解能力。

二、活性污泥的形成及其性质

对含有有机物和细菌的污水，不断曝气，维持足够的溶解氧，经过一定时间后，就会产生絮状的污泥。在显微镜下观察，可见到各种微生物——细菌、真菌、原生动物和后生动物。这种充满微生物的絮状泥粒称为活性污泥。活性污泥的性能决定着净化效果的好坏，活性污泥的性能可用以下几项指标表示。

1. 污泥浓度

污泥浓度是指曝气池中单位体积混合液所含悬浮固体的重量,常用 MLSS 表示。其单位为 g/L 或 mg/L。它包括活性污泥的四种成分,工程上把它作为活性污泥生物量的近似指标。同时,也可用单位体积混合液中挥发性悬浮固体的重量即 MLVSS 表示。它不包括污泥中的无机成分,也是活性污泥生物量的近似指标,但比 MLSS 精确。因而在没有更精确的直接测定活性细胞量的方法以前,用 MLSS 或 MLVSS 间接代表微生物浓度还是可行的。所以,污泥浓度的大小间接地反映混合液中所含微生物量的多少。

2. 污泥沉降比

污泥沉降比是指曝气池混合液在 100mL 量筒中,静置沉淀 30min 后,沉淀污泥与原混合液的体积比,以 SV% 表示。对于正常的活性污泥,经静置沉淀 30min 后,可接近最大密度,所以,污泥沉降比可以表示曝气池正常运行时的污泥量。由于 SV% 测定方法简便、迅速,所以常用它来指导活性污泥系统的运行。它不仅可以作为剩余污泥排放的控制指标,而且可以反映污泥沉淀性能的变化。例如,当 SV% 超过某个数值时,就应该进行排泥,使曝气池中的污泥维持所需的浓度。如果污泥沉降比突然急剧增大,预示污泥即将发生膨胀或已经膨胀。

3. 污泥容积指数

污泥容积指数,简称污泥指数,是指曝气池出口混合液静置沉淀 30min 后,1g 干污泥所占的容积,以 SVI 表示,单位为 mL/g。污泥容积指数确定过程虽然比较麻烦,但它能比较准确地反映出活性污泥沉降性能的好坏。对于某特定废水水质,有一个对应的最佳 SVI 值。如果 SVI 值过低,说明污泥颗粒细小而紧密,可能是无机物较多,这时污泥的活性较差;如果 SVI 值过高,说明污泥的沉降性能不好,污泥可能要发生膨胀或已经解体,这时污泥往往是丝状菌占了优势。不同废水水质,SVI 值是不同的。对于生活废水,正常的 SVI 值为 50~150,最佳 SVI 值为 100,而印染废水的 SVI 值远高于上述数值,但其运行仍是正常的。印染废水正常的 SVI 值为 100~300。

4. 污泥龄

污泥龄(ts)常称平均细胞停留时间或称污泥滞留时间。污泥龄的定义为曝气池中工作着的活性污泥总量与每日排除的剩余污泥量的比值,单位为日(d)。在稳定运行条件下,剩余污泥量就是新增长的污泥量。所以,污泥龄也是新增长污泥在曝气池内的平均停留时间,或曝气池工作污泥增长 1 倍平均所需的时间。

三、活性污泥法的基本流程和净化过程

1. 基本流程

活性污泥法的形式多种多样,但是具有共同的特征,其基本流程如图 6-2 所示。

活性污泥法是在废水的自净作用原理下发展而来的。废水经预处理后进入一个人工建造的池子,池内有无数能氧化分解废水中有机污染物的微生物。这一人工的净化系统效率极高,大气的天然复氧根本不能满足这些微生物氧化分解有机物的需要,因此在池中需设置人工供氧系统不断进行充氧,给停留在曝气池内的大量微生物提供足够的氧气,池子也因此而被称为曝气池。废水在曝气池停留一段时间后,废水中的有机物绝大多数被微生物吸附、氧化分解成无

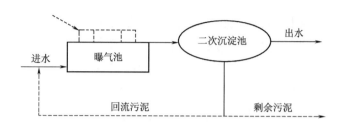

图6-2　活性污泥法基本流程

机物,随后进入沉淀池。在沉淀池中,活性污泥下沉,处理后的出水溢流排放。所以,活性污泥法的主要构筑物是曝气池和二次沉淀池。同时,一部分沉淀下来的活性污泥则要不断回到曝气池,以保持曝气池内足够的生物量,用来分解氧化废水中的有机物。由于有机物被去除的同时不断产生一定数量的活性污泥,为维持处理系统中一定的生物量,必须不断地将多余的活性污泥从二次沉淀池中排除,这部分活性污泥被称为剩余污泥。

活性污泥法净化废水的能力强、效率高、占地面积小、臭味轻微,但产生剩余污泥量大、对水质水量的变化比较敏感、缓冲能力弱。

2. 有机物的净化过程

在活性污泥系统中,有机物的净化过程经过吸附、生物氧化和絮凝沉淀三个阶段。其中前两阶段在曝气池内完成,后一阶段在二次沉淀池内完成。

(1)活性污泥吸附阶段。此阶段废水中的有机物去除主要是通过活性污泥的吸附作用。由于处于内源呼吸状态(即饥饿状态)的活性污泥中的微生物对食物的需求,且活性污泥是一种絮凝体,具有巨大的表面积,一旦与废水接触,对废水中呈悬浮状和胶状有机颗粒立即产生强烈的吸附作用,且吸附速度很快。通过吸附,废水中的有机物就会减少很多。这种吸附一般在10~20min就能完成,表现在处理初期废水中的 BOD 和 COD 浓度大幅度下降。由于吸附历时很短,通过吸附作用,有机物只是从水中转移到污泥上,其性质并未立即发生变化,多数被吸附的有机物来不及被氧化分解,当活性污泥表面吸附的有机颗粒达到饱和后,活性污泥的吸附能力随之消失,转入有机物的生物氧化阶段。当然,吸附与氧化这两个阶段并没有一个截然的分界线。在吸附阶段,同时也进行有机物的氧化及细胞合成,但吸附作用是主要的。在去除的有机物中,绝大多数是由于吸附作用而完成的。

吸附阶段有机物的去除效率与废水水质、泥水混合条件和活性污泥的性能有关。吸附作用主要是非溶解性的有机物吸附在活性污泥絮体上,所以,当废水中的有机物主要以悬浮状和胶状存在时,吸附作用剧烈,有机物去除效率高。相反,当废水中有机物主要以溶解状态存在时,吸附作用不明显,去除效率低。

(2)生物氧化合成阶段。吸附阶段基本结束后,微生物要对大量被吸附的有机物进行氧化分解,并利用有机物进行自身繁殖,同时还要继续吸附废水中残存的有机物。活性污泥对有机物的氧化过程,即被吸附和吸收的有机物,在细菌内外酶的作用下,经过氧化和合成两个过程,使有机物得以降解,使活性污泥中的微生物处于缺乏营养的饥饿状态,重新呈现活性,恢复吸附能力。这一阶段进行得很缓慢,比第一阶段所需的时间长得多。实际上曝气池大部分容积是在进行有机物的氧化和微生物的细胞合成。氧化和合成的速度决定于有机物的浓度。经过氧化合成阶段,废水中的有机物发生了质的变化,一部分被稳定为无机物;另一部分变成微生物细胞即活性污泥。通过氧化合成阶段,去除了被吸附的大量有机物,污泥又重新呈现活性,恢复了吸附和氧化能力。因此氧化合成阶段又可称为污泥再生阶段。

(3)生物絮凝沉淀阶段。由于进入二次沉淀池的活性污泥本身具有良好的凝聚性能,可以很快地絮凝成较大的絮凝体而沉淀。但有机物的氧化程度过低,污泥中有机物含量大,污泥结构松散,沉淀性能差;有机物氧化程度过高,污泥中无机成分增大,污泥颗粒细小,活性差,凝聚和沉淀性能也差。因此,控制曝气池中有机物的氧化程度,对污泥的凝聚与沉淀性能有着重大的作用。所以,在活性污泥系统中,有机物的去除是通过以上三个阶段共同完成的。其去除效率包括曝气池和二次沉淀池两部分。

四、活性污泥法的运行方法

按废水在曝气池内的流动状态和泥水混合的特征,把活性污泥的运行方法分为推流式和完全混合式两种类型。

1. 推流式活性污泥法

(1)传统活性污泥法是推流式的典型流程。推流式活性污泥法也是活性污泥法最早的形式,又称普通活性污泥法,其工艺流程及特点如图6-3所示。

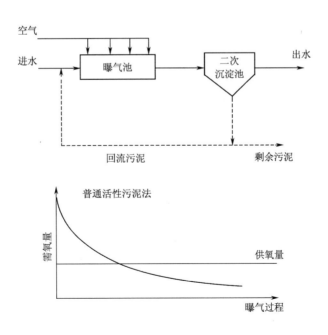

图6-3　推流式活性污泥法的工艺流程及特点

在正常运行的普通活性污泥法曝气池中,在曝气池前端,回流的活性污泥与刚进入的废水相接触,由于有机物浓度相对较高,即供给活性污泥微生物的食料较多,活性污泥将大量吸附废水中的有机物,所以微生物生长一般处于生长曲线的对数生长期后期或静止期。有机物浓度沿池长逐渐降低,需氧量也是沿池长逐渐降低,活性污泥几乎经历了一个生长周期,随着曝气池混合液中有机物的不断被分解及微生物细胞的不断合成,水中的有机物浓度越来越低,F/M也越来越小,由于普通活性污泥法曝气时间比较长,到了池子末端,废水中有机物已几乎被耗尽,微生物的生长已进入内源呼吸期,它们的活动能力减弱了,因此,在沉淀池中容易沉淀,且出水中残留的有机物数量较少,而处于饥饿状态的污泥回流入曝气池后又能够强烈吸附和氧化有机物,所以普通活性污泥法对生化需氧量和悬浮物的去除率均很高,达到90%~95%,特别适用于处理要求高且水质较稳定的污水。所以普通活性污泥法具有处理效率高、出水水质好、剩余污泥量较少等优点。但也存在着不足。

①耐冲击负荷差。因为其流程为推流式,进入池中的污水与回流污泥在理论上不与池内原有的混合液相混合,而是自己从池子前端涡流向末端,泥水在池内只有横向混合,没有纵向混合,进水水质的变化对活性污泥的影响较大,容易损害活性污泥,因此进水浓度尤其是有抑制物质的浓度不能高,这样就限制了某些工业废水的应用。

②供氧不能充分利用。因为在曝气池前端废水水质浓度高、污泥负荷高、生化反应剧烈、需氧速度很大、需氧量也大,而后端则相反,生化反应减弱、需氧速度大大降低、需氧量也小,而空气的供应却是均匀分布,这就形成前段无足够的溶解氧,后段氧的供应大大超过需要,造成氧过剩浪费,动力消耗大。

③容积负荷率低。在处理同样水量时,同其他类型的活性污泥法相比,曝气池相对庞大,占地多,基建费用高。

为此,在传统活性污泥法的基础上进行改进,出现了多种新的运行方式。

(2)阶段曝气法。阶段曝气法又称逐步曝气法,它是除传统法以外使用较为广泛的一种活性污泥法,是普通活性污泥法的一个简单的改进,如图6-4所示。

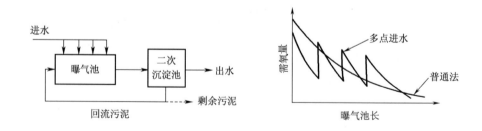

图6-4 阶段曝气法流程及特点

废水并不是集中在池端进入曝气池,而是沿曝气池长分段、多点进水,使有机物在曝气池中的分配较为均匀,因而氧的需要也较为均匀,从而均化了需氧量,避免了前段供氧不足、后段供氧过剩的缺点,同时微生物在食物比较均匀的条件下,能充分发挥氧化分解有机物的能力。阶段曝气法的另一特点是活性污泥浓度不均匀,污泥浓度沿池长逐步降低,前段高于平均浓度,后段低于平均浓度,而在普通活性污泥法曝气池中污泥浓度大致上是均匀的。这样,曝气池流出的混合液浓度较低,可减轻二次沉淀池的负荷,对二次沉淀池的运行有利。实践证明,阶段曝气法可以提高空气利用率和曝气池的工作效率。普通活性污泥法可很容易地改变成为多点进水法,且可根据具体情况改变进水点的位置、点数和水量,运转较为灵活。根据国外运行经验,与普通活性污泥法相比,阶段曝气法的曝气池容积可缩小30%左右,更适用于大型曝气池及浓度较高的污水。但是由于最后进入曝气池的废水在池子中的停留时间很短,所以出水水质比普通活性污泥法稍差。

(3)渐减曝气法。此法是为改进传统法中前部供氧不足及后部供氧过剩问题而提出来的,它的工艺流程与传统法一样,只是供气量沿池长方向递减,使供气量与需氧量基本一致。具体措施是从池首端到末端所安装的空气扩散设备逐渐减少,曝气池中的有机物浓度随着污水向前推进不断降低,污泥需氧量也不断下降,曝气量也相应减少,这种供气形式使通入池内的空气得到了有效利用,如图6-5所示。

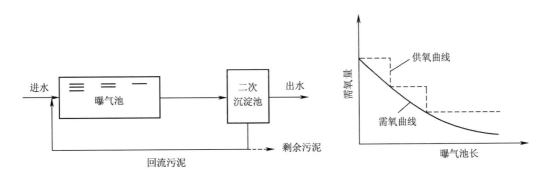

图6-5 渐减曝气法流程及特点

渐减曝气法由于解决了供氧与需氧的矛盾,在供氧相同的情况下,改善了曝气池中溶解氧的分布,提高了氧的利用率,从而可节省运行费用,提高处理效果。

(4)吸附再生活性污泥法。如前所述,活性污泥净化废水的第一阶段主要是依靠污泥的吸附作用。良好的活性污泥同废水混合后在短时间内能够完成吸附作用,吸附再生法就是根据这一发现而发展起来的。图6-6是吸附再生法的流程。

此法主要用于处理含悬浮和胶体物较多的废水。废水与活性污泥在吸附池内充分接触,使污泥吸附大部分的悬浮物、胶体状的有机物和一部分溶解性有机物,然后混合流入二次沉淀池进行固液分离,此时,出水已达很高的净化程度。从二次沉淀池排出的回流污泥首先在再生池内进行生物代谢,池中曝气但不进废水,使污泥中吸附的有机物进一步氧化分解。恢复了活性的污泥随后再次进入吸附池同新进入的废水接触,并重复以上过程,多余的活性污泥要定期排除。吸附池和再生池在结构上可分建,也可合建。合建时,有机物的吸附和污泥的再生是在同一个池内的两部分进行的,即前部为再生段,后部为吸附段,污水由吸附段进入池内。吸附再生法具有以下特点。

①由于废水的吸附时间短,而污泥的代谢是在与水分离后,并在排除了剩余污泥的情况下

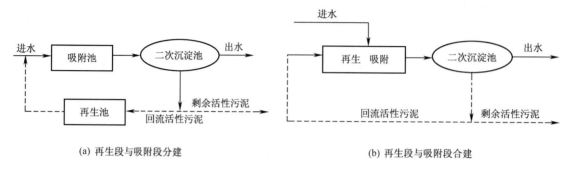

(a) 再生段与吸附段分建　　　　　　　　　　(b) 再生段与吸附段合建

图6-6　吸附再生法的流程

单独在再生池内进行的,并且污泥平均浓度高等原因,因此,在污泥负荷率变化不大的情况下,容积负荷率可成倍增加,同时由于生物吸附对悬浮、胶体状态有机物质特别有效,因此,一般可以不设初次沉淀池,而回流污泥的量最多是进水流量的100%左右,所以吸附和再生两个池的总容积比普通活性污泥法曝气池容积小得多,有时可减少达50%,从而可大大节省基建投资。

②由于生物吸附法的回流污泥量大,且大量污泥集中在再生池,当吸附池内污泥遭到破坏,可迅速由再生池的污泥代替,因此其适应负荷变化的能力比普通活性污泥法强,具有一定耐冲击负荷的能力。

③传统法易于改造成生物吸附法系统,以适应负荷的增加。

由于吸附再生法污水与污泥接触的曝气时间比传统法短得多,故去除率较普通活性污泥法低,特别是对溶解性较多的有机工业废水,处理效果更差,同时,为了更好地吸附废水中的污染物质,吸附再生活性污泥法所用的回流污泥量比普通活性污泥法多,剩余污泥的稳定性比普通活性污泥差,增大了回流设备的容量。

2. 完全混合式活性污泥法

完全混合法是目前采用较多的活性污泥法,它与传统法的主要区别在于:混合液在池内充分混合循环流动,因而污水与回流污泥进入曝气池后立即与池内原有混合液充分混合,进行吸附和代谢活动,并代替等量的混合液流至二次沉淀池。完全混合法的特点如下。

(1)由于进水能与池中混合液立即得到完全混合,实际上就是立即得到了稀释,因此,完全混合活性污泥法可以处理浓度较高的废水,只要适当延长曝气时间,即可使曝气池维持正常工作。所以进水水质的变化对活性污泥的影响将降到很低的程度,能较好地承受冲击负荷,最适合处理工业废水,目前国内印染废水生物处理多数采用完全混合法。它在很大程度上克服了普通活性污泥法的主要缺点。

(2)池内各点水质均匀一致,微生物群的性质和数量基本上也相同,因此,曝气池各部分的工作状况几乎完全一致,用活性污泥增长曲线来表示,F/M值在池内各点几乎相等,它的工作状况恰好是曲线上的一个点。而推流式曝气池从池首到池尾的F/M值和微生物都是不断变化的,所以完全混合法可以通过改变F/M值得到所期望的某种水质,也有可能把整个池子工作情况控制在良好的条件下进行,有利于微生物的吸附与氧化能力的充分发挥,故它是一种灵活的污水处理方法。在处理效果相同的情况下,它的污泥负荷率将高于其他活性污泥法,与此同时,由于池内需氧均匀,还能节省动力费用。图6-7是完全混合法基本流程。

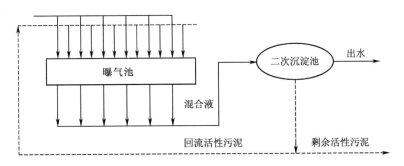

图6-7 完全混合法基本流程

完全混合法有曝气池和沉淀池两者合在一起的合建式和两者分开的分建式两种。图6-8是采用较多的一种表面叶轮曝气的完全混合式曝气沉淀池。

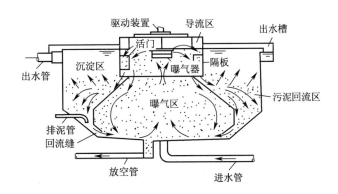

图6-8 合建式完全混合曝气沉淀池

完全混合式曝气沉淀池的池子呈圆形或方形,入口在中心,出口在池周。常采用叶轮供氧,使曝气池内的混合液处于不断循环流动中。当废水和回流污泥进入曝气池后,立即与池内原有混合液完全混合,曝气池出水与池内混合液的成分完全相同。它由曝气区、导流区、沉淀区和回流区四部分组成。曝气区是活性污泥降解废水中有机物的场所,使进入池内的废水和回流污泥立即被完全混合后从回流窗口流入导流区。为了控制回流污泥量,曝气区出流窗孔设有活门,以调节窗孔的大小。导流区是混合液从曝气区到沉淀区的过渡区,它的作用是使污泥凝聚并使气水分离,为沉淀创造条件。混合液进入导流区后,流速降低,使混在液体中的气泡逸出,污泥絮凝成较大颗粒后进入沉淀区。沉淀区是泥水分离场所。沉淀区内水流上升流速很低,使泥水得以分离。澄清水从池周边的溢流堰溢入环形集水槽后排出。沉淀污泥储存在污泥区,污泥区的沉淀污泥借助于曝气叶轮抽力造成的压差,使污泥沿吸气筒底部四周的回流缝连续进入曝气区。多余的污泥由排泥管排出池外。曝气器下端设池裙,以避免死角,设顺流圈以增加阻力,减少混合液和气泡甩入沉淀区的可能。由于曝气区和沉淀区两部分合建在一起,这类池子称合建式完全混合曝气沉淀池。它布置紧凑，流程短，有利于新鲜污泥及时回流，并省去一套污泥回流设备，因此在小型污水处理厂得到广泛应用。完全混合法的主要缺点是连续进出水，可能产生短流，出水水质不及传统法理想，易发生污泥膨胀等。

五、曝气原理与设备

如前所述，在活性污泥法系统中，要使之正常运行，除需要有良好的活性污泥外，还必须提供足够的氧气，通常氧气的供给是通过空气中的氧被强制地溶解到曝气池的混合液而实现的。

（一）曝气与曝气目的

曝气是指采用人工的方法，将空气中的氧强制溶解于水中的过程。

曝气的目的是为有机物好氧生物氧化提供足够的溶解氧并起搅拌混合作用，使活性污泥在曝气池中保持悬浮状态，使污水中的有机物、活性污泥和溶解氧三者都均匀混合。

（二）曝气设备

曝气方法可分成三种：一是鼓风曝气，曝气系统由加压设备（鼓风机）、布气设备和管道三部分组成；二是机械曝气，借叶轮、转刷等对液面进行搅动，以达到曝气的目的；三是鼓风—机械曝气，系由上述两者结合。现重点讨论前两种。

1.曝气设备分类

常用的曝气设备见表6-1。

表6-1 常用的曝气设备

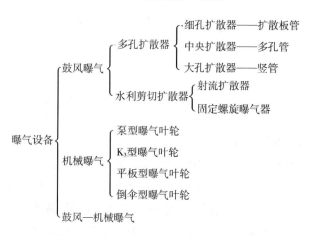

（1）鼓风曝气。鼓风曝气是将压缩空气通过管道系统送入池内的曝气设备，以气泡形式分散进入混合液，即用鼓风机（或空压机）向曝气池充入一定压力的空气（或氧气）。中小型污水处理厂常采用罗茨鼓风机，它的缺点是噪声太大，故必须采用消音或隔音设施。对于大中型污水处理厂可采用离心式鼓风机，它的优点是噪声相对较小，而且效率较高。风管指的是从风机出口至充氧装置的管道，起输送和配气作用，一般采用焊接钢管，曝气装置即空气扩散设备。鼓风曝气设备的关键部件是浸于混合液中的扩散器。按气泡直径大小，扩散器又可分成小、中、大三种。扩散器的结构如图6-9所示。

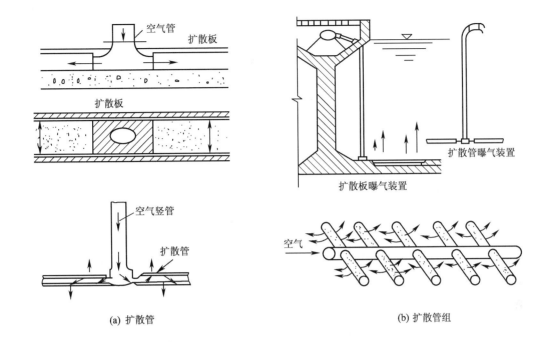

(a) 扩散管　　　　　　　　　　　(b) 扩散管组

图6-9　扩散器

下面介绍几种常用的扩散装置。

①小气泡扩散器。它包括由微孔材料(陶瓷、砂粒、塑料)制成的扩散板和扩散管两种,其特点是气泡小,氧的利用率高,约10%,但孔隙小,空气通过时压力损失大,容易堵塞(图6-9)。

②中气泡扩散器。穿孔管是穿有小孔的钢管或塑料管,孔开于管下侧与垂直面呈45°夹角处,穿孔管的空气压力损失较小,阻力也小,虽仍有堵塞的可能,但较易清理,氧利用率在6%~8%(图6-10)。

③大气泡扩散器。这种扩散器由一系列直径为15~20mm的支管组成一种梳形扩散器(图6-11)。支管下口敞开,距池底150mm。空气从支管下口逸出,形成较大的气泡。其作用主要是随着粗大气泡的上升,剧烈搅动水面,使空气中的氧溶于水中,从而加强了气泡膜层的更新和从大气中吸氧的过程。其特点是供气量大,气泡大,分布不均,氧利用率低,但构造和管理上都很简单,并且不易堵塞。

④射流扩散器。这种扩散器由喷嘴、混合管、扩散管和气室等部件组成。

(2)机械曝气。机械曝气则利用装在曝气池内叶轮的转动,剧烈地搅动水面,使液体循环并不断更新液面产生强烈水跃,从而使空气中的氧与水滴或水汽的界面充分接触,转入液相

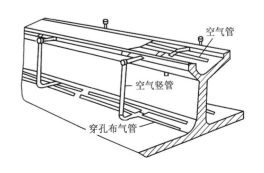

图6-10　采用穿孔布气管的布置方式

111

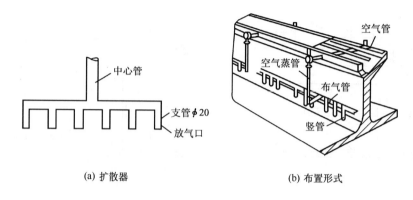

(a) 扩散器 (b) 布置形式

图 6 - 11　梳形扩散器及布置形式

中去。机械曝气大多依靠装在曝气池水面的叶轮快速转动,进行表面充氧。几种叶轮表曝机示意如图 6 - 12 所示。

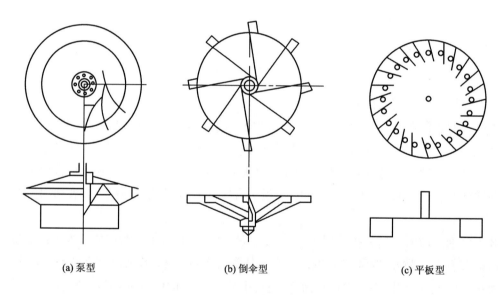

(a) 泵型 (b) 倒伞型 (c) 平板型

图 6 - 12　几种叶轮表曝机示意图

①泵型叶轮。泵型叶轮由上平板、叶片、上压罩、下压罩、进水圈和导流锥体等组成。叶轮旋转时,由进水圈吸入液体,经叶轮甩出激起涌浪向周边冲击。顶部进气孔吸入空气,使液体雾化程度加剧,提高充氧能力。泵型叶轮具有充氧能力高、耗氧量小、混合水量大、提升力强和构造简单等优点。国内已广泛应用。

②倒伞型叶轮。倒伞型叶轮由一个倒锥形旋转体组成锥体表面,使曝气器旋转时形成剧烈搅动和混杂。

③平板型叶轮。平板型叶轮由一块圆板及其底部若干放射状方形叶片组成,每个叶片后面开有直径为 30mm 的小孔,用以吸入空气强化充氧效果。

六、活性污泥的培养和驯化

1. 培养

所谓活性污泥的培养,就是为活性污泥的微生物提供一定的生长繁殖条件,即在合适的营养物质、溶解氧、温度和酸碱度等条件下,经过一段时间,就会有活性污泥形成,并且在数量上逐渐增长,最后达到处理废水所需的污泥浓度。

培养活性污泥,首先要解决菌种和营养两个问题。对城市污水或与之类似的工业废水,由于营养和菌种都已具备,可用其初步沉淀水在曝气池内进行连续曝气,一般在 15～20℃ 下经一周左右就会出现活性污泥絮凝体,并及时适当地换水和排放剩余污泥,以补充营养和排除代谢产物。按补充营养物质和排除代谢产物的方式不同,活性污泥培养法分为间歇法和连续法两种。

(1)间歇法。间歇法是通过间歇性换水培养污泥,即混合液从曝气到开始出现活性污泥絮凝体后,停止曝气,静置沉淀 1～1.5h,排放占总体积 60%～70% 的上清液,再补充生活污水或粪便水,继续曝气,直到满足混合液污泥浓度。第一次换水后,应每天换水一次,这样重复操作 7～10 天,便可使活性污泥成熟。此时,污泥具有良好的凝聚和沉降性能。

(2)连续法。连续法是通过连续进水、出水和回流的方式培养污泥。当池容积大,采用间断换水有困难时可改用连续换水,即当池中出现活性污泥絮凝体后,可连续地向池内投加生活污水,并连续地出水和回流,其投加量可控制在池内每天换水一次的程度。当水温在 15～20℃ 时,污泥经两周左右即可培养成熟。

但在实际工作中,一般把这两种方法结合起来,先间歇后连续。对于其他工业废水,如印染废水,菌种的来源很多,如同类处理厂排出的剩余污泥、城市污水处理厂污泥、排水沟淤泥等。营养物质有化肥、粪便水、生活污水等。

2. 驯化

在工业废水处理系统的培菌阶段后期,将生活污水和外加营养量逐渐减少,工业废水比例逐渐增加,最后全部接纳工业废水,这个过程称为驯化。

如果工业废水的性质和生活污水相差很大时,就应对活性污泥进行必要的驯化,使活性污泥微生物群体逐渐形成适合代谢特定工业废水的酶系统。在驯化过程中,使能分解工业废水的微生物数量增加,不能适应的微生物则逐渐淘汰,从而使驯化过的活性污泥具有处理该种工业废水的能力。活性污泥的培养和驯化可分为异步培驯法、同步培驯法和接种培驯法三种。异步法即先培养后驯化;同步法则培养和驯化同时进行;接种法则利用其他适合工厂处理设备的剩余污泥,再进行适当培养和驯化。

注意:在驯化时使工业废水比例逐渐增加,生活污水比例逐渐减少,每变化一次配比时,须保持一段时间,待运行稳定后方可再次变动配比,直到驯化结束。

七、活性污泥法系统常见的异常情况

1. 污泥膨胀

活性污泥的凝聚性和沉降性恶化以及处理水浑浊的现象总称为活性污泥的膨胀。污泥膨

胀会导致污泥结构松散,沉降性差,造成污泥上浮而随水流失。并且由于污泥大量流失,使曝气池中混合液浓度不断降低,严重时甚至破坏整个生化处理过程,是活性污泥系统的一大隐患。

污泥膨胀可大致区分为丝状体膨胀和非丝状体膨胀两种。大多数污泥膨胀是由于丝状微生物大量繁殖,菌胶团的繁殖生长受到抑制的结果。

(1)导致丝状体微生物大量繁殖的原因。

①溶解氧浓度。丝状微生物在低溶解氧条件下能生长良好,甚至能在厌氧条件下残存而不受影响。

②冲击负荷。如果曝气池内有机物超过正常负荷,污泥膨胀程度提高,使絮凝体内部溶解氧消耗提高,在菌胶团内部产生了适宜丝状体生长的低溶解氧条件,从而促使丝状体微生物的分支超出絮凝体,加剧了氧的接通困难,从而又导致了内部丝状体的发展。

③混合液碳氮比例失调。碳素增加,氮素不足。一般细菌的营养配比为 $BOD_5 : N : P = 100 : 5 : 1$,但磷含量不足,C:N 升高时,这种营养情况适宜丝状菌生活。

④pH 偏低。丝状菌宜在酸性环境中生长,菌胶团宜在 pH = 6~8 的环境中生长。

⑤水温偏高。丝状菌宜在高温下生长繁殖,而菌胶团要求温度适宜。

解决污泥膨胀的办法因产生原因而异,概括起来就是预防和抑制。预防即要加强管理,及时监测水质、曝气池污泥沉降比、污泥指数、溶解氧等,发现异常情况,及时采取措施。污泥发生膨胀后,要针对发生膨胀的原因,采取相应的解决方法。

(2)制止措施。

①严格控制污泥负荷。一旦出现污泥膨胀,立即减少进水量,进行低负荷运行。

②严格控制溶解氧。溶解氧过高或过低都容易引起污泥膨胀,当进水浓度大和出水水质差时,应加强曝气。提高供氧量,最好保持曝气池的溶解氧在 2mg/L 以上。

③加大排泥量。促进微生物新陈代谢过程,以新污泥置换老污泥。

④降低碳素营养。当发现污泥膨胀时,曝气池中因碳太高而使碳氮比失调时,应立即撤出退浆废水,降低废水中的碳水化合物含量,对抑制丝状菌生长有一定效果。

⑤投加粪便水。实践证明,粪便水对污泥膨胀有明显的抑制作用。

⑥投加化学药剂。如加氯可以起凝聚和杀菌的双重作用,在回流污泥中投加漂白粉或液氯可抑制丝状菌生长,投加硫酸铝、氯化铁可进行混凝。

2. 污泥上浮

在二次沉淀池或沉淀区常出现污泥上浮现象。一是由于反硝化造成污泥成块上浮,积存在污泥斗内的污泥,因缺氧进行反硝化释放出氮气,使污泥相对密度减小而成块上浮。此种上浮污泥呈灰白色,无臭味。二是在沉淀池内污泥由于缺氧而腐化(污泥产生厌氧分解),产生大量甲烷及二氧化碳气体附着在污泥体上,使污泥相对密度变小而上浮,因腐化而上浮的污泥呈黑色,有 H_2S 恶臭。三是因附在污泥上的气泡没有在导流区脱尽,带入沉淀区后污泥呈小颗粒分散而上浮,然后在水面上汇集成片。上浮污泥可用高压水冲碎,使其中气体排出后即自行下沉。

防止污泥上浮的办法如下。

(1)因反硝化造成污泥上浮,应减少曝气,防止反硝化出现,及时排泥,减少污泥在沉淀中的停留时间,减少曝气池进水量,以此减少二次沉淀池中的污泥量。

(2)因腐化造成污泥上浮,应加大吸气量,以提高出水溶解氧含量,或疏通堵塞,及时排泥。

(3)因气泡未脱尽造成污泥上浮,应减少污泥回流比,增加导流区断面,提高气水分离效果。

3. 泡沫问题

纺织印染废水含有大量洗涤剂及其他起泡物质时,在曝气池中因曝气而形成大量气泡,表面机械曝气时,气泡隔绝了空气与水的接触,减小以至于破坏叶轮的充氧能力,影响曝气池正常运行,不仅给运行操作增添困难,而且在泡沫表面吸附大量活性污泥固体后,影响二次沉淀池沉淀效果,恶化出水水质,有风时随风飘散,影响环境卫生。因此,在废水进入曝气池之前,应预先除去其中的洗涤剂,当曝气池形成泡沫时,应进行消泡。消泡措施有以下几种。

(1)提高曝气池中活性污泥的浓度,这是一种比较有效的控制泡沫的方法。

(2)投加粉状活性炭或消泡剂,如机油、煤油等。但应注意,油类本身也是一种污染物质,投加过多会造成二次污染,且对微生物的活性也有影响。

(3)淋水消泡,在曝气池上安装喷洒管网,用压力水(处理后的废水或自来水)喷洒。

第五节　好氧生物处理技术——生物膜法

一、生物膜法

生物膜法是根据土壤自净的原理发展起来的。土壤自净是土壤依靠自身的组分、功能和特性,通过物理、化学和生物化学的一系列变化,使污染物分解转化掉,从而保持一定程度的稳定状态。最早人们利用污水灌溉农田,发现了土壤渗滤作用对污水中有机物有净化作用,因此,用人工方法建造了间歇砂滤池及接触滤池。继而采用较大颗粒的滤料,建成了所谓的滴滤池,现一般称为生物滤池。最早的生物滤池是 1893 年在英国试验成功,1900 年用于污水处理的。

生物膜法是与活性污泥法并列的另一种好氧生物处理法。从微生物对有机物降解过程的基本原理上分析,生物膜法与活性污泥法是相同的,两者的主要不同点在于微生物在处理构筑物中存在的形式不同。在活性污泥法中,主要是依靠曝气池中悬浮流动着的活性污泥来分解有机物,而生物膜法则依靠固着于载体表面的微生物膜来净化有机物,生物膜是覆盖在滤料或填料表层,长满了各种微生物的黏膜。利用生物膜净化废水的装置统称为生物膜反应器。

二、生物膜法的净化机理

(一)工作原理

污水通过滤池时,滤料截留了污水中的悬浮物质,并把污水中的胶体物质吸附在自己的表面,它们中的有机物使微生物很快繁殖起来,这些微生物又进一步吸附了污水中呈溶解状态的物质,填料表面逐渐形成了一层生物膜。生物膜主要由细菌的菌胶团和大量的真菌丝组成,其中还有许多原生动物和较高等动物生长。生物膜不仅具有很大的表面积,能够大量吸附污水中的有机物,而且具有很强的降解有机物的能力。当有足够的氧时,生物膜就能分解氧化所吸附的有机物。在有机物被降解的同时,微生物不断进行自身的繁殖,当生物膜的厚度达到一定值时,由于氧传递不到较厚的生物膜中,使好氧菌死亡并发生厌氧作用,厌氧微生物开始生长。当厌氧层不断加厚,由于水力冲刷和生物膜自重的作用,再加上滤池中某些动物的活动,生物膜将会从滤料表面脱落下来,随着污水流出池外。由此可见,生物膜的形成是不断发展变化、不断新陈代谢的。去除有机物的活性生物膜,主要是表面的一层好氧膜,其厚度视充氧条件而定。

(二)生物膜去除有机物的过程

图6−13可有助于分析研究生物膜对废水的净化作用,这是把一小块滤料放大了的示意图。从图上可以看出,滤料表面的生物膜可分为厌氧层和好氧层,在好氧层表面是一层附着水层,通过布水装置流到处理设备的废水,以滴流形式下落,或以一定速度流过填料表面,由于微生物的作用,在填料表面上慢慢形成一层水膜,这就是附着水层,其余废水则以薄层状流过其表面,成为流动水层,因为附着水层直接与微生物接触,其中的有机物大多已被微生物所氧化,因此,有机物浓度很低。而流动水层,即是进入生物滤池的待处理废水,有机物浓度较高。

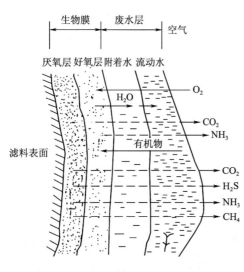

图6−13 生物膜构造示意图

生物膜去除有机物的过程包括:有机物从流动水中通过扩散作用转移到附着水中去,同时氧也通过流动水、附着水进入生物膜的好氧层中,生物膜中生长着大量好氧性微生物,形成了有机污染物→细菌→原生动物(后生动物)的食物链。通过细菌的代谢活动,有机物被降解,使附着水层得到净化,代谢产物如水及二氧化碳等无机物沿相反方向排至流动水层及空气中,而在传质的作用下,流动水层中的有机污染物传递给附着水层,从而使流动水层在流动的过程中逐步得到净化。内部厌氧层的厌氧菌利用死亡的好氧菌及部分有机物进行厌氧代谢,代谢产物如有机酸等转移到好氧层或流动水层中。生物膜成熟的标志是生物膜沿填料长度垂直分布具有一定厚度,生物膜是细菌和各种微生物组成的一个稳定生态体系,有机物的降解功能达到了平衡和相对稳定状态。生物膜成熟后,微生物仍继续增殖,使膜的厚度不断增加。但当厌氧性膜过厚,代谢产物过多,两种膜间的平衡失调,好氧性膜上的生态系统遭到破坏,生物膜呈老化状态而脱落(自然脱落),新的生物膜又重新形成。生物膜法就是通过生物膜的挂膜→成熟→老化→脱落的周期周而复始地进行着,从而使废水得到净化的。

(三)生物膜法的处理构筑物

在纺织印染废水处理中,常用的生物膜法主要有生物接触氧化法、生物转盘法和生物活性炭法等。

1.生物接触氧化法

生物接触氧化法,早在 20 世纪 40 年代已有应用,到了 70 年代,由于塑料工业的发展,为接触氧化法提供了轻质、高强、比表面积大的填料,使生物接触氧化法获得了广泛的应用。由于生物接触池内采用与曝气池相同的曝气方法,提供微生物氧化有机物所需要的氧量,并起搅拌混合作用,所以又称接触曝气池。而氧化池内的填料,全部淹没在废水之中,相当于一种浸没于废水中的生物滤池,所以也称淹没式滤池。可见,生物接触氧化法是一种具有活性污泥法特点的生物膜法。它综合了曝气池和生物滤池的优点,避免了两者的缺点,因此,深受人们重视。

(1)生物接触氧化池的构造。生物接触氧化法系统由接触氧化池和二次沉淀池组成,常用的接触氧化池按不同的曝气方式有两种形式,即鼓风曝气生物接触氧化池和表面曝气生物接触氧化池,如图 6 - 14 和图 6 - 15 所示。

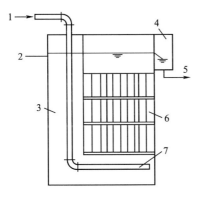

图 6 - 14　鼓风曝气生物接触氧化池
1—空气　2—进水　3—配水室　4—集水槽
5—出水　6—填料　7—多孔管

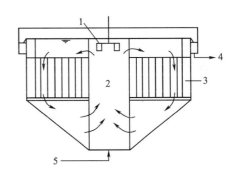

图 6 - 15　表面曝气生物接触氧化池
1—曝气叶轮　2—充气间　3—填料间
4—出水　5—进水

鼓风曝气生物接触氧化池按曝气装置位置的不同,又分为分流式接触氧化池和直流式接触氧化池两种,如图 6 - 16 和图 6 - 17 所示。

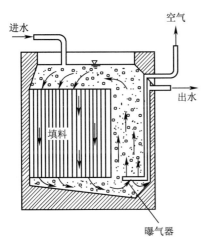

图 6 - 16　分流式接触氧化池

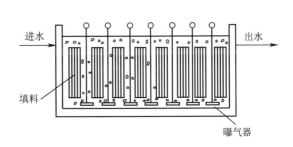

图 6 - 17　直流式接触氧化池

分流式接触氧化池，曝气器设在池子的一侧，填料设在另一侧，污水在池内不断循环。由于水流的冲刷作用小，生物膜只能自行脱落，更新速度慢，且易于堵塞。直流式接触氧化池，在塑料填料下面直接布气，生物膜受气流和水流同时搅动，不仅供氧充足，而且对生物膜起到了搅动作用，加速了生物膜的更新，使生物的活性提高。如果从污泥龄来看，由于平均污泥龄低，微生物总是处在很高的活力下工作，且不易堵塞。目前，国内纺织印染废水处理多数采用直流式接触氧化池。

表面曝气生物接触氧化池由充氧间和填料间组成，废水在池内循环流动，气、水和生物膜三者得到充分接触，水中溶解氧较高，处理效果较好，主要作为三级处理和给水的预处理。

（2）生物接触氧化法的特点。

①接触氧化池生物膜中的微生物很丰富，除细菌外，球衣菌等丝状菌不断生长，并还繁殖着多种原生动物和后生动物，形成一个复杂的生态系统，其生物量比活性污泥法多几倍，所以生物接触氧化法是一种高效能的废水生物处理方法，而且对进水冲击负荷的适应力强。但生物膜的厚度随负荷的增高而增厚，负荷过高，则生物膜过厚，易引起填料堵塞。故负荷不宜过高，同时要有防堵塞的冲洗措施。

②处理时间短，在处理水量相同的条件下，所需装置的设备较小，因而占地面积小。但布气、布水不易均匀，填料及支架等往往导致建设费用增加。

③克服污泥膨胀。生物接触氧化法与其他生物膜法一样，不存在污泥膨胀问题，对于那些用活性污泥法容易产生膨胀的污水，生物接触氧化法特别显示出优越性。容易在活性污泥法中产生膨胀的菌种，在接触氧化法中，不仅不产生膨胀，而且能充分发挥其分解氧化能力强的优点。并且它还特别适合间歇运转。

④维护管理方便，不需要回流污泥。由于微生物是附着在填料上形成生物膜的，生物膜的剥落与增长可以自动保持平衡，所以无须回流污泥，运转十分方便，且剩余污泥量少。但大量产生的后生动物容易造成生物膜瞬时大块脱落，影响出水水质。

（3）填料的类型。填料是生物膜赖以栖息的场所，是生物膜的载体，同时也有截留悬浮物的作用。因此，载体填料是接触氧化池的关键，直接影响生物接触氧化法的效能。

载体填料的要求是易于生物膜附着，比表面积大，孔隙率大，水流阻力小，强度大，化学和生物稳定性好，经久耐用，截留悬浮物质能力强，不溶出有害物质，不引起二次污染，与水的相对密度相差不大，避免氧化池负荷过重，能使填料间形成均一的流速，价廉易得，运输和施工方便。

废水生化处理中使用的填料大体有蜂窝型填料、软性填料、半软性填料、组合填料、弹性填料、悬浮填料和其他新型填料等种类。

①蜂窝型填料。蜂窝型填料（图6-18）一般有斜管和直管两种形式，材质有聚丙烯、聚氯乙烯和玻璃钢三种。斜管主要用于各种沉淀池、沉砂池；直管主要用于生化滤池、接触氧化池及生物转盘的微生物载体。由于此类填料比表面积大，孔隙率高，通风阻力小，不仅处理效率较高，而且水力负荷、有机负荷均能明显提高；动力消耗低，产生的污泥量少，且沉降性能好；耐水质、水量的冲击负荷。早期的氧化池多数采用此种填料，但如果使用不当可能会产生局部堵塞现象。

②软性填料。为了节省费用和克服局部堵塞问题，可以采用纤维型软性填料（图6-19），

它由化学纤维如维纶、腈纶、涤纶和锦纶等模拟天然水草形态加工而成。此类填料的纤维丝在水中横向展开、分布均匀，具有比表面积大、利用率高、生物膜易结、孔隙可变不堵塞、适用范围广、造价低、运费少等优点，但是由于纤维束易于结球，中间呈厌氧状态，大大减小了表面积，因而处理效果并不理想。

图 6-18　蜂窝型填料

图 6-19　软性填料

③半软式填料。为了解决纤维束结死球的问题，开发了半软性填料（图 6-20），用雪花状的塑料制品代替纤维束，这在一定程度上克服了软性填料的缺点。

④组合填料。组合填料（图 6-21）是在软性填料与半软性填料的基础上发展而成的，它兼有两者的优点。其结构是将塑料圆片压扣改成双圈大塑料环，将醛化维纶或涤纶丝压在环的外圈上，使纤维束均匀；内圈是雪花状塑料枝条，既能挂膜，又能有效切割气泡，提高氧的转移速率和利用率。纤维束在中间塑料环片的支撑下，避免了中心结团的现象。同时又能起到良好的布水、布气作用，接触传质条件好，氧的利用率高，使气、水、生物膜得到充分交换，水中的有机物得到高效的处理，对污水浓度适应性强。

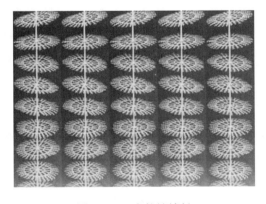
图 6-20　半软性填料

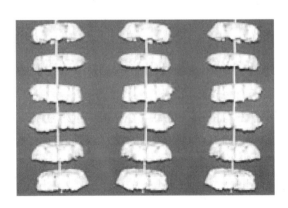
图 6-21　组合填料

⑤弹性填料。弹性填料（图 6-22）筛选了聚烯烃类和聚酰胺中的几种耐腐、耐温、耐老化

的优质品种,混合以亲水、吸附、抗热氧等助剂,采用特殊的拉丝、丝条制毛工艺,将丝条穿插固着在耐腐、高强度的中心绳上,由于选材和工艺配方精良,刚柔适度,使丝条呈立体均匀排列辐射状态,制成了悬挂式立体弹性填料的单体,填料在有效区域内能立体全方位地舒展,使气、水、生物膜得到充分接触交换,生物膜不仅能均匀地着床在每一根丝条上,保持良好的活性和孔隙可变性,而且能在运行过程中获得越来越大的比表面积,又能进行良好的新陈代谢。

⑥悬浮填料。悬浮填料(图6-23)由高分子聚合物注塑而成的多孔球状骨架笼和经特殊拉丝而成的弹性丝或多孔隙率的聚合物凹凸滤网组成。使用时直接投入池中,在水中似沉非沉,能全方位自由活动。微生物挂膜快,生物膜易脱落,材质稳定、耐酸、耐碱、耐老化、长期不需更换、剩余污泥极少、使用方便。

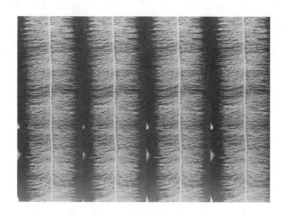

图6-22　弹性填料　　　　　　　　　图6-23　悬浮填料

2.生物转盘法

生物转盘是从20世纪50年代开发的一种生物膜废水处理设备。由于它具有很多优点,受到人们的重视,并且迅速在各种废水的处理上得到应用。

(1)结构。生物转盘的主体部分由盘片、转轴和氧化槽等组成。氧化槽的断面为半圆形,盘片的盘面近一半浸没在废水水面之下,盘片上长着生物膜。盘片在与之垂直的水平轴带动下缓慢地转动,浸入废水中那部分盘片上的生物膜便吸附废水中的有机物,同时也分解所吸附的有机物,当转出水面时,生物膜又从大气中吸收所需的氧气而不必进行人工曝气,并继续氧化所吸附的有机物,随着盘片的不断转动,盘片上的生物膜交替与废水和大气相接触,反复循环,使废水中的有机物在好氧微生物(即生物膜)作用下不断进行吸附、吸氧和氧化降解等过程,最后得到净化。因而要求转盘的材料质轻、高强、耐腐、不易变形和比表面积大等。常采用聚氯乙烯塑料和聚苯乙烯塑料以及玻璃钢等材料。在处理过程中,盘片上的生物膜不断地生长、增厚,过剩的生物膜靠盘片在废水中旋转时产生的剪切力剥落下来,如果盘片的间距适中就可防止相邻盘片之间空隙的堵塞,因为间距太大,转盘的有效表面积减小,间距太小,通风不良,易于堵塞。然后脱落下来的絮状生物膜悬浮在氧化槽中随水流出,脱落的膜靠设在后面的二次沉淀池除去,并进一步处置,但不需回流。生物转盘结构如图6-24所示。

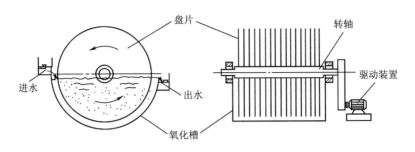

图 6 – 24　生物转盘结构

生物转盘的布置方式一般有单相单级、单轴多级和多轴多级等几种,如图 6 – 25 所示。一般条件下,每级生物转盘的处理效率基本上是一个常数,采用多级的生物转盘可以提高处理效果。一般认为采用 3 级或 4 级,有机物的处理效率已可达 90% ~ 95%,级数再多就没有必要了。所以一般不宜超过 4 级。

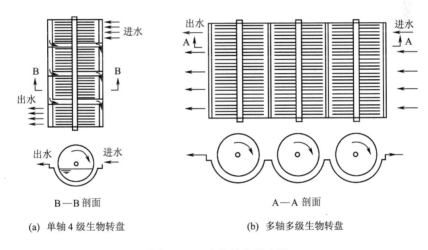

(a) 单轴 4 级生物转盘　　　　　(b) 多轴多级生物转盘

图 6 – 25　生物转盘的布置

(2)特点。与活性污泥法相比,生物转盘具有很多特有的优越性,如它不会发生活性污泥法中污泥膨胀的现象,因此,可以用来处理浓度高的有机废水;废水与盘片上生物膜的接触时间比较长,可忍受负荷的突变;脱落的生物膜比活性污泥法易沉淀;管理特别方便,运转费用亦省。但由于国内塑料价格较高,所以其基建投资还相当高,占地面积亦较大。故往往在废水量小的治理工程中采用生物转盘法来处理。

(3)技术条件。生物转盘的转动速度是重要的运行参数,必须适当地选择。转速过大,有损设备的机械强度,耗电量大,而且由于转速过大而引起较大的剪切力,易使生物膜过早地剥离。

(4)生物膜的培养与驯化。生物膜的培养称为挂膜。挂膜就是接种,就是使微生物吸附在固体支撑物(滤料、盘片等)上。但是,只接种,即使接种量再大也不能说形成生物膜了,因为吸附在固体支撑物上的污泥或菌种不牢固,易被水冲走,所以接种后应创造条件,使已接种的微生物大量繁殖,牢固地吸附在固体支撑物上,这就需要连续不断地供给营养物。因此,在挂膜过程中应同时投加菌液和营养物,待挂膜结束后才逐步提高水力负荷。挂膜后应对生物膜进行驯化,使之适应所处理污水的环境。在挂膜过程中,应经常对生物相进行镜检,观察生物相的变化。挂膜驯化之后,系统即可进入试运转,测定生物膜法处理设备的最佳工作运行条件,并在最佳条件下转入正常运行。

3. 生物活性炭法

生物净化法和活性炭吸附法是两种有效的水处理技术,均具有各自的优缺点。如生物净化法去除废水中有机物的效率高,运行费用低,但运行管理比较复杂,处理程度受到限制。活性炭吸附法虽然有很高的处理程度,但其价格昂贵,吸附容量较小,在使用上受到一定限制。以往人们总是把它们截然分开,实际上,在同一装置内,活性炭对有机物质的吸附和微生物的氧化相互促进,协同进行,可以大大提高其处理能力,是一种经济有效的方法。这种方法在城市废水、纺织印染、化工染料等工业废水处理中已取得良好的效果。按不同的运行方式,生物活性炭法可分为粉状炭活性污泥法和粒状炭生物膜法两种,纺织印染废水处理中主要采用后者,故仅介绍粒状炭生物膜法。

采用该法处理废水,在废水净化初期,主要靠活性炭的吸附作用去除有机物,将废水中的有机物、溶解氧和微生物富集于其表面,为微生物的生长繁殖创造一个良好的环境。因此,在很短的时间内可以取得较高的处理效果。随着微生物的生长繁殖,在活性炭表面形成不连续的生物膜占据部分吸附表面,有机物去除率下降。随着生物活性逐渐加强,活性炭的吸附与生物氧化协同进行,处理效果上升并趋于稳定,该法增加了系统对冲击负荷和温度变化的稳定性,同时,由于活性炭的吸附作用,大大延长了有机物与微生物的接触时间,使一些较难降解的有机物也能获得氧化分解,提高了难生物降解有机物的去除率和出水水质。由于活性炭吸附与生物氧化协同进行,采用粒状炭生物膜法处理印染废水,活性炭使用周期可达 18 个月以上,可大大延长活性炭的使用周期。

第六节 厌氧生物处理技术

一、概述

废水的厌氧生物处理是指在无氧条件下,借助厌氧微生物的新陈代谢作用分解废水中的有机物质,使之转变为小分子无机物质的处理过程。

厌氧处理技术发展至今已有一百多年的历史,最早用于处理粪便污水或城市污水处理厂的剩余污泥。普通厌氧生物处理法的主要缺点是水力停留时间长、有机负荷低、消化池的容积大及基建费用高,这些缺点限制了厌氧生物处理技术在各种有机废水处理中的应用。

20 世纪 70 年代以来,由于能源危机导致能源价格猛涨,人们意识到开发高效节能厌氧生物处理技术的重要性。经过广泛、深入的研究,开发了一系列高效的厌氧生物处理反应器,大幅度地提高了厌氧反应器内污泥的持有量,使废水处理时间大大缩短,处理效率成倍提高。近年来,厌氧生物处理技术不仅用于处理有机污泥、高浓度有机废水,而且还能有效地处理城市污水等低浓度污水,具有十分广阔的发展前景,在废水生物处理领域发挥着越来越大的作用。

二、处理原理

有机物的厌氧消化过程由两个阶段组成。第一阶段常被称作酸性发酵阶段,即由发酵细菌把复杂的有机物水解成低分子中间产物,如脂肪酸、醇类、CO_2 和 H_2 等,因为在该阶段有大量脂肪酸产生,使发酵液的 pH 降低,所以此阶段被称为产酸阶段。第二阶段是由产甲烷细菌将第一阶段的一些发酵产物进一步转化为 CH_4 和 CO_2 的过程。由于有机酸在第二阶段不断被转化为 CH_4 和 CO_2,同时系统中有 NH_4^+ 的存在,使发酵液的 pH 不断上升,所以此阶段被称为碱性发酵阶段。

三、厌氧生物处理的优点

(1)与好氧生化法相对比,其 COD∶N∶P 为(200~350)∶5∶1,所需的氮、磷营养物较少,且不需充氧,故耗电也少。

(2)由于厌氧微生物增殖缓慢,处理同样数量的废水仅产生相当于好氧法 1/10~1/6 的剩余污泥,达到一步消化,故可降低污泥处理费用。

(3)可以直接处理基质浓度很高的污水或污泥,COD 负荷可以达到 $3.2 \sim 32 \mathrm{kg/(m^3 \cdot d)}$,而好氧系统仅为 $0.5 \sim 3.2 \mathrm{kg/(m^3 \cdot d)}$。

(4)对难降解高分子有机物的分解效果好。如处理含表面活性剂废水无泡沫问题,可以转化氯化有机物,减少氯化有机物的生物毒性,某些高氯化脂肪族化合物在好氧情况下生物不能降解,却能被厌氧生物转化。

(5)污染基质降解转化产生的消化气体中含有甲烷,为高能量燃料,可作为能源加以回收利用。

(6)能季节性或间歇性运行,厌氧生物可以降低内源代谢强度,使厌氧生物在饥饿状态下存活很长时间,所以厌氧污泥可以长期存放。

四、厌氧生物处理的缺点

(1)由于厌氧微生物增殖缓慢,故系统启动时间较长。

(2)往往只能作为预处理工艺来使用,厌氧出水还需要进一步处理。厌氧方法虽然负荷高、去除有机物的绝对量与进液浓度高,但其出水 COD 浓度高于好氧处理,仍需要后处理才能达到较高的处理要求。

(3)对温度的变化比较敏感,低温下动力学速率低,温度的波动对去除效果影响很大。

(4)对负荷的变化也较敏感,尤其对可能存在的毒性物质,运行中需特别小心,如氯化的脂肪族化合物对甲烷菌的毒性比好氧异养菌大。

五、应用

根据厌氧生物处理的原理,人们开发出采用完整的厌氧生物处理加后续好氧生物处理工艺,但存在工艺投资大,操作运行复杂,水力停留时间长,占地面积大,处理浓度较低的有机污水很不经济等缺点。因此,人们开始探讨利用厌氧生物不同阶段的处理来解决废水处理的实际问题,提出在厌氧段摒弃厌氧过程中对环境要求严、敏感且降解速率较慢的产甲烷阶段,利用厌氧处理的前段——水解酸化过程。20世纪80年代后,水解—酸化预处理在工业废水处理中的应用获得了极大的成功,使厌氧生物处理装置的容积大大减小,同时省去了气体回收利用系统,基建投资大幅度下降。

水解—酸化法的作用原理是通过兼性厌氧菌的水解、酸化微生物高效分解好氧条件下难以降解的有机物,通过废水 BOD/COD 的提高,以利于后续的好氧生物处理的高效运行。通过水解—酸化过程,在常温下完全可以迅速地将固体物质转化为溶解性物质,复杂的大分子有机物降解为易于生物处理的小分子有机酸、醇,大大提高废水的可生化性,缩短后续好氧处理工艺的停留时间,提高 COD 的去除率。厌氧污泥起到吸附和水解—酸化的双重作用,抗冲击负荷能力强,可为后续的好氧处理提供稳定的进水水质。如印染废水中含有大量难以好氧降解的 PVA 和表面活性剂,经过水解—酸化预处理可使 PVA 和表面活性剂大分子断链,从而减少了后续曝气池所产生的泡沫,与仅有好氧法处理相比,水解—酸化加好氧处理工艺对 PVA 的去除率大大提高了。

☞ 复习指导

1. 内容概览

本章主要讲授生物处理法中微生物的特点、生化过程、对水质的要求及活性污泥法、生物膜法的基本流程及净化过程,同时还介绍厌氧生物处理技术。

2. 学习要求

(1)重点要求掌握生物处理法中微生物的特性、生化过程,能够分析细菌生长曲线及与废水处理的关系,对水质的要求及活性污泥法的处理过程及原理。

(2)熟悉生物膜法的工作原理、去除有机物的过程。

(3)了解厌氧生物处理技术。

☞ 思考题

1. 何谓好氧生物处理和厌氧生物处理?

2. 什么是微生物?微生物的特点和废水的生物处理间有何关系?

3. 废水处理中常见的微生物有哪几类?它们在生化处理中各起什么作用?

4. 画出细菌的生长曲线,分析各阶段微生物的特点。生长曲线对生物处理有何指导意义?

5. 影响废水好氧生物处理的因素有哪些？各是如何影响的？

6. 微生物的新陈代谢包括哪两个方面？它们之间有何密切联系？

7. 什么叫活性污泥？活性污泥的性能可用哪些指标来表示？

8. 画出活性污泥法的基本流程，并简述活性污泥净化有机物的过程。

9. 活性污泥法的运行方式有哪几种？试分析绘制普通法、阶段曝气法、渐减曝气法沿池长需氧量变化曲线，并进行比较。

10. 试比较普通活性污泥法、吸附再生法和完全混合法各自的特点。

11. 何谓曝气？曝气的目的是什么？常用的曝气设备有哪些？

12. 活性污泥如何进行培养和驯化？

13. 活性污泥在处理染整废水时常发生的异常现象有哪些？产生的原因是什么？如何解决？

14. 试简述生物膜法净化废水的基本原理。

15. 比较生物膜法和活性污泥法的优、缺点。

16. 染整废水处理中常用的生物膜法主要有哪些？各有何特点？

17. 根据厌氧生物处理原理，分析在染整废水处理中是如何利用它的优点，克服它的缺点的？

参考文献

[1]王燕飞.水污染控制技术[M].北京:化学工业出版社,2001.

[2]黄铭荣,胡纪萃.水污染治理工程[M].北京:高等教育出版社,1995.

[3]张希衡.水污染控制工程[M].修订版.北京:冶金工业出版社,1993.

[4]杨书铭,黄长盾.纺织印染工业废水治理技术[M].北京:化学工业出版社,2002.

[5]上海市环境保护局.废水生化处理[M].上海:同济大学出版社,1999.

[6]黄长盾.印染废水处理[M].北京:化学工业出版社,1987.

[7]吕炳南,陈志强.污水生物处理新技术[M].哈尔滨:哈尔滨工业大学出版社,2005.

[8]谢冰,徐亚同.废水生物处理原理和方法[M].北京:中国轻工业出版社,2007.

第七章　污泥的处理与处置

第一节　工业废水的污泥

　　工业废水经过物理法、化学法、物理化学法和生物法等处理后产生的沉淀物、颗粒物和漂浮物等,统称为污泥。虽然污泥的体积比处理废水体积小得多,如活性污泥法处理时,剩余活性污泥体积通常只占到处理废水体积的1%以下,但污泥处理设施的投资却占到总投资的30% ~ 40%,甚至超过50%。另外污泥成分复杂,且含有大量的有害、有毒物质,如寄生虫卵、病原微生物、细菌、重金属离子及某些难分解的合成有机物等,它们的随意排放将对周围环境产生严重污染。因此,无论从污染物净化的完善程度,还是从废水处理技术开发中的重要性及投资比例来讲,污泥处理都占有十分重要的地位,只有将污泥及时、有效及合理处理和处置,才能使容易腐化发臭的有机物得到稳定处理;使有毒、有害物质得到妥善处理或利用;使有用物质得到综合利用,从而确保污水处理效果,防止二次污染。总之,污泥处理和处置的目的是减量化、稳定化、无害化及资源化。

　　污泥的组成、性质和数量主要取决于废水的来源,同时还与废水处理工艺有着密切的关系,按污泥所含主要成分可分为以有机物为主的有机污泥和以无机物为主的无机污泥;按废水处理工艺的不同,污泥可分为以下几种。

　　(1)初次沉淀污泥。来自初次沉淀池,其性质随废水的成分而异。

　　(2)腐殖污泥。来自生物膜法和活性污泥法后的二次沉淀池的污泥,称作腐殖污泥。

　　(3)剩余活性污泥。来自活性污泥法后的二次沉淀池的污泥,称作剩余活性污泥。

　　(4)消化污泥。生污泥(初次沉淀污泥、腐殖污泥、剩余活性污泥)经厌氧消化处理后产生的污泥,称作消化污泥。

　　(5)化学污泥。用混凝、化学沉淀等化学方法处理废水所产生的污泥,称作化学污泥。

第二节　污泥的基本特性

污泥的基本特性可用以下几个指标来表征。

一、污泥含水率和固体含量

污泥中所含水分的重量与污泥总重量之比称为污泥含水率,相应的固体物质在污泥中的质量分数称为含固量(%)。污泥含水率一般都很高,含固量很低,例如,城市污水处理厂的初次污泥含固量为 2% ~4%,而剩余污泥含固量为 0.5% ~0.8%,密度接近于水,约为 1g/cm³。污泥含水率对污泥特性有着重要影响。不同污泥,含水率差别很大。污泥的体积、重量及所含固体物浓度之间的关系可用下式表示。

污泥的含水率:

$$P_w = \frac{W}{W + S} \times 100\% \tag{7-1}$$

式中:P_w——污泥含水率;

W——污泥中水分质量,g;

S——污泥中总固体量,g。

污泥的固体含量:

$$P_s = \frac{S}{W + S} \times 100\% = 1 - P_w \tag{7-2}$$

式中:P_s——污泥中固体含量;

W——污泥中水分质量,g;

S——污泥中总固体量,g;

P_w——污泥含水率。

$$\frac{V_1}{V_2} = \frac{W_1}{W_2} = \frac{1 - P_{w_1}}{1 - P_{w_2}} = \frac{P_{s_2}}{P_{s_1}} \tag{7-3}$$

式中:V_1,W_1,P_{s_1}——污泥含水率为 P_{w_1} 时的污泥体积、质量与固体物浓度;

V_2,W_2,P_{s_2}——污泥含水率为 P_{w_2} 时的污泥体积、质量与固体物浓度。

由式(7-3)可知,当污泥含水率由 99% 降到 98%,或由 98% 降到 96%,或由 97% 降到 94%,污泥体积均能减少一半。亦即污泥含水率越高,降低污泥的含水率对减容的作用则越大。同时污泥含水率降低对整个污水处理系统,如污泥流动性、污泥泵的选择、脱水方法选择、污泥干化场大小等设备运行费用有着重要影响。

随着污泥含水率的下降,污泥状态也在发生变化,当污泥含水率降至 80% ~90% 时,由液体变为粥状物,继续降低至 70% ~80%,变为柔状物,当含水率降低至 60% ~70% 时,污泥几乎变为固体。所以式(7-3)适用于含水率大于 65% 的污泥。随含水率的下降,由于污泥内气泡大量出现,体积与重量不再符合上述关系。

二、污泥的理化性能

污泥的理化性能主要包括有机物(挥发性固体)和无机物(灰分)的含量、植物养分含量、有害物质(重金属)含量、热值等。

挥发性固体是指在 600℃ 下能被氧化,并以气体逸出的那部分固体,通常用来表示有机物含量。灰分是指在该温度下剩下部分,通常表示无机物含量。污泥中含有较多的有机物,可用来改善土壤结构,提高保水性能和保肥能力,是良好的土壤改良剂,污泥又含较多的氮、磷、钾等植物养分,可以作为肥料;污泥也有较高的热值,干燥后相当于褐煤,可以直接用作燃料或发酵后产生沼气作燃料使用等。

三、污泥的相对密度

污泥的相对密度等于污泥质量与同体积的水质量的比值。由于水的相对密度为1,一般有机物相对密度等于1,无机物的相对密度约为2.5~2.65,若以2.5计,则污泥的相对密度(γ)可用下式计算:

$$\gamma = \frac{25000}{250P_w + (1 - P_w)(1 + 1.5P_v)} \tag{7-4}$$

式中:γ——污泥的相对密度;

P_w——污泥含水率;

P_v——有机物所占干固体的百分比。

确定污泥的相对密度和污泥中干固体相对密度,便于浓缩设计、污泥运输及后续处理。

四、污泥的脱水性能

不同类型污泥脱水性能差别很大,脱水难度也不同,通常可用以下两个指标来评价其脱水性能。

1. 污泥过滤比阻 r

其物理意义是在一定压力下过滤时,单位干重的污泥滤饼,在单位过滤面积上的阻力,单位为 m/kg。比阻越大的污泥,越难过滤,其脱水性能也越差。

2. 污泥毛细吸水时间 C_{ST}

其值等于污泥与滤纸接触时,在毛细管作用下,水分在滤纸上渗透1cm长度的时间,单位为秒(s)。C_{ST}越大,污泥的脱水性能越差。

五、污泥的安全性

随着工业的发展和废水区域治理的实施,污泥成分越来越复杂,污泥最终处置前进行安全性试验和评价显得十分重要。污泥中含大量的细菌及寄生虫卵,为了防止应用过程中传染疾病,必须对污泥进行寄生虫的检查。作为农肥的污泥要根据《农用污染中污染物控制标准》(GB 4284—1984)分析其中的重金属和有毒、有害成分。即使进行填埋的污泥也必须按照有关法规和标准进行各种安全性评价。

第三节　污泥的处理与处置工艺

污泥中固体物质主要为胶质,它有复杂的结构,与水的亲和力很强,含水率很高,一般为

96%～99%,这些水分包括表面吸附水、间隙水、毛细管水及内部结合水。污泥中水的存在方式不同,去除方式也不同,其中表面吸附水可通过胶体电中和,使颗粒混凝而去除;间隙水通过污泥浓缩而去除;毛细管结合水只能通过真空过滤、压力过滤和离心去除;内部结合水量虽少,但只有通过改变细胞形式才能去除。

影响污泥浓缩和脱水性能的因素主要是颗粒大小和表面电荷的多少。其中污泥颗粒大小对污泥脱水性能的影响最为显著,因为污泥颗粒越小,比表面积越大、水合程度越高、过滤阻力越大,改变其脱水性能则需要更多的化学药剂。

污泥中颗粒的表面电荷,一般都带相同的负电荷,首先由于电荷静电斥力,阻止颗粒的相互碰撞;其次带电颗粒吸附周围水分子形成水化层,阻碍了颗粒直接碰撞,使污泥颗粒形成了较为稳定的分散状态。

污泥的处理、处置与其他废物处理、处置一样,都应遵循减量化、稳定化、无害化的原则。因为污泥的含水率高,体积大,不利于储存、运输和消化,减量化处理十分重要;污泥中有机物含量达60%～70%,会发生厌氧降解,极易腐败并产生恶臭。因此,应采用好氧或厌氧工艺或添加化学药剂的方法,使污泥稳定;污泥中,尤其是初次沉淀污泥,含有大量病原菌、寄生虫及病毒,易造成传染病大面积传播,因此污泥处理必须充分考虑无害化原则。污泥处理方法有以下几种。

一、污泥的调理

污泥调理就是要克服水合作用和电性排斥作用。增大污泥颗粒的尺寸,使污泥易于过滤或浓缩,其途径有二:第一是脱稳、凝聚,脱稳依靠在污泥中加入合成有机聚合物、无机盐等混凝剂,使颗粒的表面性质改变并凝聚起来,由于要投加化学药剂,从而增加了运行费用;第二是改善污泥颗粒间的结构,减少过滤阻力,使其不堵塞过滤介质(滤布)。无机沉淀物或一定的填充料可以起这方面的作用。

污泥经调理能增大颗粒的尺寸,中和电性,能使之释放吸附水,从而改善污泥浓缩和脱水性能。此外,经调理后的污泥,在浓缩时污泥颗粒流失减少,并可以使固体负荷率提高。污泥的调理有物理调理法、化学调理法和生物调理法(好氧、厌氧消化)。

(一)物理调理法

1. 污泥淘洗法

污泥淘洗法主要用于消化污泥的预处理,该法利用固体颗粒大小、相对密度和沉降速率不同,将细小颗粒和部分有机微料去除,从而降低了污泥的碱度,节省药剂用量,降低机械脱水运行费用。但淘洗时需增加淘洗设备及搅拌设备,同时淘洗液的 BOD 和 COD 值都很高,必须回流到污水处理装置处理。且洗出来的细小颗粒在废水处理装置中不易被完全截留,随着高效混凝剂的不断开发,淘洗法已逐渐被淘汰。

2. 热调理法

热调理使污泥在一定压力(1～1.5MPa)下短时间加热(135～200℃),随着温度的提高,污泥中细胞被分解破坏,细胞内部水分游离出来,同时污泥中的颗粒由于热运动加快及碰撞和结合频率的提高,凝胶体结构受到破坏,内部大量的结合水被释放出来,污泥固体和水的亲和力也随之下降。污泥中致病性微生物和寄生虫被杀死,臭味也基本去除,经处理后的污泥在真空或压力过滤机状态下易过滤。该法适合于几乎所有的有机废水污泥,包括难以处置的剩余活性污泥,最适宜于生物污泥。该法需增加高温高压设备、热交换设备及气味控制设备,故能耗大、操作要求高、费用也很高,且调理后的污泥在过滤后所得滤液有机物浓度较高。

热调理法与湿式氧化并不相同,在湿式氧化中要使污泥中有机物高温下在有空气条件下充分氧化;热调理法则不让污泥中的有机物氧化。

热调理法效果的好坏,很大程度上取决于污泥的性质、温度和处理时间。

3. 冷冻融解法

冷冻融解法是将含大量水分的污泥冷冻到凝固点以下,污泥开始冷冻,然后加热融解,以提高污泥沉淀性和脱水性的一种处理方法。污泥经过冷冻—融解过程,由于温度发生了大幅度变化,使污泥絮状结构充分被破坏,颗粒由小变大,毛细管水分大量失去。同时细胞破裂,使其内部水分变成自由水分,从而提高了污泥的沉降性能和脱水性能。且该法能不可逆改变污泥结构,与热调理法相比,具有节能、杀菌、污泥管理费用低及较明显的经济价值,较适合我国冰冻期较长的北方地区。

(二)化学调理

由于污泥颗粒较细,且常带相同电荷,形成一种稳定的胶体悬浮液,使污泥浓缩和脱水困难。化学调理就是向污泥中投加各种混凝剂,通过电中和或吸附架桥作用,使污泥颗粒凝聚力增大,颗粒直径增大。所用的调理剂有以铝盐、铁盐、石灰为主的无机盐类,如三氯化铁、三氯化铝、硫酸铝、聚合氯化铝、石灰等。该类调理剂来源广、价廉,但残渣量大,易受 pH 的影响。沉淀形成的污泥中含无机成分高,燃烧热值低;有机高分子分阴离子型、阳离子型、非离子型三类,该类调理剂 pH 的适应范围广,非离子型和阴离子型适用范围为 $2 \sim 11$,而阳离子型的适用范围为 $3 \sim 7$,沉淀形成的污泥中含有机成分比例高,燃烧热值高。若能以 $2 \sim 3$ 种混凝剂,通过混合投配或依次投配,能明显提高混聚效果。如石灰和三氯化铁同时使用,不但能调节 pH,而且由于石灰和污水中的重碳酸盐生成的碳酸钙能形成颗粒结构而增加了污泥的孔隙率。

调理效果的影响因素很多,主要有污泥性质、调理剂种类、用量、投加次序、操作条件等。调理剂种类和用量因污泥品种和性质、消化程度、固体浓度不同而异,没有一定的标准。为了达到良好的效果,最好通过实验来确定。

(三)微生物调理法

微生物法调理污泥是利用特殊微生物代谢产物的高效絮凝作用或者微生物的还原作用来处理污泥,改善污泥脱水性能,其方法主要有投加微生物絮凝剂、生物沥浸等。微生物絮凝剂是一类由微生物代谢产生的具有絮凝作用的新型高分子絮凝剂,主要由多糖、蛋白质、脂类、纤维素和核酸等组成,其对污泥的脱水效果明显优于硫酸铝等化学絮凝剂。生物沥浸是利用嗜酸性硫杆菌为主体形成复合菌群来氧化污泥中还原性硫和铁,用以去除污泥固相中的重金属。生物沥浸处理污泥不但有利于污泥中重金属的去除,还能有效改善污泥的脱水性能。

二、污泥的浓缩

沉淀池中的沉淀污泥含水率高,通过浓缩可降低含水率和体积,有利于减轻后处理过程,如消化、脱水、干化和焚烧等的负担。污泥所含水分大致可分为以下四类:颗粒间隙水,存在于颗粒间隙中的,但不与污泥颗粒直接结合的水分,约占总水分的70%;毛细水,存在于高度密集细小污泥颗粒周围的水分,约占20%;污泥颗粒表面吸附水,具有较强附着力吸附在污泥表面的水分,约占7%;颗粒内部水,存在于颗粒内部或微生物细胞内的水,约占3%,如图7-1所示。

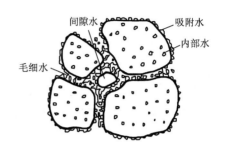

图7-1　污泥所含水分示意图

降低含水率的方法有:浓缩法主要去除污泥中的间隙水分,能显著降低污泥的体积;自然干化法和机械脱水法,主要脱除毛细水;干燥法与焚烧法,主要脱除吸附水与内部水。不同脱水方法的效果列于表7-1。

表7-1　不同脱水方法及脱水效果表

脱水方法		脱水装置	脱水后含水率(%)	脱水后状态
浓缩法		重力浓缩、气浮浓缩、离心浓缩	95～97	近似糊状
自然干化法		自然干化场	70～80	泥饼状
机械脱水	真空过滤法	真空转鼓、真空转盘等	60～80	泥饼状
	压滤法	板框压滤机	45～80	泥饼状
	滚压带法	滚压带式压滤机	78～86	泥饼状
	离心法	离心机	80～85	泥饼状
干燥法		各种干燥设备	10～40	粉状、粒状
焚烧法		各种焚烧设备	0～10	灰状

污泥种类不同,浓缩后含水率也不同;一般活性污泥可降至97%～98%,初次沉淀污泥可降至85%～90%。污泥浓缩通常有重力浓缩、气浮浓缩和离心浓缩三种,每种方法各有优、缺点(表7-2),需要时根据具体要求选择。

表7-2　各种浓缩方法的优、缺点

方法	优点	缺点
重力浓缩法	储存污泥的能力强,操作要求不高,运行费用低(尤其是耗电少)	占地面积大,且会产生臭气,对于某些污泥工作不稳定,经浓缩后的污泥非常稀薄
气浮浓缩法	比重力浓缩的泥水分离效果好,占地面积少,臭气问题小,污泥含水率低,可使沙砾不混于浓缩污泥中,能去除油脂	运行费用较重力法高,占地比离心法大,污泥储存能力小
离心浓缩法	占地面积小,处理能力强,没有或几乎没有臭气问题	要求专用的离心机,耗电大,对操作人员要求高

1. 重力浓缩法

重力浓缩法是应用最广、操作最简单的一种浓缩方法,该法与一般沉淀池相似,在重力作用下颗粒通过自由沉降、成层沉降、集合沉降、压缩沉降等形式,使污泥与水分离。根据运行方式不同,重力浓缩法可分为连续式和间歇式两种。重力浓缩池相应地也分为连续式和间歇式两种。前者主要用于大、中型污水处理厂,后者主要用于小型处理厂或工矿企业的污水处理。

连续式重力浓缩池的基本构造如图7-2所示,其工作原理为:污泥由中心进泥管1连续进泥,在竖向搅拌栅5的缓慢搅拌下,加快了污泥颗粒间的凝聚,破坏原有的网状结构,提高浓缩效果,浓缩的污泥通过刮泥机4集中到池子中心,污泥通过排泥管3排出,澄清水由溢流堰2溢出。

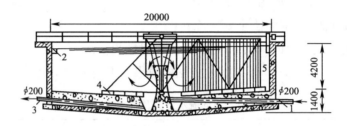

图7-2 连续式重力浓缩池

1—中心进泥管 2—上清液溢流堰 3—排泥管 4—刮泥机 5—竖向搅拌栅

间歇式重力浓缩池设计原理同连续式,运行时,应首先排出浓缩池中的上层清液,然后再投入待浓缩处理的污泥,间歇式重力浓缩池浓缩时间一般为8~12h。间歇式重力浓缩池如图7-3所示。

(1)浓缩池必须同时满足的条件。

①上清液澄清。

②排出的污泥固体浓度达到设计要求。

③固体回收率高。

如果浓缩池的负荷过大,处理量虽然增加,但浓缩污泥的固体浓度低,上清液浑浊,固体回收率低,浓缩效果就差;相反,负荷过小,污泥在池中停

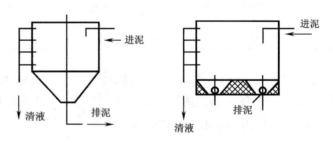

图7-3 间歇式重力浓缩池

留时间过长,可能造成污泥厌氧发酵,产生氮气与二氧化碳,使污泥上浮,同样使浓缩效果降低,往往需要加氯以抑制气体的继续产生。

(2)影响浓缩池浓缩的因素。

①给泥量、温度等的控制。给泥量随污泥种类和浓缩池的不同而不同。给泥量太大,超过其浓缩能力,将导致上层清液固体浓度太高,排泥浓度太低,起不到应有的浓缩效果;给泥量太低时,浓缩池利用效率低下,且导致污泥上浮,使浓缩无法进行。

给泥量与污泥种类、浓缩池结构和温度有关。初沉污泥的浓缩性能较好,其固体表面负荷 q_s 较高,一般在 $90 \sim 150 kg/(m^2 \cdot d)$;活性污泥的浓缩性能差,$q_s$ 一般在 $10 \sim 30 kg/(m^2 \cdot d)$;当初沉污泥与活性污泥混合后进行重力浓缩,其 q_s 取决于两种污泥的比例,国内常控制在 $60 \sim 70 kg/(m^2 \cdot d)$。

温度同样影响着浓缩效果,随温度升高,污泥水解酸化加快将导致污泥上浮,使浓缩效果降低;但随着温度上升污泥的黏度下降,有利于污泥间隙水的去除,使固体颗粒的沉降加快,从而提高浓缩效果。在防止污泥水解酸化的前提下,浓缩效果随温度升高而提高。

污泥的浓缩与水力条件有关,温度较低时,停留时间长一些;温度高时,停留时间短一些为宜,以防止污泥上浮。

②浓缩效果的测定。为了使浓缩池正常运行,应经常对浓缩效果进行测定,其主要指标有浓缩污泥的浓度、固体回收率和分离率三个指标。浓缩污泥的浓度,因废水处理方法不同、流入污泥浓度及季节变化而变动,一般在 $2\% \sim 5\%$;固体回收率,即浓缩固体量与流入固体之比,正常运行浓缩池在 $90\% \sim 95\%$,浓缩初沉污泥时应大于 90%,浓缩初沉污泥和活性污泥混合污泥时应大于 85%;分离率即浓缩池上清液溢流量占流入污泥量的百分比。

③搅拌速度和排泥控制。搅拌机的转数要兼顾集泥效果和搅拌效果,其最佳转数目前无法计算,只能由操作人员在运行实践中摸索得到。

连续运行的浓缩池应连续进泥、排泥,保持污泥层的稳定,提高浓缩效果。对来自于非连续排泥沉淀池的污泥,可通过提高进泥、排泥次数,使运行趋于连续。此外,浓缩池排泥要及时、均匀,以免影响浓缩效果。

2. 气浮浓缩法

密度大于 $1g/cm^3$ 的悬浮固体可以利用固体与水的密度差进行重力浓缩。在其他条件相同的前提下,一般固体与水的密度差越大,重力浓缩效果越好。初次沉淀污泥平均相对密度为 $1.02 \sim 1.03$,污泥颗粒本身的相对密度为 $1.3 \sim 1.5$,因而容易实现重力浓缩。对于相对密度接近于 1 的剩余污泥或相对密度小于 1 的膨胀污泥,则沉淀效果不佳,在此情况下,最好采用气浮浓缩法。气浮浓缩工艺流程如图 7-4 所示。

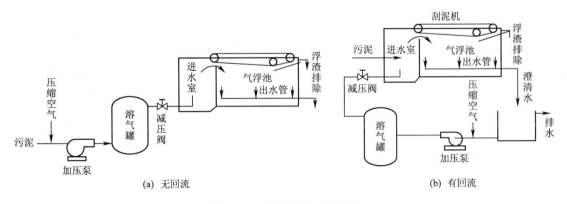

(a) 无回流　　　　　　　　　　　　　(b) 有回流

图 7-4　气浮浓缩工艺流程

气浮浓缩法是利用高度分散的微小气泡作为载体去黏附废水中的污染物,使其密度小于水而上浮到水面,从而实现固液或液液分离的过程。该装置主要由三部分组成,即压力溶气系统、溶气释放系统和气浮分离系统。压缩空气通过加压泵进入溶气罐,经过减压阀减压后从底部流入进水室。减压后的溶气水释放出大量稳定的微小气泡,并迅速吸附在污泥颗粒表面,从而使污泥颗粒由于密度下降而上浮。影响气体与固体颗粒黏着力的因素有以下几种。

(1)固体颗粒的形态、粒径及表面性质。

(2)气泡直径的大小。气泡的直径越小,附着在固体颗粒表面的气泡就越多。气浮就越易进行。进入气浮池后的污泥颗粒大部分由于上浮而在池表面形成浓缩污泥层,通过刮泥机刮出而去除。不能上浮的污泥颗粒则沉到池底,由池底排出。

气浮浓缩池的主要设计参数有气固比、水力负荷和回流比等。气固比是指气浮池中空气总质量与流入污泥中固体物质量之比,一般采用0.01~0.04;水力负荷 q 的取值范围在1.0~3.6m³/(m²·h),一般用1.8m³/(m²·h);回流比指溶气水量与处理泥量之比(R),一般为20%~35%。

3. 离心浓缩法

离心浓缩法就是利用污泥中的固体、液体密度及惯性不同,在高速旋转的离心机中,由于受到离心力不同而得到分离。该法同样适合于轻质污泥。离心浓缩法由于污泥在机内停留时间短、出泥含固率高、占地面积小、工作场所卫生条件好,现在应用越来越广泛。但也存在耗电量大的缺点。

卧式螺旋浓缩机主要由转筒、螺旋输送器及空心轴组成。螺旋输送器与转筒由驱动装置分别传动,沿一个方向转动,但两者间有一个小速度差。需要浓缩的污泥通过污泥供给管,连续进入筒内,在转筒带动下高速旋转,并在离心力作用下,污泥在转筒内壁不断沉淀堆积,并在螺旋输送器作用下,泥饼从左端被排出,而分离液在另一端排出。

图7-5是笼形立式离心浓缩机结构示意图。铺有滤布的圆锥形笼框在电动机的驱动下旋转。污泥通过输泥管进入笼框底部,污泥中的水分通过滤布进入滤液室而排出。污泥中的悬浮固体被滤布截留而浓缩。浓缩后的污泥由于离心力的作用沿笼框壁向上,进入浓缩室再排出。该机具有离心和过滤双重作用,大大提高了过滤效率,实现了浓缩装置小型化,大大减少了占地面积。

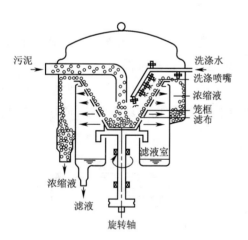

图7-5 笼形立式离心浓缩机

衡量浓缩器的性能指标如下。

(1)浓缩系数。浓缩污泥浓度与入流污泥固体浓度的比值。

(2)分流率。清液流量与入流污泥流量的比值。

(3)固体回收率。浓缩污泥中固体物总量与入流污泥中固体物总量的比值。

三、污泥的稳定

含有大量有机物和病原菌的污泥,若直接排放,污泥中有机物在微生物的作用下腐化、发臭而对环境造成污染,病原体将直接或间接危害人类。此外,黏性较大不易脱水的腐化污泥也很难被植物吸收,因此,污泥在脱水前通常可采取人工处理的方式来降低有机物含量或杀死病原微生物,以达到稳定的目的。稳定的方法有生物法、化学法和热处理法。

1. 污泥的生物稳定

污泥中的有机物通过不断分解,从而成为稳定的无机物或不易与微生物作用的有机物,如果污泥中挥发性固体的量降低至 40% 左右,污泥就基本达到了稳定。处理方式有厌氧消化和好氧消化两种。

厌氧消化时,随有机物的不断分解从而产生了可燃性甲烷气体,污泥固体总量也随之减少,同时,消化过程能杀死污泥中的病菌微生物。但厌氧消化也存在着设备投资大,运行易受环境条件影响,消化污泥夹带气泡不易沉淀,消化反应时间长等缺点。厌氧消化常用于有机污泥的稳定处理。

污泥的好氧消化稳定与活性污泥法相似,随微生物内源呼吸进入污泥内部的有机成分不断分解而达到稳定。与厌氧消化比较,该法运行较稳定、反应速率快,但动力消耗大、杀死病菌微生物效果差。好氧消化主要用于小型污水处理厂的污泥处理。

2. 污泥的化学稳定和热稳定

污泥的化学稳定是向污泥中投加如石灰和氯等化学药剂,抑制和杀死微生物的方法。石灰稳定法通过石灰来抑制污泥臭气和杀灭病原菌,该法虽简单,但不能直接降解有机物,所以处理后固体物总量不但没有减少,反而增加。氯化稳定法是在密闭容器中向污泥中投加大剂量氯气,接触时间不长,实质上主要是消毒,杀灭微生物以稳定污泥。但氯化法污泥的过滤性能差,给后续处理带来一定的困难。

污泥热稳定有热处理和湿式氧化法两种。热处理既是稳定过程,也是调理过程,即在较高温度(160~200℃)和较大压力(1~2MPa)下处理污泥,促使污泥进行过热反应,从而杀灭微生物,消除臭气以稳定污泥,且污泥易于脱水,热处理最适于生物污泥。湿式氧化法与热处理不同,即在高温高压条件下,加入空气作氧化剂对污泥中的有机物和还原性无机物进行氧化,并由此改变污泥的结构、成分和提高污泥的脱水性能。此外,还有一些热处理方法,如堆肥化热处理、热干化等。

四、污泥的脱水

污泥脱水的目的是进一步去除经浓缩后污泥内部的水分,脱水工艺包括机械脱水和自然脱水干化法两种。而机械脱水主要有真空过滤法、压滤法、离心法三种,它们的原理基本相同,以过滤介质两面的压力差作为推动力,使污泥水分强制通过过滤介质形成滤液,固体颗粒被截留在介质上,达到脱水的目的,属于过滤脱水。真空过滤法压差是在过滤介质的一面通过负压而产生;压滤法的压差来自于在过滤介质一面加压;离心法的压差是以离心力作为推动力。

增加压力能明显提高过滤机对于不可压缩污泥的生产能力;但对活性污泥等易压缩污泥,增大压力对提高生产能力效果不大。

(一)机械脱水

1. 真空过滤法

真空过滤是目前使用较广泛的机械脱水方法。一般用于初沉池污泥和消化污泥的脱水。该过滤机具有连续运行、操作平稳、处理量大、易实现操作自动化的优点;缺点是脱水前必须预处理、附属设备多、动力消耗大、工序复杂、运行费用高、再生与清洗不充分、易堵塞、不适合处理比阻抗大及易挥发物质较多的污泥。

真空过滤机有转筒式、绕绳式、转盘式三种类型。其中应用最广的是转鼓真空过滤机(图7-6)。

这种过滤机有自动切换阀门、滤饼洗涤装置、滤饼剥离装置和污泥搅拌装置。污泥搅拌装置可防止液体中的固体沉淀而造成的浓度不均。转鼓用隔板将其分成许多扇形小室,每个小室都有与中心轴承一端的自动阀门相连接的导管,当转鼓某一部分浸入液面下时,相对应小室的自动阀门打开,由于真空作用,污泥被吸附在过滤介质上。当转鼓露出液面,则开始

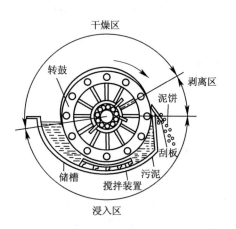

图7-6 转鼓真空过滤机

进行脱水操作,紧接着又在自动阀门的作用下切断真空,通入压缩空气,使滤饼从滤布上吹起,易于剥离。然后由刮板把滤饼从滤布上刮下来。

对于黏度较大的污泥转鼓真空过滤机,易造成过滤介质再生与清洗不充分,易堵塞,故可采用履带式真空过滤机(图7-7),滤布从旋转的转鼓被卷到直径很小的滚筒上。由于曲率的急剧变化,滤饼从滤布上被剥离下来。滤布在两边高压水清洗作用下保持干净,且每旋转一周清洗一次,从而防止了滤布的堵塞。

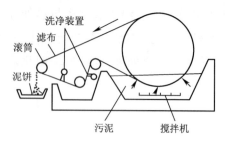

图7-7 履带式真空过滤机

2. 压滤法

压滤法是为了增加过滤的推动力,利用多种液压泵形成4~8MPa的压力,加到污泥上进行过滤的方式。它们具有过滤效率高、适应性广、脱水滤饼含固率高、滤液中含固率低、过滤前可不调理、滤饼剥离简单等特点。但也存在动力消耗大、更换滤布较费力的缺点。常用的压滤机械有板框压滤机和带式压滤机两种。

(1)板框压滤机。板框压滤机适用于各种性质的污泥,且推动大、结构简单、形成的滤饼含水率低。但它只能间断运行,操作管理麻烦,滤布易坏。板框压滤机可分为人工和自动板框压滤机两种。人工板框压滤机劳动强度大、生产周期长、效率低;而自动板框压滤机由于滤饼的剥落、滤布的洗涤、板框的拉开与压紧完全自动化、劳

动强度低、操作简单。板框压滤机的工作原理如图7-8所示。将带有滤液通路的滤板与滤框平行交替排列,滤布夹在滤板与滤框中间。用可动端板将滤框压紧,使滤板间构成一个压滤室。污泥从给料口压入滤框,水通过滤板从滤液排出口流出,泥饼堆积在框内滤布上,滤板和滤框松开后泥饼很容易剥落下来。

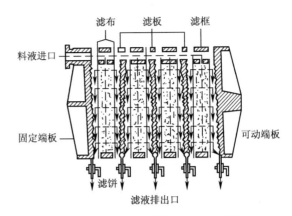

图7-8 板框式压滤脱水的工作原理

(2)带式压滤机。带式压滤机中,较常见的是滚压带式压滤机。其特点是可以连续生产、机械设备较简单、动力消耗少、无须设置高压泵或空压机。

滚压带式压滤机由滚压轴及滤布带组成,压力施加在滤布带上,污泥在两条压滤带间挤轧,由于滤布的压力或张力得到脱水。其基本流程如图7-9所示。

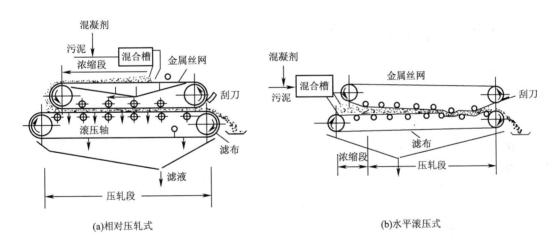

(a)相对压轧式　　　　　　　　　　(b)水平滚压式

图7-9 滚压带式压滤机的基本流程

污泥在经过浓缩段内部时,50%～70%的水分由于自身重力穿过滤带而去除,使污泥含固量增加而失去流动性,以免在压轧时被挤出滤布带,之后进入压轧段,依靠滚压轴的压力与滤布的张力除去污泥中的水分。压轧的方式有相对压轧式和水平滚压式两种。相对压轧式滚压轴上下相对,压轧的时间几乎是瞬时的,但压力大,如图7-9(a)所示;水平滚压式滚压轴上下错开,依靠滚压轴施于滤布的张力压轧污泥,因压轧的压力较小,故所需压轧时间较长,但在滚压过程中对污泥有一种剪切力的作用,可促进污泥的脱水,如图7-9(b)所示。

3. 离心法

离心浓缩法就是利用离心力作为推动力进行的沉降分离、过滤及脱水,由于离心力大且可控,因此,脱水的效果比重力浓缩好。它的优点是设备占地面积小、效率高、可连续生产、自动控制、卫生条件好;缺点是对污泥预处理要求高,必须使用高分子聚合电解质作为调理剂,设备易磨损。

离心机的分离能力用分离因子来表示:

$$K_c = \frac{F_c}{F_g} = \frac{n^2 R}{900} \qquad (7-5)$$

式中:K_c——分离因子;

F_c——颗粒离子力;

F_g——颗粒重力;

n——转速,r/min;

R——旋转半径,m。

分离因子 K_c 表征离心力的相对大小和离心机的分离能力,分离因子越大,固液分离效果越好,按分离因子大小不同可分为:低速离心机的分离因子 $K_c = 1000 \sim 1500$;中速离心机的分离因子 $K_c = 1500 \sim 3000$;高速离心机的分离因子 $K_c > 3000$。

根据离心机的形状,可分为转筒式离心机和盘式离心机等,其中以转筒式离心机在污泥脱水中应用最为广泛。它的主要组成部分是转筒和螺旋输送器。工作过程如图7-10所示。

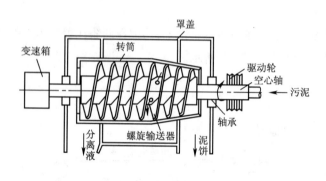

图7-10 转筒式离心机的工作过程

通过中空转轴分配的污泥孔连续进入筒内,由于转筒的带动而高速旋转,并在离心力作用下使泥水分离。虽然转筒和螺旋输送器同向旋转,但存在转速差异,即两者有相对转动,这一相对转动使得泥饼被推出排泥口,而分离液从另一端排出。

(二)自然脱水干化法

自然脱水干化法适合于那些日照时间长、降雨少、空气干燥的某些北方地区,沉淀污泥或浓缩污泥内部水分主要依靠渗透、撇水和蒸发脱水。渗透的水分及用撇水法去除的污泥上层形成的清水层都应进行处理。该法具有无污染、能量大、成本低等特点,但占地面积大,且易受到雨水干扰。

五、污泥的最终处理与综合利用

1. 污泥的焚烧

污泥焚烧的目的是杀死一切病原体,并产生无毒、无菌的无机残渣,使污泥体积大大减小。对有毒物质含量高的污泥,城市卫生要求高、不能进行资源化利用的污泥及因城市垃圾运输费用过高的污泥可采用焚烧处理。污泥在焚烧前,应先进行脱水处理以减少负荷和能耗。1992

年,欧共体污泥焚烧的比例为11%,日本则达污泥量的60%以上。焚烧灰能有效地用于沥青填料和轻质基材等建筑材料,而燃烧产生的热可用来发电。污泥的焚烧作为一种常用的污泥最终处置方法正日益受到人们的重视和应用。我国已建成运行的重庆同兴、浙江宁波、广州李坑、深圳宝安老虎坑等多座垃圾焚烧发电厂,同时一大批垃圾焚烧发电厂正在设计、规划建设中。

污泥焚烧在焚烧炉内进行,在辅助燃料燃烧作用下,使炉内温度升至燃点以上,使污泥自燃,焚烧所需热量,主要靠污泥中有机物燃烧产生的热量足以维持正常燃烧,不需补充燃料。当污泥的燃烧热值不足以使污泥自燃时,则需补充辅助燃料,燃烧所产生的废气(CO_2、SO_2 等)和炉灰,再分别进行处理。影响污泥焚烧的因素有焚烧温度、空气量、焚烧时间、污泥组分等。为了保证有机物的充分燃烧,焚烧温度应不低于800℃,有机物燃烧时会产生刺激性的恶臭气味,为了消除这种气味,可将燃烧温度提高到1000℃或加设二次加热设备。

焚烧可分为完全焚烧和湿式燃烧两种。完全焚烧是污泥所含水分完全蒸发、有机物完全被焚烧,最终产物是 CO_2、H_2O、N_2 等气体及焚烧灰。完全焚烧设备有回转焚烧炉、立式多段焚烧炉、液化床焚烧炉等。

湿式燃烧也称不完全燃烧或湿式氧化,是指浓缩后的污泥(其含水率约为96%),在液态下加温加压,并压入压缩空气,使有机物在物理化学作用下被氧化去除,污泥的结构与成分也随之改变,脱水性大大提高。湿式氧化只能氧化80%~90%的有机物,故又称为不完全燃烧。常压下水的沸点为100℃,为了使有机物氧化,必须在高温高压下进行,随温度提高,氧化速率随之加快,温度一般控制在200~370℃,同时为了防止高温及氧化热使水分全部蒸发,压力也需随之增加,所需的氧化剂为空气中的氧或纯氧、富氧等。湿式氧化具有适应性强,可氧化难降解的有机物;达到完全杀菌;反应在密闭容器中进行,不产生臭气;反应时间短,有机物氧化彻底;残渣量小的特点。

2. 在农业上的应用

污水处理中产生的污泥是一种天然的有机肥,含有丰富的有机物,植物所需的氮、磷、钾等营养物质一般也高于农家肥,污泥中所含的钙、镁、锌、铜、硼、锰、铁等微量元素对农业增产有重要作用,污泥的肥效主要取决于污泥的组成和性质。污泥用于农田,能改善土壤结构、增加肥力,促进农作物生长,有利于农业的可持续发展,目前已被大多数国家使用。但污泥中也存在大量病菌、寄生虫、病原体及重金属离子等有毒、有害物质,通过各种途径如污染土壤、空气、水源,或通过呼吸和食物链危及人畜健康。因此,把污泥用作农田肥料前,应首先通过厌氧法、空气干燥分解法、石灰消毒法、加热干燥法、巴氏灭菌法或堆肥法等对污泥进行稳定处理,使病菌、寄生虫和病原体等死亡或减少,稳定有机物和减少臭气。此外,其中重金属离子的含量,也必须符合我国农业部制定的《农用污泥中污染物控制标准》(GB 4284—1984)的要求。

此外,污泥也能广泛用于造林或成林施肥,由于林地远离人口密集区,且更缺乏养料,使病原菌存活时间大大缩短,污泥中过量氮、磷得到充分利用;污泥还能广泛用于城市园林建设,随着我国城市化进程的加快,城市园艺建设也快速发展,城市的大量花卉、草地、树木需要大量的营养,而城市污泥正好满足了以上需求,同时污泥的使用既减少运输费用,又节约了化肥,使城市的花、草长得更健壮,土壤结构与成分也明显提高。

3.建筑材料利用

污泥可用于制砖与制纤维板材两种建筑材料。此外，还可用于铺路。污泥制砖可采用干化污泥直接制砖，也可采用污泥焚烧灰制砖。制成的污泥砖强度与红砖基本相同。对制砖黏土的化学成分有一定要求，当用干化污泥直接制砖时，由于干化污泥的组成与制砖黏土有一定差异，应对污泥的成分作适当调整，使其成分与制砖黏土的化学成分相当。而焚烧灰的化学成分与制砖黏土的化学成分是比较接近的，因此，利用污泥焚烧灰制砖，只需按焚烧灰：黏土：硅砂 = 1:1:(0.3~0.4)的质量比即可。

污泥制纤维板材，主要是利用活性污泥中所含粗蛋白（30%~40%）与球蛋白（酶）等大量有机成分，在碱性条件下，加热、干燥、加压后，产生蛋白质的变性，会发生一系列的物理、化学性质的改变，从而制成活性污泥树脂（又称蛋白胶），再与经过漂白、脱脂处理的废纤维（可利用棉、毛纺厂的下脚料）一起压制成板材，即生化纤维板。生化纤维板性能见表7-3，表中还列出了国家三级硬质纤维板的标准以作比较。

表7-3 三级硬质纤维板与生化纤维板性能的比较

板名	容重(Pa)	抗折强度(kPa)	吸水率(%)
三级硬质纤维板	≥7856	≥19640	≤35
生化纤维板	12275	17676~21604	30

此外，污泥也可用于制造水泥，日本已研制成功用城市垃圾焚烧物和城市污水处理产生的脱水污泥为原料的水泥制造技术，据资料介绍，污泥焚烧灰与硅酸盐水泥相比，除碳酸钙含量较低、三氧化硫含量较高外，其余成分相当。还可利用污泥制作具有密度小、强度高、保温效果好、耐细菌腐蚀的多孔性陶料，用于制造建筑保温砼、陶料空心砖及筑路、堤坝等建筑领域，也可用于制作污泥砖、地砖等。

4.污泥气的利用

污泥发酵产生的污泥气既可用作燃料，又可作为化工原料，因此是污泥综合利用中十分重要的方面。它的成分随污泥的性质而异，一般含甲烷（CH_4）量为50%~60%。

消化池所产生的污泥气能完全燃烧，保存、运输方便，无二次污染，因此是一种理想的燃料。污泥气发热量一般为20.9~25.1MJ/m³，当它用作锅炉燃料时，约1m³气体就相当于1kg煤。也可利用污泥气发电，1m³污泥气约可发电1.25kW·h。

污泥气在化学工业中也有着广阔的应用前景。污泥气的主要成分是甲烷和二氧化碳。将污泥气净化，除去二氧化碳，即可得到甲烷，以甲烷为原料可制成多种化学品。

5.填埋

污泥可单独填埋或与其他废弃固体物（如城市垃圾）一起填埋。填埋场地应符合一定的设计规范，应注意以下几点。

(1)填埋场地的渗沥水属高浓度有机污水，污染非常强，必须加以收集进行处理，以防止对地下水和地表水的污染。

（2）应注意填埋场地的卫生，防止鼠类和蚊蝇等的滋生，并防止臭味向外扩散。

（3）焚烧灰的挥发分在 15% 以下时，可进行不分层填埋，其他情况均需进行分层填埋。生污泥进行填埋时，污泥层的厚度应≤0.5m，其上面铺砂土层厚 0.5m，交替进行填埋，并设置通气装置；消化污泥进行填埋时，污泥层厚度应≤3m，其上面铺砂土层厚 0.5m，交替进行填埋。

（4）如在海边进行填埋时，需严格遵守有关法规的要求。

6. 投海

沿海地区，可考虑把污泥、消化污泥、脱水泥饼或焚烧灰投海。投海污泥最好是经过消化处理的污泥，而且投海地点必须远离海岸。投海的方法可用管道输送或船运，前者比较经济。污泥投海，在国外有成功的经验也有造成严重污染的教训，因此必须非常谨慎。

按英国的经验，污泥（包括生污泥、消化污泥）投海区应离海岸 10km 以外，深 25m，潮流水量为污泥量的 500～1000 倍。这样由于海水的自净与稀释作用，可使海区不受污染。但美国已于 1991 年禁止向海洋倾倒污泥，欧共体也规定从 1998 年 12 月 31 日起不得向水体倾倒污泥。

☞ **复习指导**

1. 内容概览

本章主要讲授活性污泥的分类及基本特性，污泥的处理与处置工艺过程。

2. 学习要求

（1）重点要求掌握污泥的处理工艺。

（2）熟悉污泥的常用指标的含义。

（3）了解污泥的最终处理与综合利用。

☞ **思考题**

1. 污泥处理和处置各有哪些方法？各有什么作用？

2. 污泥浓缩和脱水有哪些方法？请指出各自的优、缺点，它们各适用于什么场合？

3. 为什么机械脱水前，污泥常需进行预处理？怎样进行预处理？

4. 污泥处理中为什么要做调理？污泥调理在污泥处理流程中应处在哪个位置？其中化学调理方法有哪些？

参考文献

［1］唐受印.废水处理工程［M］.2 版.北京:化学工业出版社,2004.

［2］张林生.印染废水处理技术及典型工程［M］.北京:化学工业出版社,2005.

［3］尹军,谭学军.污水污泥处理与资源化利用［M］.北京:化学工业出版社,2005.

［4］杨岳平,徐新华,刘传富.废水处理工程及实例分析［M］.北京:化学工业出版社,2003.

［5］刘景明.污水处理工［M］.北京:化学工业出版社,2004.

［6］朱虹,孙杰,李剑超.印染废水处理技术［M］.北京:中国纺织出版社,2004.

［7］金儒霖.污泥处置［M］.北京:中国建筑工业出版社,1982.

［8］李国鼎.固体废物处理与资源化工程［M］.北京:高等教育出版社,2001.

第八章　染整工业废水技术的发展及新工艺

随着科学技术的不断发展,新材料、新技术在印染废水处理领域的应用也在不断发展。同时,新环保法也对印染废水处理提出了更高的要求,因此,高效、环保的印染废水处理技术将是今后发展的主要方向。

印染废水的处理方法主要有物理法、化学法、生物化学法。但是,这些方法单独使用并不能达到很好的处理效果,在印染废水处理新技术中,往往将两个或三个方法同时应用才能获得理想的处理效果。

第一节　物　理　法

废水处理中的物理处理方法,主要包括吸附法、膜分离法、电子束脱色法、萃取法、磁分离法等。

一、吸附法

物理处理方法中应用最广的是吸附法,适用于低浓度印染废水的深度处理,费用低、脱色效果较好,适合中小型印染厂废水的处理。

在废水处理中常用的固体吸附剂有活性炭、离子交换树脂等,其中,应用最为广泛的是活性炭。活性炭再生较难、成本较高,可与其他化学剂及与其他方法耦合后处理染料废水。目前,活性炭作为吸附剂的改良研究主要集中于如何扩大活性炭的孔径,使其既能吸附更多的污染物,又能吸附高分子量的化合物,实现吸附剂与废水的分离以及吸附剂的重复利用也是目前需要解决的问题。

树脂吸附技术在净化化工废水的同时,还能回收部分化学产品,因而备受重视。而应用于印染废水的研究主要集中在结构改良的离子交换树脂、吸附树脂和复合功能树脂等方面。弱碱型的离子交换树脂吸附染料分子虽然在吸附容量方面稍弱于强碱型的离子交换树脂,但由于其具有良好的洗脱性,能反复利用,因此,目前利用树脂技术净化染料废水主要集中于弱碱型离子交换树脂方面。

其他吸附剂主要集中在天然矿物(黏土、矿石)、天然的植物原料和农业精制炭、煤炭、炉渣、煤渣、粉煤灰等方面。

二、膜分离法

膜分离法是处理印染废水最常用的方法之一,是指在废水处理中,不同粒径的分子通过半透膜,从而达到选择性分离。膜分离技术是纯物理过程,膜不发生相的变化,不需添加催化剂,运行费用低。但膜的一次性造价高,污染严重,需根据废水的类型选择不同的预处理方法,在预处理时适当去除悬浮性固体以增加膜的使用寿命,但会增加成本。

利用膜分离技术处理印染废水,是基于其选择性分离特性吸附水体中的染料分子和盐类,去除废水中染料分子,同时还可以回收染料分子和盐,增强废水生物处理性。

1. 超滤和纳滤

印料废水中的有机物结构变化大、含盐量高,造成了膜污染,降低了膜通量,限制其在实际中的应用,因而纳滤—超滤联用的方式被广泛应用到印染废水处理过程中。纳滤—超滤双膜结合的方法运用到深度处理二级生物法的印染废水中,90%浊度和部分 COD 被超滤膜前期高效去除;而纳滤作为超滤良好的补充可高效吸附盐类和染料类物质,实现染料分子与水分子的有效分离。纳滤—超滤联用的方式增加了膜通量,印染废水的净化效果得到增强。

2. 反渗透技术

反渗透技术是基于反渗透膜可以截留电解质和非电解质(相对分子质量大于300)。绝大多数染料的相对分子质量超过300,反渗透膜能够有效地吸附染料分子。运用反渗透技术处理染料废水,对 COD、电导率和色度处理效果良好。

三、电子束脱色法

电子束脱色是一门新兴的染料废水处理技术,利用电子束和放射源钴(Co-60)进行辐射处理。电子束脱色法无需任何药品,避免了次生污染,并且能够起到消毒的作用,是其他方法不能媲美的。应用电子束脱色法处理分子结构稳定的偶氮、蒽醌类染料废水,有机物的去除和废水的脱色程度显著。

四、萃取法

萃取法主要利用有机物在水中和在有机溶剂中溶解度的差异,再将萃取剂与污染物分离,可循环利用萃取剂,所得污染物也可经进一步处理后变废为宝。液膜技术是近年来发展较快的萃取方法之一,可萃取印染废水中的染料。

(一)络合萃取法

络合萃取法的基本原理是:带磺酸基、羟基等官能团的化合物与胺类化合物特别是叔胺类化合物发生络合反应,在较高 pH 时,络合反应向逆反应方向进行引起分解。络合萃取法被广泛应用到净化含萘系化合物(包含磺酸基或羟基)的废水中,通常采用的萃取剂为叔胺类化合物。络合萃取法能高效萃取有机物,对于处理剧毒、化学结构稳定和含量高的有机物废水有良好的处理效果。

(二)液膜萃取法

液膜分离技术由美国 Exxon 公司发明,该技术作为高效的分离含氰、含氨、含酚体系的技术,已被广泛应用到石油、化工、废水处理等方面。

液膜萃取法的工艺流程是:利用乳液制备出一定的粒径均匀分布于废水中的惰性油膜,在低 pH 情况下,污染物分子被转移到油包水型乳状液的乳粒上并存在于油相中,污染物分子在添加剂帮助下快速迁移至油膜内侧,通过化学反应生成不溶于油的组分,进而由油相转移到水相,达到分离有机物的目的。破乳萃取后既可以得到浓缩液,又可回收油相(含水率<5%),实现循环利用。

液膜法在净化含量高、化学结构稳定的染料及其产物的废水过程中,在回收可利用的有机酸、盐的同时,还使水质得到有效的改善,为废水的进一步生物降解奠定基础。

五、磁分离法

磁分离技术是一种新型的水处理技术,主要是将水体中微量粒子磁化后再分离。

磁性微粒粗粒化、低磁性颗粒强磁化、非磁性颗粒磁性化是现代磁化技术发展的主要方向。磁分离法在处理给水和工业废水过程中既能直接分离低磁性、顺磁性物质,又能分离不具磁性的物质。磁性团聚法—铁粉法—铁盐共沉淀法联用于物化处理染料废水的流程中。高梯度磁分离技术在国外实现了染料废水处理工业化。

第二节　化　学　法

化学法是处理染料废水的主要方法,主要依据化学反应的原理来分离回收废水中的污染物,或改变废水性质,对废水进行无害化处理的方法。主要有以下几种方法。

一、絮凝法

絮凝法是采用絮凝剂将染料分子和其他各类杂质进行吸附、絮凝、沉降,以污泥形式排出,净化印染废水的方法,常用的絮凝剂有铁盐、铝盐、镁盐、有机高分子和生物高分子。

某些具有絮凝功能的动植物提取物、微生物、矿物及其提取物和环境废物,由于其作为絮凝剂使用时具有安全无毒、易生物降解、无二次污染或可以废治废和环境友好等特点,通常称为环境友好絮凝剂。目前已报道的环境友好絮凝剂有从动物中提取的壳聚糖和蛋白质,从辣木种子、葡萄籽和黄秋葵等植物中提取的木质素、淀粉、单宁酸和瓜尔果胶等,从藻类中提取的多糖,以及以微生物本身、其细胞提取物或以代谢产物为主体的微生物絮凝剂。这些动植物提取物和微生物其有效成分主要为多糖、蛋白质、纤维素和核糖等天然高分子物质,作为絮凝剂使用时易生物降解,不会产生二次污染。

此外,随着清洁生产、节能减排和资源化综合利用等理念的逐步推广,以工矿废料和环境废物为原料的絮凝剂得到逐步应用和发展。可用作絮凝剂的工矿废料有铝土矿、稀土渣以及硅藻土、铁矾土的提取物等,可用作絮凝剂的环境废物有粉煤灰、赤泥以及含氯化铁的废水和污泥等。这类矿物和环境废物型絮凝剂的有效成分主要为 Fe^{3+}、Al^{3+} 和 Mg^{2+} 等金属离子,具有无机金属盐絮凝剂的特点。

1. 动物提取物型絮凝剂

动物提取物型絮凝剂是指从动物体上提取的具絮凝功能的一类天然高分子物质,根据其主要成分可分为壳聚糖类和动物性蛋白类。

壳聚糖是甲壳素经脱乙酰基后形成的一种线型天然高分子聚合物,其主要来源于虾和蟹等甲壳类动物。壳聚糖本身无毒,又可生物降解,作为一种环境友好絮凝剂广泛应用于废水处理。由于壳聚糖表面质子化氨基与染料分子上磺酸基的电中和和电吸附作用,壳聚糖絮凝剂对酸性染料、活性染料和直接染料等阴离子型染料的去除率基本在 95% 以上。氨基的质子化过程受环境 pH 影响显著,造成壳聚糖仅在偏酸性环境中才有较好的絮凝效果,且对投加量的控制较严格。

一些从动物皮、毛和骨中提取的蛋白质(如胶原蛋白和角蛋白等)具有絮凝和吸附活性,也常被用作絮凝剂处理印染废水。如改性狗毛蛋白与壳聚糖复配使用时,对酸性湖蓝 A、活性红 K2BP、阳离子蓝 X－GRRL 和分散蓝 2BLN 这 4 种染料的脱色率分别达到了 97.4%、97.3%、100.0% 和 97.0%。尽管如此,动物性蛋白类絮凝剂提取过程复杂,投加量大,在实际印染废水处理中的应用较少。

2. 植物提取物型絮凝剂

主要是指从植物中提取的具有絮凝功能的糖类、蛋白质、纤维素、木质素和有机酸等天然高分子物质。植物提取物型絮凝剂具有可生物降解、无毒、来源广泛和环境友好的特点,使其成为合成高分子絮凝剂的有效替代品之一。

3. 微生物型絮凝剂

微生物型絮凝剂是一类由絮凝微生物和其分泌的代谢产物组成的天然高分子物质,根据其来源不同可分为细胞型、细胞提取物型和复合型。微生物型絮凝剂在印染废水处理中具有广谱的絮凝活性,既可用于处理低浓度、成分单一的染料废水,又可用于处理高浓度、成分复杂的印染废水。在 pH 的控制上,微生物型絮凝剂的适宜 pH 范围较宽泛,且多处在中性和碱性条件,与实际印染废水的 pH 接近,可减少絮凝过程 pH 的调节。在使用方式上,微生物型絮凝剂可单独使用,与无机金属盐絮凝剂复配使用时效果更佳。

4. 矿物和环境废物型絮凝剂

矿物和环境废物型絮凝剂是指可通过直接或间接的利用某些矿物、土壤和环境废料中含有的 Fe^{3+}、Al^{3+}、Mg^{2+} 和 Si^{4+} 等无机离子实现对废水絮凝处理的一类物质的统称。因此,矿物和环境废物型絮凝剂具有无机絮凝剂的特性,形态多样,来源广泛。

某些固体废物和废水如粉煤灰、污泥和废卤水等也被用作絮凝剂处理印染废水。在印染废水处理过程中,粉煤灰除可制备絮凝剂聚硅酸氯化铝(PSAFC)以外,还兼具吸附和助凝功能,与其他絮凝剂联合使用时既降低了废水处理成本又提高了絮凝效果。

二、电化学法

电化学法是通过直接或间接的电解作用,将废水中的污染物去除或将有毒物质转化为无毒或低毒物,使用的设备小、占地少、运行管理简单、COD 去除率高、脱色效果好。根据电极反应的不同方式,电化学法可细分为电气浮法、电絮凝、内电解法、电催化氧化法和高压脉冲电解法。

三、湿式氧化技术

湿式空气氧化(WAO)、催化湿式空气氧化(CWAO)及 H_2O_2 湿式氧化技术(WPO)是目前湿式氧化技术常用的三种技术。这三种技术的原理都是催化剂与氧气在高温(125~320℃)、高压(0.5~20MPa)条件下作用产生羟基自由基,导致水体有机物降解净化。

湿式氧化法在净化染料废水过程中具有处理效率高、去除污染物彻底、有毒物质去除率高、出水直接回用、不产生二次污染等优点。但该技术需要的条件苛刻,运行费用昂贵。

四、超临界水氧化技术

超临界水氧化技术(SCWO)是水中有机污染物和氧化剂(空气、O_2 和过氧化氢等)在高于水的临界温度和临界压力(374℃,22.1MPa)条件下,发生均相氧化反应的净化废水技术。超临界水氧化技术具有降解废水反应迅速、效率高、反应彻底、不产生二次污染等优点。

近年来,发达国家开始在难降解有机物的治理过程中应用超临界水氧化技术。但超临界水氧化技术在高温高压下进行,投资费用高,使该项技术的应用受到一定的限制。

五、低温等离子体化学法

低温等离子体是气(汽)体部分在特定条件下电离而产生具有足够高能量的活性物质体系,体系中包括了离子、自由基、中性原子或分子等粒子,由于其温度在室温左右,故此称为低温等离子体。

低温等离子体的高能量可以使反应物分子激发、电离或断键,从而实现对废水中的有害物质的处理。

六、微波协同氧化法

极性分子通过极速旋转在微波电磁场中产生热效应,在这个过程中体系的热力学函数发生变化,造成了体系反应的活化能和分子的化学键强度降低。利用极性物质在微波中的热效应可以使得染料分子氧化分解,达到净化染料废水的目的。

颗粒活性炭(GAC)或活性炭纤维(ACF)由于具有较强吸收微波的能力而被作为极性分子应用到废水处理中。实验结果显示,GAC 和 ACF 在微波辐射作用下,有机物处理效果显著加强。在微波辐射场中通过吸附-氧化协同作用去除废水中的有机污染物。

七、Fenton 氧化法

利用由 H_2O_2 与 Fe^{2+} 混合组成的氧化体系,其在酸性条件下(pH < 3.5), H_2O_2 被 Fe^{2+} 或 Fe^{3+} 催化分解产生高活性的 $\cdot OH$ 和 $H_2O \cdot$,同时 Fe 离子还具有絮凝作用。Fenton 法的设备简单,操作方便,能有效分解有机污染物,甚至能彻底将有机污染物氧化分解为水、二氧化碳和矿物盐等无害无机物,不产生二次污染。

Fenton 试剂具有高脱色率而被用于染料废水混凝前的预处理。近年来,有关紫外光(UV)与草酸盐联合 Fenton 体系研究发现,紫外光与草酸盐的引入大大增强体系氧化能力,少量紫外光存在使有机物半衰期缩短,净化效果明显提高。

八、臭氧氧化法

臭氧拥有极强的氧化能力,既能分解染料,又能通过使有机染料的发色或助色基团破坏而使得废水脱色。臭氧对染料的脱色以直接氧化为主。但单独使用臭氧氧化处理印染废水有其局限性,其原因是臭氧分子的直接氧化具有很强的选择性,且速度慢,氧化速率不高。而臭氧的间接氧化是在其他因素的作用下,生成氧化能力超强的羟基自由基($\cdot OH$),可以无选择性地将水中的有机物氧化,或使结构复杂、有毒的大分子有机物发生断链、开环等反应,生成结构简单、无毒或低毒的小分子化合物,且速度较快。因而在实际应用中经常采用各种方法来强化臭氧的氧化能力,使其间接氧化能力增强。通常采用的方法是将臭氧与催化剂、超声波、活性炭及其他技术联用来提高其氧化性能。

1. 催化臭氧氧化技术

(1)光催化臭氧氧化技术。光催化臭氧氧化主要以紫外线 UV 为能源、臭氧为氧化剂,利用臭氧在紫外线作用下分解产生的 $\cdot OH$ 强化臭氧的氧化能力,提高臭氧氧化处理印染废水的能力。

(2)金属离子或金属氧化物催化臭氧氧化技术。这种方法是选用均相催化剂催化臭氧氧化技术处理染料废水。目前已经发现具有催化作用的金属离子有: Fe^{2+} 、 Fe^{3+} 、 Mn^{2+} 、 Ni^{2+} 、 Co^{2+} 、 Cd^{2+} 、 Cu^{2+} 、 Ag^+ 、 Mg^{2+} 、 Cr^{3+} 、 Zn^{2+} 等。

金属氧化物－臭氧体系中一般有 3 种可能的催化臭氧氧化机理:

①臭氧被化学吸附在催化剂表面,形成容易与未被吸附的有机分子反应的活性组分;

②有机分子被化学吸附在催化剂表面,然后同气相或水相中的臭氧反应;

③臭氧和有机分子都被化学吸附,然后这些被吸附物质之间相互反应。

TiO_2 一般用于光催化反应,但它对水中有机物的催化臭氧氧化也有很好的效果,其效果既优于单独臭氧氧化,又优于 AC(活性炭)催化臭氧氧化。 TiO_2 既可以单独作为臭氧氧化反应的催化剂,又可以和活性炭一起共同催化臭氧氧化。

2. 超声强化臭氧氧化技术

O_3 自身能分解产生 $\cdot OH$ 等自由基,其氧化性高于 O_3 本身。而超声波(US)能够加快 O_3 的分解,提高自由基与有机物反应的速率和效率。

3. 臭氧/活性炭/紫外光协同处理技术

活性炭内部发达的孔隙结构中含有大量的活性基团。因此活性炭既是良好的吸附剂,又可以作为催化剂或催化剂载体,在降解有机物的过程中,活性炭的催化作用使臭氧的消耗量大大减少。而在紫外光催化的条件下,采用臭氧/活性炭氧化工艺处理高浓度废水,处理效果大大提高。

4. 由化学法与臭氧协同处理技术

电化学法与臭氧协同处理技术是在电化学反应的基础上,使臭氧产生更多的羟基自由基,从而提高臭氧的利用效率,降低成本。

九、光催化氧化法

光催化氧化法应用于环境污染控制领域,是由于该技术能有效地破坏许多结构稳定的生物难降解污染物,与传统的处理方法相比,具有明显的高效、污染物降解彻底等优点,因此日益受到重视。二氧化钛、氧化锌、氧化钨、硫化镉、硫化锌、二氧化锡、四氧化三铁和草酸铁等作为常用的催化剂而被广泛应用于光催化氧化法。

十、超声波降解技术

超声波是指频率高于20kHz的声波,当一定强度的超声波通过废水时,空气化气泡内部的水蒸气在超声波作用下的声空化效应引起的高温高压下形成,进一步与其他气体发生离解产生自由基,导致了超声化学反应的发生。超声既能迅速降解废水中的染料分子,又能提高其矿化度。

十一、氯氧化法

氯氧化法是染料分子及其中间体被氧化剂(液氯、次氯酸钠、二氧化氯等)氧化为毒性低的醛类和酸类小分子,最后氧化成水和二氧化碳的过程。氯氧化剂对水溶性染料(活性和阳离子染料等)和疏水性的硫化染料的脱色效果明显,对疏水性染料中的分散和还原染料等脱色不理想。

第三节　生　物　法

生物法是通过生物菌体的絮凝、吸附和生物降解功能,对染料进行分离、氧化降解。生物法主要包括好氧法和厌氧法。厌氧生物技术去除印染废水的效率虽高,但由于印染废水的COD_{Cr}、色度等基数大,废水处理后仍不能达标,所以最终还需好氧生物处理。好氧法主要有活性污泥法和生物膜法两种处理形式。但好氧法和厌氧法不能单独使用,将二者进行联合使用效果较好。同时,一些新的方法也在不断应用到印染废水生物法处理中。

一、生物膜法

生物膜法主要有生物流化床、生物接触氧化、生物滤池和生物转盘等,对印染废水的脱色作用比活性污泥法高。

二、生物接触氧化法

生物接触氧化法是一种介于生物滤池法与活性污泥法之间的生物膜法工艺,该方法主要是在池内设置填料,为保证污水与填料(浸没在污水中)的充分接触,避免生物接触氧化过程中污水与填料接触不均匀,采用池底曝气对污水充氧,使得池内污水一直处于流动状态。生物接触氧化技术容积负荷较高,对水质水量的骤变适应力较强,剩余少量污泥,没有污泥膨胀问题,运行管理简便。

三、光合细菌法处理染料废水

海洋、湖泊等自然水环境体中广泛分布着紫色非硫光合细菌,在厌氧光照条件下和黑暗有氧条件下均能进行异养生长。紫色非硫光合细菌处理高浓度有机废水的基本原理是:紫色非硫光合细菌既能利用光能进行高效的能量代谢,又能利用氧气氧化磷酸化取得能量。目前利用光合细菌处理染料废水还处在萌芽阶段,但却为采用生物法净化染料废水指明了新的研究方向,拥有广阔的前景。

四、固定化微生物技术

固定化微生物技术是从固定化酶技术衍生发展而来的,它是通过化学或物理的手段将游离细菌定位于限定的空间区域内,使其保持活性并可反复利用,固定化微生物技术是现代生物工程领域中的一项新兴技术,该技术具有生物密度高、反应迅速、生物流失量少、反应控制容易等优点,同时该技术有利于提高生物反应器内的微生物密度,利于反应后的固液分离,从而缩短处理所需的时间。

五、生物强化技术

生物强化技术是指在传统的生物处理工艺体系中加入某些经过筛选的具有特定功能的微生物,通过提高有效生物性微生物的浓度,来提高其降解复杂有机物的能力,改善原有工艺体系的去除效能。如先采用传统的 UV 氧化法对印染废水进行初处理,降低废水毒性,再采用膜生物反应器(MBR)进行深度处理,并在适当的实验条件下植入 EM(微生活菌制剂)菌群进行生物强化处理,结果表明,组合工艺对总有机碳(TOC)去除率接近90%,处理效果明显。生物强化技术可以有效提高工艺体系的冲击负荷,提高系统的稳定性。

综上所述,国内的印染废水处理方法目前主要以生物法为主,物理法与化学法为辅。从"绿色循环经济"的角度看,未来印染废水治理发展主要有两个方向,其一是组合工艺的发展,但还需对组合工艺进行优化,开发分质回用技术,耦合生产过程;另一个发展方向是研究新型生物处理工艺及高效专门细菌处理。

在印染废水处理的应用过程中,印染厂需分析自身废水特质(水质、水量),深入了解印染废水性质,综合考虑处理废水的经济性、实效性,合理选择废水处理方法。

☞ 复习指导

1. 内容概览

本章主要讲授废水处理新技术。重点是物理法、化学法、生物化学法中的新技术及在印染废水处理中的应用,以及各种废水处理方法的综合应用。

2. 学习要求

(1)重点要求掌握物理法、化学法、生物化学新技术的原理及技术。

(2)了解印染废水处理新技术的发展方向。

☞ 思考题

1. 简述印染废水处理新技术发展动向是什么?

2. 印染废水处理物理法新技术及应用有哪些?

3. 印染废水处理化学法新技术及应用有哪些?

4. 印染废水处理生物化学法新技术及应用有哪些?

参考文献

[1]史会剑,朱大伟,胡欣欣,等.印染废水处理技术研究进展探析[J].环境科学与管理,2015,40(2):74-80.

[2]李文燕,刘姝瑞,张明宇,等.印染废水处理技术的研究进展[J].成都纺织高等专科学校学报,2016,33(4):142-146.

[3]董殿波.印染废水处理技术研究进展[J].染料与染色,2015,52(4):56-62.

[4]张继伟,徐晶晶,刘帅霞,等.环境友好絮凝剂在印染废水处理中的应用进展[J].化工进展,2016,35(7):2205-2213.

[5]羊小玉,周律.混凝技术在印染废水处理中的应用及研究进展[J].化工保,2016,36(1):1-4.

[6]龚安华,孙岳玲.基于混凝—吸附—氧化法的印染废水处理[J].纺织学报,2012,33(4):95-99.

[7]王海龙,张玲玲,王新力,等.臭氧氧化工艺在印染废水处理中的应用进展[J].工业水处理,2011,31(7):18-21.

[8]谢学辉,朱玲玉,刘娜,等.印染废水处理功能菌研究进展[J].化工进展,2015,34(7):554-560.

[9] 付兴隆,裴亮,张磊,等.印染废水分离处理新技术研究进展[J].过滤与分离,2009,19 (1):7-9.

[10] 包伟,黄勇,张宁博,等.强化厌氧生物技术在印染废水处理中的应用[J].化工环保, 2016,36(5):537-542.

[11] 张晓炜,王黎明,彭之超,等.生化技术在印染废水处理中的应用.上海工程技术大学 学报,2013,27(4):322-327.

[12] 刘荣荣,石光辉,吴春笃.固定化微生物技术研究进展及其在印染废水处理巾的应用 [J].印染助剂,2014,31(3):1-5.

第九章　防治染整废水污染的措施

第一节　清洁生产与节能减排

一、清洁生产及其内涵

近年来,在纺织工业稳步快速增长的拉动下,印染行业得到了快速发展,与此同时,也越来越受到资源、环境的制约。

《全国人民代表大会常务委员会关于修改〈中华人民共和国清洁生产促进法〉的决定》于2012年2月29日通过,同时公布,自2012年7月1日起施行。新修订的清洁生产促进法,其第二十七条:有下列情形之一的企业,应当实施强制性清洁生产审核:污染物排放超过国家或者地方规定的排放标准,或者虽未超过国家或者地方规定的排放标准,但超过重点污染物排放总量控制指标的;超过单位产品能源消耗限额标准构成高耗能的;使用有毒、有害原料进行生产或者在生产中排放有毒、有害物质的。根据以上规定,印染企业多数涉及能耗超标、污染物排放总量超标,被列入强制性清洁生产审核范畴。

根据《中华人民共和国清洁生产促进法》,清洁生产是指不断采取改进设计、使用清洁的能源和原料、采用先进的工艺与设备、改善管理、综合利用等措施,从源头削减污染,提高资源利用效率,减少或者避免生产、服务和产品使用过程中污染物的产生和排放,以减轻或者消除对人类健康和环境的危害。

清洁生产包括清洁的能源、生产过程和产品三个方面。

(1)清洁的能源。是指常规能源的清洁利用;可再生能源的利用;新能源的开发;各种节能技术等。

(2)清洁的生产过程。是指尽量少用、不用有毒有害的原料;尽量使用无毒、无害的中间产品;减少或消除生产过程的各种危险性因素,如高温、高压、低温、低压、易燃、易爆、强噪声、强振动等;采用少废、无废的工艺;采用高效的设备;物料的再循环利用(包括厂内和场外);简便、可靠的操作和优化控制;完善的科学量化管理等。

(3)清洁的产品。是指节约原料和能源,少用昂贵和稀缺原料,尽量利用二次资源作原料;产品在使用过程中以及使用后不含危害人体健康和生态环境的成分;产品应易于回收、复用和再生;合理包装产品;产品应具有合理的使用功能(以及具有节能、节水、降低噪声的功能)和合理的使用寿命;产品报废后易处理、易降解等。

印染行业的清洁生产是将污染预防战略持续应用于印染生产的全过程,通过采用科学合理的管理,不断改进印染技术,提高原料的利用率,减少污染物的排放,以降低对环境和人类的危害。推行清洁生产是解决我国印染行业的环境问题、生产安全合格的产品、实现印染企业可持续发展的重要手段。印染行业的清洁生产贯穿生产和废弃物处置的全过程。生产的全过程控制包括清洁的能源及原料输入、清洁的工作环境、清洁的印染产品,废弃物处置全过程包括印染行业废弃物减量化、无害化、资源化综合利用过程。

二、棉印染企业实现清洁生产的途径

根据清洁生产的定义和内涵,结合《清洁生产标准纺织业(棉印染)》(HJ/T 185—2006)中的清洁生产指标要求,棉印染企业实现清洁生产的途径应从以下四方面着手。

1. 棉印染企业的清洁能源

棉印染企业的清洁能源可从清洁燃料和节约用水两方面开展。

(1)清洁能源。企业锅炉使用含硫量低的燃料,有条件的印染定点基地建议进行集中供热、集中供气,推广使用如天然气、石油气等清洁能源。

(2)节约用水。应尽量采用少用水或不用水的工艺,逐步淘汰高浴比、间歇式染色设备;丝光工序需配置碱液自动控制和碱回收装置;使用先进的连续式染色设备并具有逆流水洗装置;使用高效水洗设备;实现生产过程自动化,杜绝跑、冒、滴、漏现象;蒸汽冷凝水回用。

2. 棉印染企业的清洁生产过程

棉印染企业的清洁生产过程可从选用最佳的清洁生产工艺和技术,采用先进的生产设备,使用无毒、无害原料,强化污染防治等方面开展。

(1)清洁生产工艺和技术。企业推行清洁生产应首先选用最佳的清洁生产工艺,包括少用水或不用水的工艺、低碱或无碱工艺、冷扎堆一步法工艺、超临界流体染色工艺等;积极研发、推广、采用清洁生产技术,包括生物酶前处理、低温染色、多功能后整理、数码喷墨印花等新技术。

(2)采用先进的生产设备。企业应采用先进的生产设备,全面实现自动化,连续生产,引进低浴比连续式染色设备、碱回收装置、高效水洗设备、碱液自动控制和碱回收装置。

(3)使用无毒、无害原料。应使用对人体无害的环保型高吸尽率染料和助剂,减少对环境的污染,严禁使用20种致癌芳香胺和118种禁用的染料。

(4)强化污染防治。企业应对废水分质分治,提升中水回用率,降低新鲜水消耗;推广清洁热源,全面实现集中供热,并完善废气收集和治理;对固体废弃物进行规范管理与处理。

3. 棉印染企业清洁产品

棉印染企业的清洁产品主要表现为使用环保包装,产品易回收或易降解。企业应尽量少用或不用包装,如需使用,也应采用环境友好型包装,即易回收、可降解的包装材料;采用易回收或易降解的原材料、辅料进行生产,从而获得易回收或易降解的产品,制订产品回收机制,将边角料或不合格产品进行有序地、系统地回收,然后集中循环利用或降解。

三、防治染整废水污染的措施

1. 加强清洁生产管理

企业应建立健全清洁生产管理制度,加强清洁生产技术的研发、推广和采用;对员工进行环保教育,提高员工的环保意识;依法定期实施清洁生产审核,不断提高企业清洁生产水平。

2. 强化污染防治措施

(1)水污染防治措施。废水分质分治,提升中水回用率,降低新鲜水消耗。

(2)大气污染防治措施。推广清洁热源,全面实现集中供热;完善废气收集和治理,油剂回收率90%以上。

(3)固体废弃物管理、处置措施。有规范的固废暂存场所和合法的处理处置途径,确保达到危废管理"双达标"要求。

3. 规范环保管理

(1)完善污染物排放监测监控体系。每个厂区只能设一个标准化污水排放口,安装在线监测并联网。

(2)提高环境事故的防范应对能力。设置应急事故池,编制环境风险应急预案,建立应急组织体系,配备必要的应急救援物资,落实事故防范措施。

(3)规范环保内部管理。配备专职、专业人员负责日常三级用能、用水和环保管理。

四、清洁生产审计原理

清洁生产审计的对象是企业,其目的有两个:一是判定出企业中不符合清洁生产的地方和做法;二是提出方案解决这些问题,从而实现清洁生产。

通过清洁生产审计,对企业生产全过程的重点(或优先)环节、工序产生的污染进行定量监测,找出高物耗、高能耗、高污染的原因,然后有的放矢地提出对策、制订方案,减少和防止污染物的产生。

1. 概念

企业清洁生产审计是对企业现在的和计划进行的工业生产实行预防污染的分析和评估,是企业实行清洁生产的重要前提。在实行预防污染分析和评估的过程中,制订并实施减少能源、水和原材料使用,消除或减少产品和生产过程中有毒物质的使用,减少各种废弃物排放及其毒性的方案。

通过清洁生产审计,达到以下目的。

(1)核对有关单元操作、原材料、产品、用水、能源和废弃物的资料。

(2)确定废弃物的来源、数量以及类型,确定废弃物削减的目标,制订经济有效的削减废弃物产生的对策。

(3)提高企业对由削减废弃物获得效益的认识和知识。

(4)判定企业效率低的瓶颈部位和管理不善的地方。

(5)提高企业经济效益和产品质量。

2. 思路

清洁生产审计的总体思路可以用一句话来介绍，即判明废弃物的产生部位，分析废弃物的产生原因，提出方案减少或消除废弃物。图9-1表述了清洁生产审计的思路。

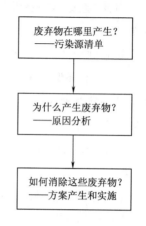

图9-1 清洁生产审计思路框图

废弃物在哪里产生？通过现场调查和物料平衡找出废弃物的产生部位并确定产生量，这里的"废弃物"包括各种废物环卫排放物。

对废弃物的产生原因分析要从以下八个方面进行。

(1)原辅料和能源。原辅料指生产中主要原料和辅助用料(包括添加剂、水等)；选用无毒或低毒原辅料，从而在一定程度上减少产品及生产过程对环境的危害，防止原辅料储存、运输、发放及使用过程中的流失，以提高原辅料利用率。能源指维持正常生产所用的动力源(包括电、煤、蒸汽、油等)。在印染加工中不使用禁用染料，染化料充分合理使用，尽可能选用固色率较高的双活性基活性染料。合理使用能源，有些能源在使用时直接产生废弃物(如煤燃烧)，而有些则间接产生废弃物(火电、核电)，因此节约能源，使用二次资源和清洁能源将有助于减少污染物，如烘筒冷凝水的循环利用。

(2)技术工艺。生产过程的技术工艺水平基本上决定了废弃物的产生量和状态，先进而有效的技术可以提高原材料的利用效率，从而减少废弃物的产生，结合技术改造预防污染是实现清洁生产的一条重要途径，如印染加工的超临界二氧化碳染色、涂料印花等。

(3)设备。工业生产都是通过具体的设备来实现的，提高设备的自动化程度，精心维护及保养设备，防止其破旧、漏损，保证设备的正常完好，将有利于减少废弃物。

(4)过程控制。过程控制对许多生产过程是极为重要的，在连续化大生产中，通过对某些工艺参数(例如温度、压力、流量、浓度等)的在线检测和自动控制，将有效地提高产品合格率及质量，因而减少废弃物的产生量，如平幅织物轧染时染液浓度的在线检测，织物带液率均衡一致将有效提高织物匀染性，从而提高染色质量。

(5)产品。产品必须符合客户的要求或者相关的法律规定，随产品性能、种类和结构等的变化，生产的工艺及工序也在改变和调整，因而对废弃物的产生也有影响。在达到客户要求前提下，尽可能减少生产步骤，从而节约染化料，节约成本，减少废弃物。另外，产品的包装方式也会对废弃物的产生造成影响。

(6)废弃物。离开生产过程的原材料及各种加工辅料叫废弃物。我们可通过对可利用废弃物的循环使用及降低废弃物的产生，或通过后续的适当处理能继续使用，将有助于减少废弃物。例如，印染行业染浴的续染，烘筒冷凝水的有效回用及水洗清液的有效回用等，将有助于减少污染物的产生。

(7)管理。管理出效益。合理的生产工艺，严格的岗位操作规程，完整的生产记录(包括原料、产品和废弃物),有效的奖惩办法,使工艺更合理、规范,当然也减少了浪费,节约了原材料的消耗,减少污染物产生。

(8)员工。每个生产企业的任何生产过程,无论自动化程度多高,都需要人的参与,而员工的素质直接影响着企业的生产,因此提高员工操作的熟练程度,加强对员工的培训,提高专业技术人员及管理人员的综合能力,良好的激励机制及有效控制生产过程将会尽可能减少废弃物的产生。

当然以上划分并非绝对,但侧重点有所不同,有时它们是相互交叉和相互渗透的。清洁生产审计的一个重要内容就是通过提高能源、资源的利用效率,减少废物产生量,达到环境与经济"双赢"目的的。清洁生产审计是指对组织产品生产或提供服务全过程的重点或优先环节、工序产生的污染进行定量监测,找出高物耗、高能耗、高污染的原因,然后有的放矢地提出对策、制订方案,减少和防止污染物的产生。清洁生产审计首先是对组织现在的和计划进行的产品生产和服务实行预防污染的分析和评估。在实行预防污染分析和评估的过程中,制订并实施减少能源、资源和原材料使用,消除或减少产品和生产过程中有毒物质的使用,减少各种废弃物排放的数量及其毒性的方案。

3.程序

我国清洁生产通常包含以下七个方面的内容。

(1)筹划和组织。清洁生产的准备与策划阶段,组建包含有外部专家组成的清洁生产审计队伍;制订较详细的工作计划;对企业全体员工进行宣传、动员;进行必要的物质准备。

(2)预评估。通过企业的现场调查及分析来确定审计对象,并设置清洁生产目标。

(3)评估。在现场调查的基础上,对从原料投入到最终产品进行全面评估,寻找原材料、产品、生产工艺、生产设备及运行维护管理等方面所存在的问题,分析物料、能量损失和污染物排放的原因。重点是实测物料的输入输出,建立物料平衡,分析废物产生及能量损失的原因。

(4)方案产生和筛选。根据对物料和能量平衡及损失情况的分析,组织企业全体员工,重点审核生产管理、过程、工艺及设备、原辅料、产品能源及资源的利用等方面存在的问题,制订污染物控制的备选方案,通过分类汇总及权重分析法,确定3~5个最可实施的方案进行可行性分析。

(5)可行性分析。在市场调查和收集资料的基础上,通过对方案的技术、环境、经济的可行性分析,选择经济效益最佳的方案。

(6)方案实施。通过对可行性方案的实施,使企业实现技术进步,获得明显的经济和环境效益,从而巩固取得的成果,激励企业继续推行清洁生产。

(7)持续清洁生产。在对清洁生产进行总结的基础上,进一步建立和完善清洁生产组织、建立和完善清洁生产管理制度、制订继续清洁生产计划,并编写企业清洁生产审计报告。

第二节　应用及推广环保型的染整生产工艺

　　长期以来,染整生产一直沿用传统的加工技术。近年来,随着科学技术的迅速发展,人们对纺织品的要求也越来越高,传统的加工技术已不能满足人们的需求。加之,由于环保意识的日益增强,人们深深地认识到环保是纺织产品发展中首先要考虑的重要问题,专家们把环保纺织品归纳为以下几个要素:清洁环保的生产过程,即从原料到加工全过程;使用过程的环保性,即分为对人体无害与改善环境的纺织品;废弃物处理的环保性,即处理方法包括可回收再利用,可分解处理,焚烧销毁不污染空气及造成有害物质的挥发。

　　这对于染整技术工作者来说就要积极研究开发少水或无水的工艺、节能降耗工艺等技术,如印染前处理中积极采用生物酶、冷轧堆等高速、高效短流程技术。

　　要高度重视涂料印染工艺的应用与开发,它是个节能、节水的短流程工艺,同时,它可用在不同的纤维原料制品上。但是,涂料印染最大的问题还是牢度、手感和遮盖性等,在这方面我们要积极研究并有所突破。

　　改革传统的、污染较严重的染整加工工艺为无公害的环保型加工工艺的思路和做法受到许多厂家的重视。下面介绍一些环保型的染整加工方法。这些方法有的已在国内部分企业获得应用,但有的还需大力推广。

一、泡沫染整工艺

　　泡沫染整是利用空气来代替染整工作液中大部分水分,将染料、化学药剂用专用设备制成符合染整要求的比较稳定的泡沫工作液,在一定的工艺条件下,利用专用设备对织物进行染色、印花和整理加工。目前较成熟的泡沫工艺有泡沫整理、泡沫印花、泡沫染色等。

1. 泡沫的制备及其特性

　　泡沫染整工作液的制备是将含有水的发泡剂、稳定剂、增黏剂等的原液和空气,通过流量计分别送入发泡器发泡,然后通过输送管送至泡沫施加设备进行织物染整加工。

2. 泡沫的特性

　　在采用泡沫对织物进行染色、印花和整理时,能否取得满意的效果,与制备的泡沫的特性有密切关系,而在影响泡沫特性的诸因素中如发泡比、发泡剂、稳定性、泡沫大小及其黏弹性等尤为重要。

3. 泡沫染整的优点

　　(1)节约能源。采用泡沫染整技术,以泡沫取代大部分水分,节能效果最为显著。与传统工艺相比,泡沫染色可节约能耗 50% ~ 80%。

　　(2)改善环境。常规印染工艺加工织物的吸液率一般 60% ~ 80%,采用泡沫染整加工,吸液率一般为 10% ~ 40%。由于泡沫加工大大压缩了耗水量,减少了印染污水处理量,有利于改善环境,减少污水对大自然的污染。

（3）消除泳移。印染加工过程中产生染料泳移现象的主要原因是由于织物含水量太高,泡沫染整加工大大降低了含水量,使染料无法随水移动,从而改善或消除泳移。

（4）扩大织物加工范围。按常规工艺加工厚重类织物如地毯、长绒织物等存在一定困难,此类织物若采用泡沫染整加工都能取得较满意的效果。

（5）提高织物质量。泡沫树脂整理,因减少了表面树脂,不仅能改善织物手感,而且使织物的强度少受损伤,从而提高了织物的质量。

（6）提高劳动生产率。由于泡沫加工织物含水量减少,车速可成倍提高。

（7）提高织物表面给色量。泡沫染整的染液或印浆对织物穿透力小,因而使织物表面给色量增加,这主要是因泡沫一旦与纤维表面接触,又因泡沫内的染料浓度高而水分少,尚来不及渗到织物内,就均匀涂布于织物表面,使织物表面给色量增高。

二、高效短流程的前处理工艺

常规的前处理工艺需要经过退浆、煮练、漂白和丝光等工序,流程长、耗电、耗水、耗时,如果采用高效前处理助剂,适当增加助剂浓度,采用高效设备加工,可以大大缩短处理时间,并能够减少助剂和水的用量。高效短流程前处理工艺的种类有二步法工艺、一步法工艺。二步法工艺如织物先经过退浆,再经碱氧一浴煮漂工艺及织物先经退煮一浴处理再经常规双氧水漂白的工艺;一步法工艺如退煮漂一浴汽蒸法工艺及冷堆一步法工艺。把棉织物的退浆、煮练、漂白一浴法处理或退浆、煮练、染色一浴法处理,可以大大提高生产效率,降低水、能的消耗,减少污染。

三、气相染色

气相染色是在较高的温度或真空条件下使染料升华成气相,并吸附和扩散于纤维中的新型染色工艺。

气相染色可分为两种,即应用染料升华的方法和应用染料烟雾状物的方法。

气相染色的应用以热熔法为最早。热熔染色法是利用染料的升华作用和染料在高温条件下能迅速渗入纤维内部的特性,以达到染色的目的。

在热熔染色中,将染料与防止泳移的合成浆料如羧甲基纤维素（CMC）、海藻酸钠等混合,加水配成染液,浸轧到织物上,先初步烘燥,然后再在 $180 \sim 225℃$ 下进行干热处理 $0.5 \sim 2min$。它的特点是:加工过程中用水极少,基本消除废水问题,染色时间短,操作简单等。

四、酶处理技术在染整加工中的应用

酶是一种生物催化剂,它是由生物体产生的具有催化作用的一类蛋白质,为细菌的分泌物,具有特殊的催化能力,常比非生物的催化剂的催化能力高出数万倍至上千万倍。酶在染整加工中早已有应用,如酶退浆、酶脱胶等,近几年,随着人们对纺织品和环境保护的要求越来越高,酶在染整加工中越来越受到重视,尤其以纤维素纤维的酶处理,取得的成果最大,其主要的原因是人们对纺织品及环境无害的要求越来越高,传统染整加工都是以化学法为主,使用的助剂对环境或多或少都有污染,有些化学药剂污染严重。酶的优点之一是对纺织品和环境没有污染,它易于被生物降解;加之,用生物酶加工的纺织品可以提高其附加值和品质,近几年,纤维素酶对纺织品的抛光、柔软等整理方面取得了可喜的成绩,随着人们对酶的不断深入研究和开发,酶在染整加工中的应用也还将不断增加。

1. 酶退浆

淀粉酶退浆在染整加工中应用最早,目前仍然是去除织物上淀粉浆料的重要方法,常用的淀粉酶是从枯草杆菌中提炼出来的 BF—7658 淀粉酶,经淀粉酶退浆的织物退浆率高,布面柔软,退浆时间比碱退浆的时间短。

BF—7658 淀粉酶退浆的工艺流程为:

浸渍 → 保温堆置 → 水洗

①浸渍。这一过程是织物对酶液的吸收过程,主要目的是使酶液对织物充分润湿,对浆料发生催化水解作用,减少浆料对织物的黏合力。浸渍温度一般为 60 ~ 70℃,pH 为 6 ~ 7,并加入适量电解质或金属离子,对酶起活化作用。

②保温堆置。淀粉分解成可溶性糊精的反应从酶液接触浆料开始就发生了,但只有将酶的浓度控制到一定程度,并保温一定时间,才能获得满意的效果。保温的温度高(不能过高,应视酶的稳定性而定)、时间长,酶的浓度可低一些,反之,酶的浓度可高些。

③水洗。从织物上去除浆料和水解物。

2. 酶精练或脱胶

酶精练是将蛋白质分解酶应用于蚕丝精练的一种方法,它又称"生物精练"。

蚕丝织物采用酶精练,不仅可用较低的温度处理,还可获得蓬松性好、不起毛、丝素不受损等优良品质,从而改善成品的手感和光泽。

生物酶用于蚕丝的脱胶,是因为某种酶能催化丝胶蛋白质分解,而丝素则对酶显示相当的稳定性。然而,酶能催化丝胶蛋白质分解,一般只是认为它对丝胶分子中特定或任意位置的肽键起催化作用,使丝胶蛋白质成为可溶性的蛋白胨、多肽等,再进一步催化分解成氨基酸。

酶的种类很多,用于真丝绸精练工艺中的一般只是水解酶中的几种。目前国内采用的细菌酶有 2709 碱性蛋白酶、209 碱性蛋白酶、S114 中性蛋白酶、ZS742 中性蛋白酶。

2709 碱性蛋白酶,在 pH 为 11、温度为 40℃左右的条件下,有很好的脱胶效果。一般采用后酶法脱胶,即先用非离子或阴离子表面活性剂对织物进行初练,使外层丝胶基本去除,脱胶率为 18% ~ 20%,再经酶处理,脱去剩余的丝胶,此法脱胶效果好,能改善织物的手感和光泽。

S114、ZS742 中性蛋白酶,适宜于中性浴,温度为 40℃左右,脱胶效果不及碱性蛋白酶,但脱胶作用较缓和,特别适合丝毛交织绸的精练。

蚕丝织物的酶脱胶与传统的皂碱法脱胶比较,前者在较低的温度条件下,就可将丝胶催化水解成小分子的可溶于水的物质,减少了对织物的沾污,同时节省了能源和化学药品,又可提高精练的效果。

3. 生物酶在漂白中的应用

在各种织物漂白中常用的漂白剂为过氧化氢,它是一种对环境污染小,漂白效果好的漂白剂,但漂白后如果残留在织物上,在染色或印花过程中,它会破坏染料,降低染料的上染率或造成染色不匀。为了去除残留的过氧化氢,在漂白后用过氧化氢酶处理织物,能够增加织物的染色深度。处理方法:在过氧化氢漂白后于70℃用过氧化氢酶(过氧化氢酶 BKS,20g/L)处理20min,然后水洗。

4. 生物酶整理

由于人们生活水平的提高,对纺织品的要求不仅仅只是具有保暖、吸湿、透气等功能,更需要织物具有柔软滑爽、尺寸稳定、挺括光亮、触感良好、功能多样以及对人体无毒无害等性能,根据这一需求,近几年人们利用生物酶对纺织品进行整理,在很多厂家也已有所推广及应用。织物通过生物酶整理,可以提高织物的服用性能,它不仅用于纤维素纤维织物的抛光、柔软等整理,也用于羊毛等蛋白质纤维织物的防毡缩、抛光和柔软整理;用于苎麻等麻纤维织物,还可以改善其刺痒和柔软性。

利用纤维素酶进行织物的抛光整理主要是依据纤维素酶对纤维素纤维有一定的降解功能,使织物表面纤维的绒毛发生有控制的部分水解,从而能去除织物表面的茸毛、小球,提高织物的光洁度,这是用烧毛等其他整理难以达到的效果。

利用纤维素酶的这种生物抛光作用,还可以减少麻织物的刺痒感,这主要是通过纤维素酶的减量整理后纤维的抗弯性能降低、刚性减弱所致。

纤维素酶用于牛仔布的磨洗工艺中替代石磨洗的浮石,整理后的织物色光好、磨损少,使原来厚实、板实、粗硬的牛仔服装的手感有了显著的改善。

蛋白酶可用于毛织物的防毡缩整理,其原理是利用蛋白酶破坏纤维表面的鳞片,但由于鳞片表层皮质有防水、阻隔作用,所以应先用氧化剂 H_2O_2、$KMnO_4$ 进行处理,有利于蛋白酶对鳞片的作用。

五、转移印花

转移印花有多种工艺,如干法分散染料气相(升华)热转移印花、热熔转移法、湿法转移法等。

热熔转移法是在转移纸的反面热压,使印花图案层热熔并转移到织物上。

湿法转移法是使用水溶性染料先将图案印在转移纸上,再将被转移织物润湿后,在压轧时水溶性染料的图案即转移到湿的织物上。

已广泛应用的是干法分散染料升华转移印花,它的特点是印制效果好,印花工艺简单,印后不需要后整理,只需冷却后打卷即可。干法转移印花的生产过程基本上是无水的生产过程。

分散染料升华转移印花主要用于合成纤维,特别是涤纶织物,这是因为涤纶的无定形部分存在着 $1 \sim 10 \mu m$ 的微小空隙,当温度上升到200℃左右时,无定形区分子运动剧烈,空隙扩大,逐渐软化成半熔融状态,由于范德瓦耳斯力的吸引,气态的分散染料能扩散而进入无定形区,达到上染着色作用。

近几年,分散染料转移印花也用于天然纤维织物,为了使天然纤维织物能够进行转移印花,可以通过纤维的改性,使它对分散染料具有亲和力,并使分散染料在热压时可以上染着色。另外,可选用对天然纤维有亲和力的离子染料,在湿态下进行转移印花,并经适当处理使其固着。

六、数字喷射印花

数字喷射印花是指印花图案经过计算机分色处理后,直接通过计算机控制印花喷嘴的动作,将需要印制的图案喷射在织物表面。数字喷射印花也称喷墨印花,其电子、机械等作用原理与计算机喷墨打印机的原理基本相同,完全不同于传统印花,应用的染料有特殊要求,不但纯度要求高,而且还要加入特殊助剂。按照喷墨印花的原理,可分为连续喷墨印花和按需喷墨印花两种类型。

连续喷墨印花:连续喷墨印花机的墨滴是连续喷出的,形成墨滴流。墨流由泵在压力条件下将墨水从喷嘴中喷出产生,然后根据图案需要将墨流分离形成墨滴,并使之偏移,喷射到织物上形成图案,不需要的墨滴由收集器收集返回储墨器重新使用。

按需喷墨印花:按需喷墨印花机仅按照印花要求喷射墨滴,目前应用较多的是热脉冲 BOD 喷射印花机,它能够根据计算机发出的信号瞬间将一个电阻加热到高温状态,导致墨水中的挥发性组分汽化形成气泡,使墨滴从喷嘴中喷出。

目前用于喷墨印花的染料主要有活性染料、分散染料和酸性染料。

喷墨印花的工艺流程为(以活性染料为例):

织物前处理 → 烘干 → 喷墨印花 → 烘干 → 汽蒸 → 水洗 → 烘干

织物前处理:主要浸轧碳酸氢钠、海藻酸钠和 Matexil Enhancer SJP 等处理液,以提高织物对墨水的吸收性能,防止墨水渗化。

纺织品喷墨印花特点如下。

(1)墨水无浪费,无环境污染。

(2)工艺设计灵活,无须制网。

(3)自动化程度高,全程计算机控制。

(4)劳动强度低。

(5)只需使用基本色油墨就可得到所需的各种颜色,印花精细度高。

目前数字喷射印花技术存在的问题是印花速度比较慢,最快只能达 200m²/h,墨水成本高,织物需要进行前处理和汽蒸等后整理,需要进一步研究解决。

七、新型机械整理

由于物理机械整理无化学危害,一些新型的柔软、松弛设备不断出现,它们不仅可以改善纺织品的手感,还可以降低缩水率。如起毛、起绒、拷花、轧光等物理工艺也再次受到人们的重视。

第三节　控制各种染化料用量的方法

在染整加工过程中,往往由于生产工艺制订得不合理或染化料投配量过大,不能被充分地利用而排放到废水中去,所以染整废水中的污染物有很大一部分是各种染料及化学药剂,因此,在保证产品质量的条件下,适当降低各种染化料的用量,使排放废水中的污染物总量减少至关重要,同时也可降低生产费用,那么采取什么措施可以达到上述目的呢?

一、制订合理的染整加工工艺

在染整加工过程中,各工序制订合理的加工工艺,特别是对染化料的种类及用量上的选择要有一定的理论基础,然后经过反复的大小样试制来确定,特别是对染料、助剂补加量的计算一定要有科学性。

在选择化学药剂时,应考虑选择无毒或毒性小的药品,对有毒的药品应考虑用无毒药品替代,如对重铬酸盐的使用,可以用过氧化氢、亚溴酸钠、碘酸钾等代替。

在染整加工过程中,要适当地降低各类化学助剂的用量,若在棉织物的加工中适当降低煮练时烧碱用量,废水的 BOD 可减少 10% ~ 20% ,烧碱本身也可节约 10% ~ 30% ;漂白过程中,使用过量的漂白剂时,会生成过量的氯离子,增加废水的污染度;在染色工艺中,如硫化碱、保险粉、重铬酸盐等药剂过量时,容易引起毒性,同时,硫化碱、亚硫酸盐、有机酸、有机溶剂及表面活性剂等会造成 BOD 超标问题,因此对各种化学药剂用量控制应该是在保证质量的前提下,残留在废水中的浓度越低越好。正交试验法是制订最佳工艺、选择各类助剂及其用量的最好方法,既简便又省时。

二、提高染料的利用率

首先要选择高固色率的染料及染色工艺。

在染色过程中,染料的利用率与采用的浴比、温度控制等工艺条件有很大关系。采用低浴比、低给液技术进行染色,可以大大提高染料的利用率。对于活性染料染色,要选择水解小的染料,降低染浴浴比;纤维经过液氨处理,可提高染料吸收率;选用上染百分率高的染料,可减少废水污染,如羊毛染色采用酸性染料,腈纶采用阳离子染料。

三、染料、化学药品的回收

1. 还原染料的回收

还原染料不溶于水,染色时要在碱性的强还原液中还原溶解成为隐色体钠盐才能上染纤维,经过氧化后,回复成不溶性的染料色淀而固着在纤维上。回收还原染料时,可利用其染色原理,加酸使染料由可溶性状态转为不溶性色淀悬浮于溶液中,加凝固剂,使染料下沉,静置过滤回收。

（1）回收工艺流程。

染料废水 → 储液池 → 沉淀槽（加酸和牛皮胶）→ 静置过滤 → 浆状染料

（2）影响染料沉淀析出的因素。酸度、温度高，沉淀易析出，但反应激烈，残液中保险粉与硫酸作用，放出二氧化硫气体速度快，严重影响操作环境。

酸度低，沉淀的颗粒小，不易沉淀，一般回收还原染料的 pH 调节至 2～3。

有些还原染料不易沉淀，故加凝固剂加速沉淀，凝固剂可用牛皮胶，用量 90～150g/500L，或硫酸铝 180～250g/L，凝固剂及其用量的选择根据不同的还原染料而定。

2. 硫化染料的回收

硫化染料不溶于水，但可溶于硫化钠的水溶液，成为染料的隐色体。在硫化染料染色中，硫化钠是还原剂，又是溶解剂。溶解后的隐色体溶液可以直接被纤维吸收，经氧化转变为不溶性硫化染料而固着在纤维上。回收硫化染料时，可根据染色的基本原理，采用酸析法，即在硫化染料染色残液及水洗的洗液中，加硫酸，放出硫化氢气体，硫化染料从硫化钠溶液中析出，经沉淀过滤后回收。

（1）回收工艺流程。

染色废水 → 储液池 → 提升至高位槽 → 反应槽（密封机械搅拌）→ 立式沉淀槽 → 压滤机或静止过滤槽 → 浆状染料

（2）影响染料析出沉淀因素。回收硫化染料时，酸度、温度、染料残液浓度和染色时所加助剂，对染料的沉淀速度、颗粒大小都有密切关系。

①酸度。酸度高，染料颗粒易沉淀，速度也快，但逸散的硫化氢气味重；酸度低，染料颗粒沉淀慢。根据不同硫化染料，pH 一般调至 3～5 为宜。

②温度。温度最好采用室温加酸，因为温度高加酸虽然有颗粒出现，但不易沉淀，主要是温度高，热运动剧烈，超过重力作用。另外，温度高，硫化氢气味重。

③染料残液浓度。染料残液浓度高，因其中还有硫化钠，加酸时产生大量硫化氢气体，影响操作环境和工人健康，同时染料颗粒多而细小，不易沉淀，因此，将残液浓度稀释适当倍数后再加酸效果好。

④ 助剂。在染液中，含有不同的助剂对沉淀有一定的影响，如染液中含有渗透剂 5881D，回收时染料沉淀快而完全；如染液中加渗透剂 209 时，回收时要调节 pH＝3 才能沉淀，且沉淀速度较慢；染液中加渗透剂 JFC，由于它耐酸、耐碱、扩散力强，染料沉淀困难，可适当加些硫酸铝以助沉淀。

3. 从毛纺厂废水中回收肥皂

通过从毛纺厂废水中回收肥皂，羊毛煮练废水的 BOD 值可以减少 30%～70%，从回收物中得到的脂肪又可作燃料。

4. 羊毛脂回收

羊毛脂用酸裂化法、离心法或溶剂萃取法回收。在酸裂化法中，洗涤液用硫酸酸化并充分混合至羊毛脂从水中分离出来，然后用压力过滤回收。在离心法中，从第一级转筒排出的废水经高速离心分离去除大部分羊毛脂。

5.淡碱回收

棉布用烧碱液进行丝光后,用大量水把碱从织物上洗涤下来,洗下的淡碱液若不加以回收利用,不但造成很大的浪费,增加生产成本,而且排入下水道后,污水碱度很高,严重影响污水的生化处理,增加污水处理费用;若不经处理直接排放,则更会造成严重后果。所以碱回收有很大的经济意义,也是防止污染的必要措施。

碱回收的作用就是回收丝光淡碱液,将丝光淡碱进行净化处理和蒸浓后,再供丝光机循环使用。常用的碱液蒸发设备为多效蒸发器。

四、节约用水

印染行业是用水量较大的行业,因为各种纺织产品的染整生产加工过程基本上都是在水中进行湿法加工,如何节约用水,减少废水量的产生,目前,很多企业都主动采取了一些节约用水的措施,如逆流用水及水的重复使用等,在逆流用水过程中,水流经工艺过程的方向与织物的移动方向相反。例如,棉布漂白后的漂洗,织物经过多道水洗后,其所含的天然杂质和工艺过程的化学药品量越来越少,当到达最后一道漂洗时,漂洗水中所含的污染物量很少,因此,此道漂洗水可用于前一单元漂洗含有较大量污染物的纤维制品。漂洗水按这样顺序使用到工艺过程的第一单元。同理,连续轧染机的逆流漂洗工艺、间歇染色机最后存储的漂洗水也可用于初次漂洗工艺。这些工艺的使用,使生产过程中的用水量大为减少。

第四节　印染行业水回用技术

一、印染废水回用现状

印染工业是我国传统支柱行业之一,自20世纪90年代以来获得迅猛发展,其用水量和排水量也大幅度增长。据不完全统计,我国印染废水的排放量约为$3\times10^6\sim4\times10^6\text{m}^3/\text{d}$,约占整个工业废水排放量的35%,但回用率却不到10%。由于生产工艺落后,同发达国家相比,我国纺织印染业的单位耗水量是发达国家的1.5~2.0倍,单位排污总量是发达国家的1.2~1.8倍。日本、美国、以色列等的中水回用技术相对较成熟。日本有污水处理厂600多座,中水回用量占处理水量的46%;美国城市中水回用量每年达9亿m^3。以色列在中水回用方面是比较出色的国家,污水经过处理后,46%直接回用于灌溉,其余33%和约20%分别回灌于地下或排入河道。

纺织印染废水因排放量大、色度深、难降解有机物含量高、含盐量大、染料组分复杂且大多数以芳烃及杂环化合物为母体等特点而成为废水治理行业的研究重点和难点。尤其是随着产品质量的日益提高,大多数工业染料趋向于抗光解、抗氧化、抗生物氧化,进一步加大了废水处理及回用的难度。近年来,随着全球经济的快速发展及人口的持续增长,实现人口、资源与环境的可持续发展是未来大势所趋。目前,国内外学者已对印染废水的深度处理与回用技术进行了大量研究,如膜处理、高级氧化等技术的研究与应用大大提高了印染废水的回用率。我国治理水污染最重要的纲领性文件《水污染防治行动计划》("水十条")经国务院批复,2015 年 4 月 16 日正式对外公布,将进一步推动节水和工业水处理市场爆发。环境保护部 2012 年颁布的《纺织染整工业水污染物排放标准》(GB 4287—2012)对企业水污染物排放浓度及单位产品基准排水量都作了限制。

印染废水回用包括原废水经处理后回用和印染废水二级生化出水回用。回用方式包括:一是直接回用于部分工艺如漂洗过程、染色过程或其他对水质要求较低的过程,二是回用于厂区冲洗地面、冲厕、绿化、洗车等。

我国的中水回用技术起步较晚,但近几年发展较快,且起点较高。印染行业废水回用率较低,仅 10% 左右,主要原因如下。

(1)中水回用技术多处于小试或中试阶段,在实际工程应用中较少,并且水的回用率较低,一般不足 50%,主要用于对水质要求不高的工序。

(2)中水回用是在对印染废水处理达标的前提下进行的,而在实际运行中很难严格达到排放标准,尤其在盐度和硬度方面。

(3)在实际的中水回用过程中,回用水中的有机污染物和无机盐的长时间积累会对生产及废水处理带来一系列问题。

(4)中水回用系统前期投入较多,而收益时间较长,这对一些中小型企业是个很大的挑战,根据不同处理规模和处理技术,所需总投资为 131 万 ~ 2373 万元,运行成本为 0.57 ~ 1.76 元/t。

印染废水中水回用处理是在废水达到排放标准的基础上进行的深度处理,即 COD_{cr} 为 100mg/L 左右,色度为 70 倍左右时的废水。对印染废水中水回用技术而言,重点在于对 COD、色度和盐度的去除效果。根据《纺织染整工业水污染物排放标准》(GB 4287—2012)、《城市污水再生利用　工业用水水质》(GB/T 19923—2005)、《城市污水再生利用　城市杂用水水质》(GB/T 18920—2002)、《城市污水再生利用　绿地灌溉水质》(GB/T 25499—2010)等要求,印染废水污染物排放标准及不同回用方式部分水质指标见表 9 - 1。

表 9 - 1　印染废水污染物排放标准及不同回用方式水质指标要求

项目	排放标准	直流冷却水洗涤用水	锅炉补给水、工艺用水	冲厕车辆冲洗	城市绿化绿地灌溉	道路清扫消防用水
pH	6.0 ~ 9.0	6.5 ~ 9.0	6.5 ~ 8.5	6.0 ~ 9.0	6.0 ~ 9.0	6.0 ~ 9.0
COD_{Cr} (mg/L)	100	—	≤60	—	—	—
COD_{Cr} (mg/L)	25	≤30	≤10	≤10	≤20	≤15
色度(倍)	70	≤30	≤30	≤30	≤30	≤30

二、印染废水中水回用处理方法

目前,印染废水的中水回用处理方法主要有物理化学法(物化法)、生物法、膜分离法及其组合方法。

(一)物化法

1. 吸附法

吸附法常用于低浓度的、经过处理后的印染废水。吸附法对水中的难降解和剧毒物质有很好的去除效果。常用的吸附剂是活性炭和粉煤灰等。一般吸附可溶性的有机物,对一些胶体类型的、疏水性的污染物没有太大的作用。处理后的水可以用于冷却循环水和水洗水等。

虽然吸附法在印染废水中水回用上有较好的效果,但也存在吸附剂容易饱和,不易再生,废弃的吸附剂容易造成二次污染的缺点,因此吸附法的重点在于将吸附剂进行改性与活化,以提高脱色效果;寻求吸附性能好的废渣、废料,这样既可利用废物又能降低成本。

2. 混凝法

传统的单一的混凝工艺往往不能满足中水回用的综合指标。目前采用的方法更倾向于混凝剂结合助凝剂,或者混凝法与其他工艺结合的新型联合工艺。例如絮凝—水解—接触氧化混凝气浮联合工艺等。

混凝法对疏水性染料脱色效果很好,处理水量大,一次性投资少,但是对亲水性染料的脱色效果差,还生成大量的泥渣。

3. 高级氧化法

高级氧化法是目前对印染废水脱色较成熟的方法,该法可在较短时间内将难降解的毒性有机物降解无害化。它利用强氧化剂将染料分子中发色基团的不饱和键断开,形成相对分子质量较小的有机酸或醛类,从而使其失去发色能力。在印染废水的化学氧化法处理中,臭氧是常用的氧化剂。由于臭氧具有很强的氧化能力,对印染废水色度去除效果相当明显,但是不能很好地去除废水中的 COD。

(1)化学氧化技术。在印染废水深度处理中,O_3 和 Fenton 试剂是比较常用的氧化剂。

(2)光催化氧化技术。利用强氧化剂在 UV 辐射下产生具有强氧化能力的·OH 来处理废水,具有低能耗、无二次污染、氧化彻底等优点,最常用的有 UV/Fenton、UV/O3、UV/H2O2。

(3)电化学氧化技术。在外加电场作用下,在特定反应器内,通过一定化学反应、电化学过程或物理过程产生大量的自由基,利用自由基的强氧化性对废水中的污染物进行降解的过程。电化学技术具有易控制、无污染或少污染、高度灵活等特点。

(二)生物法

主要有曝气生物滤池法(BAF)、生物活性炭法等。由于印染废水二级出水污染物可生化性不高,生物降解有一定难度,单独作为深度处理生物技术较少,多采用生物联用其他工艺技术。例如,采用曝气生物滤池—臭氧氧化—曝气生物滤池三段组合工艺对二级生化后的印染废水进行深度处理,出水 $COD_{Cr} < 35mg/L$,达到印染洗水工序对水质的要求。

(三)膜分离法

印染过程中通常加入碳酸钠、碳酸氢钠、氯化钠等无机盐,一般的末端处理工艺无法处理无机盐,若回用率太高且未脱盐处理,无机盐的循环积累会影响产品质量和污水生化处理系统。

由于膜分离技术不仅能降低回用水的 COD 和色度,还能脱除无机盐,防止回用系统中无机盐类的积累,确保系统长期稳定运行,因此越来越多的印染废水中水回用研究都集中在膜分离法,并取得了很好的效果。例如,用生物滤池结合膜分离的方法对印染废水进行深度处理,出水 $COD_{Cr} < 50mg/L$,色度 <10 倍,达到了中水回用标准。

用于印染废水的膜分离处理和回用技术主要包括微滤、超滤、纳滤和反渗透等。纳滤能实现 BOD、COD、金属离子等污染物的去除,反渗透能截留所有离子。但由于印染废水成分复杂,胶体、有机质、悬浮物、微生物等都容易造成膜的严重污染,因此选用膜技术处理印染废水,必须选择合适的前处理工艺。

☞ 复习指导

1. 内容概览

本章主要讲授清洁生产的基本知识、应用及推广环保型的染整生产工艺。

2. 学习要求

通过本章学习,重点要求掌握什么是清洁生产? 如何把清洁生产应用到实际工作中去,如何推行环保型染整生产工艺。

☞ 思考题

1. 清洁生产的主要内容有哪些?

2. 如何进行清洁生产?

3. 清洁生产审计的原理是什么?

4. 简单地叙述各种环保型染整生产工艺的内涵。

参考文献

[1]徐高松.浅谈清洁生产促进印染行业可持续性发展[J].中国高新技术企业,2015,(7):98-99.

[2]唐文哲.广东省棉印染企业实现清洁生产途径浅析[J].广州化工,2016,44(8):160-162.

[3]范鹏程,陈红霞.印染行业推行清洁生产的紧迫性[J].中国资源综合利用.2011,29(6):40-42.

[4]黄兴华,杜崇鑫,谢冰,等.印染工业废水的中水回用技术研究进展综述[J].净水技术,2015,34(5):16-20,43.

[5]张挺,唐佳鸡,高冲.印染废水深度处理及回用技术研究进展[J].工业水处理,2013,33(9):6-9.

[6]李宇庆,马楫,宋小康,等.印染废水处理与回用技术应用研究[J].工业水处理,2016,

36(9):95-97.

[7] 陈唯, 方茜. 印染行业节能减排技术现状与展望[J]. 资源节约与环保, 2016(8):12.

[8] 陈伟立. 纺织印染行业清洁生产审核要点及典型清洁生产方案[J]. 化学工程与装备, 2012(6):199-200.

[9] 刘伟京. 印染废水深度降解工艺及工程应用研究[D]. 南京: 南京理工大学, 2013.

[10] 寇知辉, 邢丽贞, 郑德瑞, 等. 印染废水深度处理及回用技术概述[J]. 山东化工, 2015 (44):36-40.

[11] 王宁, 李健, 徐竞成. 印染废水回用处理的组合工艺[J]. 印染, 2010, 36(22):52-54.

[12] 张云. 印染废水回用的连续微滤/反渗透技术[J]. 印染, 2012, 38(24):30-32.

[13] 温塘琪. 印染废水处理回用工艺现状研究[J]. 环境科学与管理, 2014, 39(2):156-158.

第十章　环境保护法律法规介绍

18世纪60年代以来,随着第二次工业革命浪潮的到来,社会生产力得到了迅速提升;随着科技的发展,人们开发自然、改造自然的能力越来越强,对环境的破坏也越来越严重,已严重影响人们的生活及经济的持续发展,为此,一些工业发达国家开始制定一些防治污染的法律,至20世纪60年代逐步完成了具有完整意义上的法律体系,即环境保护法。

我国的环境保护工作起始于20世纪70年代初,1973年召开了第一次全国环境保护工作会议,确定了"全面规划、合理布局、综合利用、化害为利、依靠群众、大家动手、保护环境、造福人民"的32字环保方针,在这个方针的指导下,国家和地方开始有组织地编写与制定了环境保护政策、法规、标准,并逐步形成了具有中国特色的环境保护工作制度。1978年修订的《中华人民共和国宪法》(以下简称《宪法》)第一次对环境保护做出了"国家保护环境和自然资源,防治污染和其他公害"的明确规定。并于1979年,我国正式颁布了《中华人民共和国环境保护法(试行)》(以下简称《试行法》),以后又相继颁布了各项专门法。1989年12月26日颁布了《中华人民共和国环境保护法》(以下简称《环保法》)。

2014年4月24日十二届人大常委会八次会议通过了《中华人民共和国环境保护法修订案》(以下简称新《环保法》或《修订案》),这部法律是在1989年颁行的《环保法》基础上进行的修订。这部号称"史上最严厉环保法"的法律于2015年1月1日实施。

一、环境法律体系

环境保护法,也称环境法,是指调整人们在开发、利用、保护和改善环境的活动中所产生的各种社会关系的法律规范的总称。其目的是为了保护人类赖以生存的环境,合理开发利用自然资源,防治污染和其他公害,保护人体健康,保障经济社会的持续发展。

这个定义包含三点主要含义。

(1)环境法是一些特定的法律规范的总称。它与其他法律一样是以国家意志出现的、以国家强制力给予保障的法律规范。它与环境保护非规范性文件的区别在于它的强制性。

(2)环境法的目的是通过防止自然环境破坏和环境污染来保护人类的生存环境,维护生态平衡,通过直接调整人与人之间的环境社会关系来协调人类与环境的关系。

(3)环境法所要调整的是社会关系的一个特定领域,即人们在开发、利用、保护和改善环境的活动中所产生的各种社会关系。这种社会关系包括两个方面:一是同保护、合理开发和利用自然环境与资源有关的各种社会关系;二是同防治各种废弃物对环境的污染和防治各种公害如噪声、振动、电磁辐射等有关的社会关系。强调指出环境法所调整的社会关系的特定领域,由此划清了环境法与其他法律的界限。

我国目前已经形成了以《中华人民共和国宪法》为基础,以《中华人民共和国环境保护法》为主体的环境法律体系。

1.《宪法》

《宪法》中关于保护环境资源的规定在我国环境保护法体系中具有最高的法律权威和最大的法律效力,是环境立法的基础和根本依据。《宪法》第 6 条规定:"国家保护和改善生活环境和生态环境,防治污染和其他公害"。第 9 条规定:"国家保障自然资源的合理利用,保护珍贵的动物和植物。禁止任何组织或者个人用任何手段侵占或者破坏自然资源"。

2. 基本法

《环境保护法》是中国环境保护的基本法。该法目的和任务是保护和改善生活环境和生态环境,协调人类与环境的关系,保护人体健康,保障社会经济的持续发展。同时规定了各级政府、一切单位和个人保护环境的权利和及相关的法律义务。

3. 环境保护单行法

环境保护单行法是针对特定的保护对象如某种环境要素或特定的环境社会关系而专门调整的立法。它以《宪法》和基本法为依据,又是《宪法》和基本法的具体化。单行法名目多、内容广、可归纳为以下几种。

(1)土地利用规划法。土地利用规划包括国土整治、农业区划、城市规划和村镇规划等方面,目前已颁布了《中华人民共和国城市规划法》《中华人民共和国城乡规划法》《村庄和集镇规划建设管理条例》等。

(2)污染防治法。为了保护环境,发达国家以法律形式来规范和控制环境污染。在环境保护单行法中,污染防治法占的比重最大。我国已颁布的污染防治法有:《中华人民共和国水污染防治法》《中华人民共和国大气污染防治法》《中华人民共和国固体废物污染环境防治法》《中华人民共和国防沙治沙法》《中华人民共和国海洋环境保护法》《中华人民共和国放射性污染防治法》和《中华人民共和国环境噪声污染防治法》。

(3)环境资源法。为了保护自然环境和自然资源免受破坏,以保证人类的生命维持系统,保存物种遗传的多样性,保证生物资源的持续利用,目前我国已颁布《中华人民共和国森林法》《中华人民共和国草原法》《中华人民共和国渔业法》《中华人民共和国矿产资源法》《中华人民共和国土地管理法》《中华人民共和国水法》《中华人民共和国野生动物保护法》《中华人民共和国水土保持法》《中华人民共和国农业法》等环境资源法。

4. 环境保护行政法规

我国还制定了《中华人民共和国环境噪声污染防治条例》《中华人民共和国自然保护区条例》《放射性同位素与射线装置放射防护条例》《化学危险物品安全管理条例》《淮河流域水污染防治暂行条例》《中华人民共和国海洋石油勘探开发环境保护管理条例》《中华人民共和国海洋倾废管理条例》《中华人民共和国陆生野生动物保护实施条例》《中华人民共和国风景名胜区管理暂行条例》《基本农田保护条例》《城市绿化条例》《全国污染源普查条例》《中华人民共和国野生植物保护条例》《防治海洋工程建设项目污染损害海洋环境管理条例》《民用核安全设备监督管理条例》《国家突发环境事件应急预案》等30多个环境保护行政法规。此外,各有关部门还发布了大量的环境保护行政规章。

5. 环境保护地方性法规

各级地方人民代表大会和地方人民政府为了实施国家环境保护法律,保障本地经济的健康可持续发展,结合本地区的具体情况,制定和颁布了600多项环境保护地方性法规。随着人们环保意识的提高及国家环境保护有关法律不断完善,地方性法规也在不断地制定和完善中。

6. 环境标准

环境标准是国家为了保护人体健康、社会物质财富的安全,保障社会经济发展,维护生态平衡,由行政机关根据立法机关的授权,在综合分析自然环境特征、环境污染控制技术水平、经济条件及社会要求的基础上而制定和颁布的对环境质量、污染源、监测方法等各种法律技术指标和规范的总称。是环境法律体系的一个重要组成部分,包括环境质量标准、污染物排放标准、环境基础标准、样品标准和方法标准。

环境质量标准、污染物排放标准分为国家标准和地方标准,且属于强制性标准,国家标准由国务院环境保护行政主管部门制定,省、自治区、直辖市人民政府对国家环境质量标准中未作规定的项目,可制定地方环境质量标准,并报国务院行政主管部门备案,对国家污染物排放标准已做出规定的,可制定高于国务院污染物排放标准的地方污染物排放标准。同时违反强制性环境标准,必须承担相应的法律责任。

7. 其他部门法中关于环境保护的法律规范

其他部门法也包含许多关于环境保护的法律规范,且内容庞杂。如《中华人民共和国民法通则》《中华人民共和国刑法》《中华人民共和国治安管理处罚条例》以及一些经济法规中的相关条款都属于环境法体系的重要组成部分。其他法规如《中华人民共和国节约能源法》《中华人民共和国消防法》《中华人民共和国文物保护法》《中华人民共和国卫生防疫法》与环境保护工作密切相关。

8. 国际环境保护公约

为了保护自然资源和应对日益严重的气候变暖、酸雨、臭氧层破坏、生物多样性快速消失等全球性环境问题而制定的协调各国环境保护的条例称为国际环境保护公约。我国政府为了保护全球环境,承担全球环境保护义务的承诺,现已参加了20多项有关保护环境资源的国际公约。且国际公约的效力高于国内法律(我国保留的条款例外)。

二、《环保法》发展历程

1.《环保法》从试行法到正式法

生态环境问题,是人类社会进入近代以来面临的重大生存危机。中华人民共和国成立以来,一直遭遇着生态环境问题的困扰,我国的环境立法正是在国际环境保护运动的影响下,伴随人们对环境问题的认识不断深入而逐渐起步并不断发展的。

(1)1949~1979年:环境立法起步阶段。中华人民共和国成立之初,国家百废待兴,由于缺乏经济建设经验,制定的经济复苏宏观决策一度出现政策偏差,粗放型、资源型工业规模不断扩大,人口增长控制失调,城市基础设施落后,形成并积累了一些难以逆转的生态环境破坏问题。

20 世纪 70 年代,国际环境保护运动如火如荼,在国际环境保护思潮的影响下,中国的环境保护开始起步。1972 年 6 月,中国政府派环境代表团出席了联合国第一次人类环境会议。1973 年 8 月,第一次全国环境保护会议召开,审视了中国环境污染和环境破坏的情况,通过了"全面规划、合理布局、综合利用、化害为利、依靠群众、大家动手、保护环境、造福人民"的环境保护工作方针;拟定了《关于保护和改善环境的若干规定(试行草案)》。1973 年 11 月,国家计委、国家建委、卫生部联合颁布《工业"三废"排放试行标准》。1978 年《宪法》明确宣示"国家保护环境和自然资源,防治污染和其他公害"(第 11 条第 3 款)。1979 年 9 月 13 日,第五届全国人民代表大会常务委员会第十一次会议原则通过了《中华人民共和国环境保护法(试行)》。它以环境保护专门法的形式出现,是我国环境立法的起点,影响了我国环境立法的整个进程。

(2)1979 ~ 1989 年:环境立法快速发展阶段。改革开放以后,随着经济增长,环境保护在国家经济社会生活中的重要性也被提到了一个新的高度。1983 年年末,第二次全国环境保护会议召开,首次提出保护环境是一项基本国策。根据会议精神,1984 年国务院发布《关于环境保护工作的决定》,明确提出:保护和改善生活环境和生态环境,防治污染和自然环境破坏,是我国社会主义现代化建设中的一项基本国策;同年,还发布了《国务院关于加强乡镇、街道企业环境管理的规定》。1985 年,召开了第一次全国城市环境保护工作会议;1988 年,国务院环保委员会发布《关于城市环境综合整治定量考核的决定》及《全国城市环境综合整治定量考核实施办法(试行)》。1989 年,国务院召开第三次全国环境保护会议,提出要积极推行环境保护目标责任制、城市环境综合整治定量考核制、排放污染物许可证制、污染集中控制、限期治理、环境影响评价制度、"三同时"制度、排污收费制度等 8 项环境管理制度。基本确立了我国环境保护工作以城市为主、以工业污染控制为主的格局。这一时期,社会主义法制建设实践全面展开,中国特色社会主义法学理论体系研究由此奠基。环境法理论研究发展迅速,1983 年制定《海洋环境保护法》,1984 年制定《水污染防治法》和《森林法》,1985 年制定《草原法》,1986 年制定《矿产资源法》《土地管理法》《渔业法》,1987 年制定《水污染防治法》,1988 年制定《水法》,1987 年制定《大气污染防治法》。与此同时,对《试行法》的修订工作列入立法日程,1980 年,成立《环境保护法(试行)》修订领导小组,聘请了北京大学、武汉大学、中国社科院、中国政法大学的专家学者组成专班,开始修法工作。

这一时期,国务院进行了两次机构改革,使环境保护行政管理体制一直处于变动状态。我国于 1973 年成立环境保护领导小组办公室(简称国环办);1982 年,国务院第一次机构改革时改建设部为城乡建设环境保护部,下设环境保护局(为国环办的办事机构);1984 年更名为国家环境保护局,但依旧隶属于城乡建设环境保护部;1988 年,国务院第二次机构改革,将城乡建设环境保护部改为城乡建设部,将国家环境保护局独立出来,成为国务院直属机构(副部级)。

1989 年 12 月 26 日,第七届全国人大第十一次常委会通过了《环保法》,该法以《试行法》为基础修改而成。这部法律较之于《试行法》有了重大进步:内容更加科学,立法技术显著进步。但也存在着一些争议,如经济增长观念主导、立法定位问题等。

2.环境保护法律修改

从 1989 年《环保法》颁布,到 2014 年《修订案》通过,25 年修法路,其间经历了几个重大变化:从环境保护法的存废到确定基础性法律地位;从"有限修改"到"全面修改";从"为城市立法、为企业立法、为污染立法"到"为城乡立法、为政府与企业立法、为生态环境保护立法"。这些转变的发生,既有经济社会发展阶段的影响,也是各界对解决"中国问题"需要"中国方案"共识的达成。

在《环保法》施行的 25 年中,国际国内环境立法的"生态环境"出现了重大变化,尤其是在立法理念、立法宗旨、法律制度的价值取向上发生了根本性变革。在国际上,可持续发展作为一种不同于传统"人类中心主义"的新的发展观,在"生态人类中心主义"的思维方式下,明确提出了对现行法律进行评估和制定新的符合"可持续发展"要求的法律的要求,可持续发展及其要求得到了世界各国的广泛认同与接受。在中国,建设社会主义市场经济体制作为中国未来发展的目标载入宪法,"依法治国,建设社会主义法治国家"也成为宪法所确定的治国方略;执政党更是明确提出了与可持续发展旨趣一致的科学发展观,宣示要建设"法治政府"。这些都是当年《环保法》制定时不可能达到的认识。这些认识对中国的今天与未来具有决定意义,它们意味着新的生产方式与生活方式、新的伦理道德、新的世界观与方法论,更意味着全新的立法理念、立法原则、立法模式、制度体系。

2014 年 4 月初,全国人大法工委召开立法前评估会,部分全国人大代表、政府有关部门、律师、环保志愿者、专家学者参与了评估,认为可以再次提请审议并在进一步完善后通过。2014 年 4 月 21 ~ 24 日,十二届人大常委会八次会议第四次审议并通过《中华人民共和国环境保护法修订案》。《修订案》在《环境保护法修订案(草案)》的基础上又进行了 20 多处修改,条文增加到 70 条。主要是修改了立法目的,增加了生态红线、环境与健康、环境责任保险制度,完善了法律责任、公益诉讼制度等。

三、中国环境政策的演变

1. 地位从基本国策到可持续发展战略

1983 年,国务院宣布环境保护是两项基本国策之一,强调了环境同人口一样是中国的紧迫问题。1992 年,《中国环境与发展十大对策》宣布实施可持续发展战略。1996 年,"九五"计划将可持续发展同科教兴国并列为两项基本战略。从国家各部门到地方省、市、县,都以可持续发展为目标编制发展规划,要求用环境与发展相统一的观念来指导本部门或本地区的工作。

2. 重点从偏重污染控制到污染控制与生态保护并重

20 世纪 70 年代初,中国环境保护从治理工业"三废"起步。20 世纪 80 年代和 90 年代前期,重点仍是污染控制。1998 年,长江发生特大洪灾,使全国上下深切地认识到大力保护自然生态的紧迫性,为此实施了一系列政策措施。如全面停止长江、黄河上中游的天然林的采伐,把生态恢复与建设列为西部大开发的首要措施,制定了"退耕还林(草)、封山绿化、以粮代赈、个体承包"的政策,等等。这标志着中国环境政策发生了历史性的转折。

3. 方法从末端治理到源头控制

20 世纪 90 年代初,中国工业污染防治开始实行"三个转变"(从"末端治理"向全过程控制转变;从单纯浓度控制向浓度与总量控制相结合转变;从分散治理向分散与集中治理相结合转变),限制资源消耗大、污染重、技术落后产业的发展,并开始了清洁生产的试点。"九五"期间,围绕经济结构调整,关停了8万多家15种重污染的小企业,从源头上减少了资源破坏与环境污染。

4. 范围从点源治理到流域和区域的环境治理

中国以往实行的"谁污染、谁治理"政策着力于点源控制与浓度控制。"九五"期间,全国普遍加强污染治理,同时,开展大规模的环境基础设施建设。1996~2005年,中国实施《跨世纪绿色工程规划》,重点是"三河""三湖"加上"两区"(SO_2污染控制区和酸雨控制区)、"一市"(北京)和"一海"(渤海),后又扩大到黄河和长江的中上游、三峡库区、松花江。在这些重点流域和区域,多渠道争取资金,采取综合性措施,加大治理力度。包括实施总量控制政策、排污收费政策和"以气代煤、以电代煤"的能源政策,推动企业达标排放和加快城市环境基础设施的建设,努力使这些地区的环境恶化状况有所改善。

5. 手段从以行政命令为主到以法律、经济手段为主导

通过多年实践,参照国际经验,中国环境政策扩展到命令－控制手段、市场经济手段、自愿行动、公众参与四个方面。为了加强经济手段的激励效果,国务院有关部门正在按照"污染者付费、利用者补偿、开发者保护、破坏者恢复"的原则,在基本建设、综合利用、财政税收、金融信贷以及引进外资等方面,制定与完善有利于环保的经济政策措施。

四、新《环保法》(或《修订案》)的基本原则

新《环保法》确立了四项环境法基本原则,分别是"保护优先""预防为主、综合治理""公众参与"和"损害担责"。

1. 保护优先原则

新《环保法》第5条中的"保护优先"原则所承载的功能应该是指遇到环境(生态)风险科学性不确定的情形,应以保护环境(生态)为优先原则。该条的"保护优先"原则的学理表述应为风险防范原则。风险防范原则可定义为:在有关环境危害存在科学性不确定的情况下,预防环境损害发生的义务的指导思想。风险防范原则的核心在于,不确定性不能成为不行动或迟延行动的理由之一,法律上的不行动会导致不可忽视的环境危害的发生。

2. 预防为主、综合治理原则

新《环保法》第5条所规定的"预防为主、综合治理"原则,是一种综合防治的原则,即对环境污染整体系统的防治,同时,这一原则也统摄我国环境法上的相应制度,如环境影响评价制度、排污许可证制度、限期治理制度等。

3. 公众参与原则

公众参与原则是一项国际上普遍遵循的环境法基本原则。新《环保法》规定了公众参与原则,使这一原则从理论走向了立法。在环境保护中,任何公民都享有保护环境的权利,同时也负有保护环境的义务,全民族都应积极自觉参与环境保护事业。

4. 损害担责原则

新《环保法》中的"损害担责"原则主要包含两个方面:一是"损害",二是"担责"。针对"损

害"而言,既包括一般意义上对环境造成不利影响的行为,也包括过度开发环境而导致的环境无法自愈甚至退化的行为。针对"担责"而言,主要是指承担责任,同时,这种责任不仅包括环境修复、生态修复所承担的费用责任,还包括赔偿因环境污染而受到损害的普通公众的责任。

五、新《环保法》(或《修订案》)制度体系

《修订案》贯彻了《中共中央关于全面深化改革若干重大问题的决定》提出的"建设生态文明,必须建立系统完整的生态文明制度体系,实行最严格的源头保护制度、损害赔偿制度、责任追究制度,完善环境治理和生态修复制度,用制度保护生态环境"的精神,回应社会对"美丽中国"的殷切期待,也被称为史上最严厉的环境保护法律。

1. 特色与定位

中国正处于发展社会主义市场经济、全面建成小康社会的关键时期,面临着文明转型的巨大机遇与挑战。《修订案》定位于环境保护领域的基础性法律,立足于解决环境保护的理念、原则、基本制度和共性问题,针对中国目前严重的生态环境问题,在总结国内实践经验、吸纳国际新经验的基础上,重点处理环境保护与经济发展、国内与国际、共性与个性、理论与实际的关系。较之于修订前的《环保法》,有了重大突破:

(1)推动建立基于环境承载能力的绿色发展模式。《修订案》要求建立资源环境承载能力监测预警机制,实行环保目标责任制和考核评价制度,制定经济政策应充分考虑对环境的影响,对未完成环境质量目标的地区实行环评限批,分阶段、有步骤地改善环境质量等。为推行绿色国民经济核算、建立基于环境承载能力的发展模式、促进中国经济绿色转型提供了依据。

(2)建立多元共治的现代环境治理体系。《修订案》改变了以往主要依靠政府和部门的传统方式,明确了政府、企业、个人在环境保护中的权利与义务,建立了参与机制,体现了多元共治、社会参与的现代环境治理理念;各级政府对环境质量负总责,环保部门及相关部门负责监管,企业承担主体责任,公民、社会组织、新闻媒体依法参与和进行舆论监督。为实现治理能力和治理体系现代化的目标,完善生态文明建设机制提供了基础。

(3)完善制度体系。《修订案》建立了若干新的制度,如生态保护红线制度、环境健康风险评估制度、生态补偿制度、土壤污染调查制度、总量控制制度、污染物排放许可制度、农村农业污染防治制度、环境保险制度等。完善了《环保法》一些老制度,如环境规划制度、环境影响评价制度、区域限批制度、限期治理制度、污染转移制度、环境事故应急制度、法律责任制度等。

(4)强化义务与责任。《修订案》一方面授予了各级政府、环保部门许多新的监管权力,例如,环境监察机构的现场检查权,环保部门的查封扣押行政强制权,对污染企业责令限产、停产整治权,等等。同时,规定了按日连续计罚,引入治安拘留处罚,增设了连带责任;构成犯罪的,依法追究刑事责任。另一方面,它也规定了人大对地方政府的监督权,规定了将环境保护考核情况向社会公开,并纳入官员政绩考核,规定了对环保部门的严厉行政问责制度。

2.《修订案》建立的法律机制

2014年《修订案》的出台标志着中国的"治污之战"从立法上取得了突破,它所建立的法律机制将为这场战役奠定基石。

(1)环境与发展协调机制。《修订案》第4条宣示"保护环境是国家的基本国策。国家采取有利于节约和循环利用资源、保护和改善环境、促进人与自然和谐的经济、技术政策和措施,使经济社会发展与环境保护相协调。"这一条将原《环保法》规定的"使环境保护与经济建设相协调"修改为"使经济建设与环境保护相协调",并明确了"环境保护坚持保护优先、预防为主、综合治理、公众参与、损害担责的原则"。健全和完善了环境规划制度、多方参与决策程序、环境影响评价制度、责任制度,初步建立了环境与发展协调机制。

(2)统一监管机制。环境的公共性要求统一监管,它涉及环境与发展的宏观衡量,即整体上采取环境保护措施的力度,决定了经济发展的环境基础和资源供给需要在环境与发展总体平衡的思路下进行决策。为此,《修订案》通过建立区域统一管理制度、区际合作制度、环境标准制度、总量控制制度、生态保护制度等,建立了相对合理的监管机制。

(3)公众参与机制。公众参与机制的核心在于明确和保障公众的知情权、参与权、表达权、监督权。《修订案》在总则中增加了环境保护宣传教育及舆论监督的规定,并专设"信息公开和公众参与"一章,规定了公民的知情权、参与权、监督权,政府和企业信息公开,公众参与。

(4)决策实施机制。《修订案》从实现可持续发展的角度,对各种环境资源开发利用行为进行了考量,通过建立生态补偿制度、全过程控制制度、清洁生产和循环利用制度、环境监测制度等建立了环境与发展综合决策的实施机制。

(5)责任追究机制。《修订案》加大了责任追究力度,在提高违法成本方面做出了努力。完善了政府责任制度,明确规定政府工作人员的法律责任、政府及其职能部门主要负责人的领导责任;加重了企业和生产经营者的责任,明确了责任主体并完善了责任承担方式。

☞ 复习指导

1. 内容概览
本章主要讲授环境保护法的含义、环境法体系、环境法规制度的内涵及其应用情况。
2. 学习要求
(1)重点要求掌握环境保护法的含义、实施等。
(2)熟悉环境法的体系及应用环境法规制度等问题。

☞ 思考题

1. 环境法体系包含哪几个方面?
2. 何为"三同时"制度?

参考文献

[1]吕忠梅.《环境保护法》的前世今生[J].政法论丛,2015(5):51-61.

[2]张坤民.中国环境保护事业60年[J].中国人口·资源与环境,2010,20(6):1-5.

第十一章　染整废水处理厂(站)的设计

第一节　废水处理厂的设计程序

在进行印染废水处理厂的工程设计时,应该遵循一定的设计程序。废水处理厂的设计一般可分为三个阶段:设计前期工作;初步设计阶段;施工图设计。

一、设计前期工作

设计前期的准备工作很重要,它要求设计人员必须明确任务,收集设计所需要的所有原始资料、数据,并通过对这些数据、资料的分析、归纳,得出切合实际的结论。其工作内容主要包括预可行性研究、可行性研究和环境影响评价。设计前期工作非常重要,它比设计本身要复杂得多,要求设计人员具有较强的专业知识和比较丰富的实际工作经验。

1. 预可行性研究

我国规定投资在3000万元以上的工程项目,应进行预可行性研究,建设单位向上级主管单位送审《项目建议书》的技术附件,经专家评审后,提出评审意见,然后才能进入下一步的可行性研究。

2. 可行性研究

可行性研究是对废水处理厂进行全面的技术经济论证,它是工程建设前期工作中最为重要的环节。它的主要任务是:在充分进行调查研究、掌握现状和必要的试验等工作基础上,对项目建设的必要性、经济合理性、技术可行性、实施可能性进行综合性的研究和论证,将不同建设方案进行比较,提出推荐建设方案。

可行性研究报告是进行项目建设环境评价的依据,它的基本内容包括以下几方面。

(1)项目概况。项目特点、废水的来源和水量、水质、产生废水的工艺、处理要求等。

(2)工程方案。废水处理厂厂址的选择与用地、污水处理方案的比较、处理后废水的出路、污泥的最后处置、生产组织与劳动定员。

(3)工程投资估算和资金筹措。工程估算的原则与依据、工程投资估算表、资金筹措与使用计划。

(4)工程进度安排。

(5)财务评价和工程效益分析。

(6)附图和附件。

(7)结论和存在的问题。

3. 环境影响评价

环境影响评价是指对规划和建设项目实施后可能造成的环境影响进行分析、预测和评估，提出预防或者减轻不良环境影响的对策和措施，并进行跟踪监测的方法与制度。

在兴建印染废水处理厂时，必须按照国家的环保法律法规进行建设项目的环境影响评价工作，确保项目建设符合当地环境规划和环境容纳量。

环境影响评价主要有如下几个方面的内容。

(1)印染生产工艺与污染物来源。包括印染厂的生产工艺、印染生产污染物来源与控制措施等。根据印染厂生产工艺，分析其产生的主要污染物，制订相应的污染物防治措施。

(2)原辅材料与公用工程。染整原辅材料包括织物和染料，根据生产工艺对织物和染料的种类及用量进行核算，对环境影响进行评估；印染公用工程主要包括给排水、供热供电、供气等，根据印染厂工艺对给排水、供热供电、供气等进行核算与评估。

(3)主要污染源治理。包括印染废水治理、废气治理与排放、固体废物治理、噪声排放、工程主要污染源排放总汇等内容，并制订相应治理措施和方案。

(4)工程环境影响。包括对地下水环境影响和对土壤环境影响。应准确了解印染工程对区域地下水环境的影响及对土壤环境的影响，并进行的必要监测与评估。

(5)工程存在的环境问题与解决措施。包括工程环境问题分析和工程环境问题解决途径。通过对印染废水处理工程可能造成的环境问题进行逐个分析，制订具体的解决途径和方案。

二、初步设计阶段

初步设计阶段是根据批准的可行性研究报告进行的。其主要任务是确定工程规模、建设目的、投资效益，明确设计原则和标准，确定主要构筑物设计、工程概算、施工图设计可能遇到的问题和建议。

初步设计的文件应包括设计说明书、工程量、主要的设备与材料、初步设计图纸和工程概算书。

1. 设计说明书

设计说明书是设计工作的重要环节，其内容视设计对象而定，一般包括如下内容。

(1)设计的依据。与项目有关的协议与批准文件。

(2)项目设计资料。资料名称、来源和编制单位，该企业的总体规划、地形、地貌、水文和气象等自然条件。

(3)设计废水处理的水质水量。根据废水产生的工艺，确定废水的水质、水量，包括平均值、高峰值、现状流量与预期流量，确定废水处理厂设计进水水质指标。

(4)厂址选择说明。具体说明厂址选择的原则和理由。

(5)工艺流程说明。主要说明所选工艺的技术先进性、合理性，对所采用的新技术，要重点说明其优越性和可靠性。

(6)设计中采用的新技术和技术措施说明。

(7)主要处理设备说明。说明主要设备的性能、构造、材料和主要尺寸。

（8）处理厂内辅助建筑（办公室、化验室、变配电和药房等）和公用工程（供水、排水、道路和绿化）的设计说明。

（9）提出运转和使用方面的注意事项、操作要点及规程。

2. 工程量

列出本工程各项构筑物及厂区总图所涉及的混凝土量、挖土方量、回填方量、钢筋混凝土量、建筑面积等。

3. 设备和主要材料量

列出工程所需要的设备及钢材、水泥、木材的规格和数量。

4. 设计图纸

设计图纸主要包括处理厂的总平面布置图、工艺流程图、高程布置图、管道沟渠布置图、主要设备及构筑物平、立、剖面图等。

5. 工程概算书

根据当地建材、设备的供应情况及价格，列出总概算表和各单元概算表，说明工程总概算投资及其构成。

三、施工图设计

施工图设计是在初步设计被批准后，以扩大图纸和说明书为依据所绘制的建筑施工和设备加工的正式样图。包括各构筑物、管渠、设备在平面及工程上的准确位置和尺寸，各部分细部详图、工程材料和施工要求等。

第二节　废水处理厂（站）的设计

一、废水处理厂的设计内容

废水处理厂的设计内容主要包括：根据城市和企业的规划要求选择厂址；根据原水水质及处理后要求达到的水质标准选择工艺流程和处理构筑物的型式；处理工艺流程设计说明；处理构筑物型式选型说明；处理构筑物或设施设计计算；主要辅助构筑物设计计算；主要设备的设计计算选择；废水处理总体布置及厂区道路、绿化和管线综合布置；处理构筑物、非标设备设计图绘制；编制主要设备材料表。

二、废水处理厂的设计原则

1. 废水处理厂的设计必须符合使用的要求

选择的处理工艺流程、构筑物型式、主要设备、设计标准和数据等应最大地满足生产和使用的需要，以保证处理厂功能的实现，达到符合国家排放标准的出水水质。

2. 废水处理厂设计采用的各项设计参数必须可靠

设计时充分掌握和认真研究各项自然条件,如水质水量资料、同类工程资料。按照工程的处理要求,全面地分析各种因素,选择好各项设计数据,在设计中遵循现行的设计规范,保证必要的安全系数。

3. 废水处理厂要符合技术上先进、经济上合理的原则

设计中必须根据生产的需要和可能,在经济合理的原则下,尽可能地采用先进技术。在机械化、自动化与仪表控制程度方面,从实际出发,根据需要和可能及设备供货条件来确定。

4. 设计废水厂时必须注意近远期相结合

设计时应为今后发展改、扩建提供条件,对不宜分期建设的部分,土建部分可以一次建成,设备部分分期安装,如配电房、泵房以及加药间等;对处理构筑物,如沉淀池、曝气池、二次沉淀池等可按水量发展分期建设。

5. 设计废水厂时必须考虑安全运行的条件

对于废水厂在运行过程中有可能产生的可燃、可爆、有腐蚀性的物质,要注意防护和安全储存等。

6. 设计废水厂应适当考虑厂区的美观和绿化,厂区内建筑物的外观和布局要注意美观和协调

三、废水处理厂厂址的选择

废水处理厂的厂址选择受污水的处理方式与排放点位置的影响,应在整个排水系统设计方案中给予综合考虑,全面规划。根据现场勘探,经过多方案的技术经济比较而确定。在选择厂或站址时,一般应考虑以下问题。

(1)应与选定的废水处理工艺相适应,如选定稳定塘或土地处理系统为处理工艺时,必须有适当的闲置土地面积。

(2)厂址选择应结合企业现状和规划,考虑近远期发展的可能性,选择在有扩建条件的地方,为今后发展留有余地。

(3)无论采用什么样的处理工艺,都尽可能做到少占或不占农田。

(4)为保证卫生要求,厂址应与居民点规划居住区及农村居民点保持约300m以上的距离。

(5)厂址不宜设在雨季易受水淹的低洼地。应尽量设在地质条件好的地方,以方便施工,降低造价。

(6)厂址应尽可能地靠近供电电源,以利于安全运行和降低输电线路费用。

(7)厂址应尽可能选在交通方便的地方,以有利于施工运输和运行管理。否则就要新增辟道路,增加工程量和工程造价。

第三节　废水处理厂工艺流程的确定

一、确定废水处理厂工艺流程的依据

废水处理工艺流程是指在达到所要求的处理程度的前提下,所选择的废水处理各单元的有机组合。

流程确定就是选择各处理单元,达到设计的预期处理程度,并把这些处理单元加以组合,具有合理的经济指标和技术指标,从而加以肯定。

确定废水处理工艺流程的依据是处理程度、原水水质情况以及地形等自然环境因素。而处理程度又取决于处理后废水的出路,也就是排入城市下水管道线路或排入水体。若排入城市下水管道则要依据城市处理要求;排入水体则需了解水体的自净能力及遵循有关管理部门制订的排放要求。对于首都及重要旅游风景区则要按其特殊要求来制订相应的流程。

当排入有自净能力的水体时,设计者的责任是:既能充分利用水体的自净能力,又要防止水体遭到新的污染,破坏水体的正常使用价值。反过来说,不考虑水体的自净能力,随意采用较高的处理程度也是不经济的,也不宜将水体的自净能力完全加以利用而不留有余地。在考虑水体可供利用的自净能力时,不仅应从本厂出发,也需兼顾上下游的情况。而对于印染厂的废水不仅要考虑一般的污染指标,尚需考虑色度、水体的使用情况及长期积累对渔业及农业灌溉的影响。

如果废水处理后有用于农业灌溉的,在我国目前基本为一级处理即可进行灌溉;但近来国外的趋势表明,废水要灌溉农田应进行二级处理。对于印染废水,一般经处理后也不宜用于灌溉。其原因是一些印染废水含有重金属离子如铬等,而且大部分废水中因含有染料而使废水带有不同颜色,为此,在感官上也产生不舒服的感觉。当然,若能除去重金属离子及色度,在水源紧张的地区是可以考虑对印染废水经处理后的重复利用,但应慎重。重复利用有几种情况:用于生产;用于辅助生产;用作补充水源。

印染废水分为可生化性较好和可生化性较差两大类。处理方法一般采用物理化学法或生物化学法,见表 11-1。

表 11-1　不同废水的处理方法

水质情况	范围	推荐方法	构筑物	主要特点
可生化性较好的废水 BOD∶COD > 0.3	以天然纤维、印花工艺、可溶性染料为主	活性污泥法	分建式曝气池	沉淀区不受曝气干扰
			合建式曝气池	沉淀区易受曝气干扰
		生物膜法	塔式生物滤池	占地小,动力省,处理效果较差
			生物转盘	耗电省,管理方便,但占地大
			生物接触氧化法	占地小,管理方便,但有噪声

水质情况	范围	推荐方法	构筑物	主要特点
可生化性较差的废水 BOD∶COD < 0.3	以化学纤维、染色工艺、不溶性染料为主	化学凝聚法	混凝沉淀法 加药气浮法 电解法	动力省,管理简单,药耗大,成本高 占地小,效果较好,药耗大,污泥多 占地小,效果较好,阳离子染料效果差
需要进一步脱色处理的废水	二级处理后的染色、印花以及整理废水	凝聚法 煤渣吸附法 各种氧化法 活性炭法 臭氧法	沉淀或气浮池 煤渣滤池 加次氯酸钠、液氯 生物活性炭 臭氧反应塔	以废除废,但劳动强度大 效果尚好,但有余氯影响环境 效果好,管理简单方便 效果好,电耗高

由于染整废水自身的特点,在选择印染废水处理工艺时,应考虑如下因素。

(1)生产的品种及各种纤维的比例,如产品是以棉为主,还是棉与化学纤维混纺及其混纺比。

(2)排水量。主要污染物质,如主要染料及化工助剂的实际用量或比例;水质情况,其中主要是 BOD_5、COD、$BOD_5∶COD$ 等。

(3)要求处理后各种污染指标的数据,对某些特定污染指标,更应明确提出去除率或绝对值。

(4)当地或相邻地区有无同类型处理场的经验和教训。

(5)若有新的生产工艺或国外引进技术,则需了解国外同类工厂的治理手段;若没有时,则需准备进行小型试验,以便提供设计参数,不能盲目进行设计。

(6)了解废水经处理后的可能出路,周围水体的接纳能力、自净能力等。

因此,在流程确定前,必须进行详细的调查研究、科学试验和技术经济比较。切忌照搬照抄。近年来,有些厂由于选择不当,造成大量浪费投资,建成后不能投产或不能达到要求,因此在没有把握的情况下,应先做一定的试验。

二、废水处理厂工程方案的比较

废水处理厂工程方案的比较,可以做到技术、经济、环保效益的分析、计算,以便明确优先的治理项目和采用的途径。

废水处理方案的比较,涉及以下内容。

1. 废水处理系统的基本路线比较

在废水处理系统的基本路线确定后,只需要确定具体处理设施或设备,补充部分辅助工艺装置即可。

2. 各处理单元构筑物或设施形式、结构材料、控制方式的比较

比较结果对技术效果、工艺造价、运行管理均有影响。废水处理工程方案的比较包括技术水平的比较和经济效益的比较。

技术水平的比较内容包括废水、污泥处理工艺技术、主要单元的结构技术、自动控制技术等方面是否先进合理,设施运行的稳定性与操作管理的复杂程度,各级处理的效果与总的处理效果,废水处理厂(站)的占地面积,施工难易程度等。

经济比较包括工程总投资、经营管理费用和处理成本。

通过以上比较,得到最为"多、快、好、省"的工程方案,就是要选择的最佳方案。

第四节　废水处理站平面布置与高程布置

一、废水处理站的平面布置

在废水处理厂区内,各处理单元构筑物,连通各处理构筑物之间的管、渠及其他管线,辅助性建筑物,道路以及绿地等,在对它们进行平面规划布置时,应考虑的原则如下。

(1)各处理单元应尽量紧凑,以便减少处理厂占地面积和连接管线的长度。联系各处理构筑物的管道、沟道、道路,力求简单、方便操作,使水力条件最为有利,而不是迂回曲折。如气浮处理时,溶气罐与气浮池的距离必须最短,否则气泡在管道中释放造成大气泡,影响气浮效果。

(2)在各处理构筑物之间,应尽量保持一定的间距,以保证敷设连接管、渠的要求,一般的间距可取 5~10m,某些有特殊要求的构筑物,其间距应按照有关规定确定。

(3)对于辅助建筑物,应根据安全、方便等原则布置。如泵房、鼓风机房应尽量靠近处理构筑物;变电所应尽量靠近用电大户,以节省动力与管道;办公室、分析化验室等均应与处理构筑物保持一定的距离,并处于它们的上风向,以保证良好的工作条件。

(4)在设计处理厂平面布置时,应考虑设置厂区内各池泄空时的泄空管,此管可与场内污水合一,将排出的污水和厂内污水一同回流至泵前水池回流处理。

(5)还需留有增加生产能力时的扩建面积,以及由于水质恶化或处理要求提高,增加深度处理的可能性。

(6)管道的布置还要满足每个单元的处理,在事故发生时应有单独短路排放的可能性。

对于废水处理站的辅助建筑物,如泵房、鼓风机房、办公室、化验室、污泥脱水机房、变配电室、机修、仓库、厕所、沐浴室、食堂等设施,可根据需要设置,但应集中,以便于管理。若废水处理站规模较大,或远离厂区,则需配置应有的生活设施,而当废水处理站在厂区或距离较近时,应尽量减少辅助建筑物。若厂内已具备气源,可不另建风机房;又如机修及仓库,更应利用本厂原有条件,而不要单独设置,与城市建设的污水处理厂应有所区别,以免增加建设用地及投资和管理人员。

若必须增加辅助建筑,应在便于管理、安全操作的前提下设置。如配电室的设置,应放在用电负荷集中或最大设备的附近;化验室外应尽量避开有腐蚀性气体、高温、有振动产生的装置,以保证化验室仪器、药品的安全与试验的准确性。在废水处理站应考虑运转人员值班、休息、更衣的场所。而对于中小型废水处理站，一般是将化验、值班、更衣室集中在一起，以方便工作。

最后，在考虑废水处理站平面布置时，还要注意废水经处理后的排放口问题。若排入城市下水管道，只要经有关部门允许，规定某一管道的排水井衔接，按其规定的方位、标高设计即可。而当单独排入水体时，则需与有关部门签订协议后才能进行设计，因有时该水体的上下游对排水均有特殊要求，因此，在最终排放点的位置及高程没有确定之前，废水处理站的平面布置是不能确定的，这是一个值得注意的问题，必须在设计平面布置时慎重考虑。

二、废水处理站的高程布置

1. 废水处理站高程布置的任务

废水处理站高程布置的任务是确定各处理构筑物和泵房的标高和水平标高，各种连接管渠的尺寸及标准，使水能按处理流程在处理构筑物之间靠重力自流，以减少运行费用。其原则是尽量减少提升设备，利用地形及合理的高度差，以节约能源，减少挖方，但应满足各构筑物之间必要的水头损失和排泥要求，才能保证废水处理站的正常运行。为此，要根据各处理单元设备及构筑物的水头损失，设计整个流程的高程。

水头损失包括以下各部分。

（1）水流过各处理构筑物的水头损失，包括从水池进口到出口及管道损失在内。构筑物的水头损失与构筑物的种类、形式和构造有关。初步设计时，可按表 11 - 2 所列数据估算。水流过各处理构筑物的水头损失，主要产生在进口、出口和需要的跌水处，而流经处理构筑物的水头损失则较小。

表 11 - 2　处理构筑物的水头损失

构筑物名称	水头损失（cm）	构筑物名称	水头损失（cm）
格栅	10 ~ 25	配水井	10 ~ 20
平流沉淀池	20 ~ 40	混合池（槽）	40 ~ 60
竖流沉淀池	40 ~ 50	反应池	40 ~ 50
辐流沉淀池	50 ~ 60	污泥干化场	200 ~ 350
斜板式沉淀池	40 ~ 60	电解池	10 ~ 25
曝气池　污水潜流入池	25 ~ 50	生物滤池　装有旋转布水器	270 ~ 280
污水跌流入池	50 ~ 150	装有固定喷洒布水器	450 ~ 475
调节池	10 ~ 25	接触氧化池	30 ~ 60

（2）水流过连接前后两处理单元的管道、沟渠（包括配水设备）的水头损失，即沿程损失、局部损失，可参照有关的水力计算方法进行。

（3）水流过计量设备的水头损失，如流量堰、各种型式的流量计等。流量堰、各种型式的流量计的水头损失可通过有关公式、图表或设备说明书确定。一般废水处理厂进、出水管上仪表中水头损失可按 0.2m 计算。流量计的水头损失可按 0.1 ~ 0.2m 计算。

2. 废水处理站高程布置的原则

(1)计算时,必须选取不利条件进行,即按距离最长、水头损失最多的流程(流段)计算,并要增加一定的保险系数。

(2)计算水头损失时,应以最大设计流量计算,或只有平均小时流量时,则应乘以小时不均匀系数,若考虑留有发展余地时,尚需计入发展流量。

(3)废水尽量经一次提升就能靠重力通过净化构筑物,中间不应再经加压提升。

(4)在进行高程计算时,应分开空气系统、水力系统及污泥系统,可考虑这几个系统的特殊性及一致性,按最不利条件平衡,以利于将来实际运转时不发生困难。若排入城市下水道,应以该点的标高为起点进行推算,直到进水口;而排入水体时,其最后出口的标高,应按该水体的最高水位为起点,逆废水处理流程向上推算,使处理后废水在洪水季节也能策略排放。当然,有时因地形确实不允许,最后排水口虽放在该水体的较高水位,但当排水需要进行提升时,该点的设置应考虑提升时间的长短,以便合理节约能量。

(5)在高程布置与平面布置时,应注意废水处理流程与污泥流程的相互协调,应尽量减少提升的污泥量,并考虑污泥处理设施排出的污水能自流进入泵站前池。

(6)高程布置图需标出构筑物顶、底部标高,水面标高及管渠标高。管渠很长时可用断线断开表示。纵断面图的尺寸比例一般采用纵向(1:50) ~ (1:100);横向(1:500) ~ (1:1000),使整个图纸清晰、协调。

第五节　废水处理站的配水、计量设备

一、配水设备

配水就是对一个处理单元,如生化处理或物化处理,为考虑检修清理、操作管理方便等因素,将其分成两个或两个以上的部分,为了使废水能均匀地分配到每个设备,必须设置配水井,以免由于不均匀配水,使处理设施负荷不匀,发挥不了处理构筑物的效果。而当处理水量很少,流程中只有一两个单元时,特别是每个处理设施前面均有流量计量装置及闸阀时,可不设置配水设备。

目前配水设备有下列几种型式,如图 11 - 1 所示。

在配水设备的设计选择时,要注意下列几个问题:

(1)在重力式配水的前提下,由于配水设备到处理单元有一定距离,中间一般由管道连接,必须重视这段管道的水头损失,还应加大安全系数。因为当随着设备运转时间的延长,在管道的壁上、闸阀上容易结垢,产生生物膜,而使阻力增加,达不到设计流量,甚至使配水槽溢流而影响正常工作。

(2)在设计配水设施时,应设有溢流管道。即当关闭某一支管时,而来水量没有减少的情

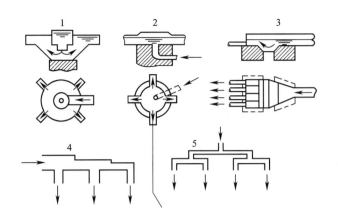

图 11 - 1　各种形式的配水设备

1—中心管式配水井　2—倒虹吸管式配水井

3—挡板式配水井　4,5—简单型配水槽

况下,配水设备中水位急剧上升,因而必须配有溢流管,使溢流后的水仍可回流入调节池,不影响正常处理。如设有水位信号装置,则发现大量溢流时可减小进水量,亦可由泵的台数来加以调节,若只有一台泵,则唯一的办法是靠溢流来解决,这样消耗能量是不合理的,因此在设计中应考虑这个问题,并设法解决。

二、计量设备

完善的计量是污水处理厂保证处理效果和提高技术管理水平的重要而必要的手段。如果不配置计量设备,就无法考核一个废水处理站的处理能力,也无法确切了解处理中发生的问题。在实际工作中因印染废水中带有纤维、有颜色和产生生物膜等特点,使得计量设备的选择遇到一些问题。印染行业常采用的计量设备有下列几种。

(1)转子流量计。可用于计量气体或废水的流量,适宜于中、小型废水处理站。其优点是构造简单、价格较便宜、安装方便、可直接读数为瞬时流量。缺点是没有累计流量,当有纤维等杂质时会产生堵塞,对于染色废水,使用时间较长后,玻璃上读数不清楚,影响使用,当用别的流量计不合适而必须用转子流量计时,可采用两个流量计交替使用,即其中一个堵塞或看不清时,使用另一个,而把已不好用的进行清洗,但这样做必须在管道上增加切换闸阀,而且在设计转子流量计时,在流量计前必须设置一整流段,否则读数的精确性没有保证。这种流量计只能设置在垂直管段上而不允许水平设置。

国产玻璃转子流量计测量范围为:测量液体时,最小 1 ~ 600mL/h,最大 1 ~ 40L/h;测量气体时,最小 16 ~ 16000mL/h,最大 2.5 ~ 1000L/h。其转子材质有胶木、铝或不锈钢等,工作压力为 392.8 ~ 1571.2kPa(4 ~ 16kgf/cm^2)。

(2)电磁流量计。它是利用电磁感应定律来测量各种酸、碱溶液及含有纤维或少量固体悬浮物导电液体的流量。流量计由发送器和指示仪表两部分组成,在发送器内导电液体流过一交变磁场,由于液体在磁场中与磁力线呈垂直方向运动而产生一感应电动势信号,把信号传达给指示仪表,经过适当放大后能直接在指示仪表上读出流量,如果需要累积流量,也可在指示仪表上装上带有累积读数的元件。

这种仪表主要特点是不怕堵塞及腐蚀,其适应范围较大,自每小时几吨到五千吨;但价格较贵,而且由于仪器本身的原因,起始读数不够准确(大约读数在1/3处以后较准确),它对磁场的干扰反应灵敏,需在发送器周围加以屏蔽,而输送信号的线路,也必须短而有屏蔽,否则测量误差大。目前该计量器在印染行业使用较多。

(3)孔板流量计。孔板与差压计配套使用可测量液体流量。使用中应保证下列条件:即节流装置缩孔直径 d 与管道内径 D 须符合关系式:$0.05 \leqslant \left(\dfrac{d}{D}\right)^2 \leqslant 0.7$,且管径应不小于50mm,其前后管段应有较长的水平管段,以保证水力流动条件较好。

这种仪表的特点是构造简单、安装方便、价格便宜、加工容易,可安装在水平、倾斜、垂直的位置上,但水头损失大,对于一些大型废水处理站,计量精度一般要求时可采用。

(4)巴氏计量槽。其构造如图11-2所示,在外形上巴氏计量槽有一段顺着排水方向的收缩。这种收缩能抬高水位,最窄处的水深是个临界值,如果下游水位低于临界值的话,则水的上游与下游液位无关,在上游的某一点,通过超声波液位计测得水深的时候,流量就可以用公式算出。根据实际情况,$H_上/H_下 < 0.7$,流量计算公式为:

$$Q = 0.372 \times W (H_上/0.305)^{1.569W^{0.026}} \tag{11-1}$$

式中:Q——流量,m³/h;

　　　W——喉宽,m;

　　　$H_上$——上游段液位,m。

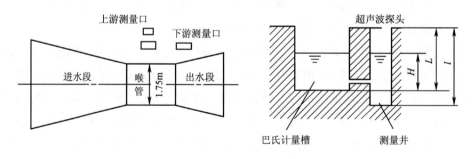

图11-2　巴氏计量槽简图

计量槽的优点是水头损失小,底部冲刷力大,不易沉积杂物,但对施工技术要求高。如果施工质量不好,不能达到设计要求时就会影响测量精度。计量槽只能用于流量在2000m³/d以上的废水处理站。

(5)三角形薄壁堰。多数采用等腰三角形薄壁堰,可适用于计量流量比较大的废水处理站。其特点是安装准确,加工精度高,测量水深也准确,施工技术简单。但水头损失较大,对上下游要求有一不确定长度的直线段,否则水力流态不好,影响测量精确度,并且设置在出水口处比较合适,除了与巴氏槽条件相同外,设于处理构筑物之后,有防止堰前渠底积泥的问题。

第六节　各种处理单元设备设计参数的选择与确定

20世纪70年代以来,国内对印染废水的处理以生物处理法为主,占80%以上,尤以好氧生物处理法占绝大多数。从现有情况看,我国印染废水生物处理法中以表面加速曝气和接触氧化法占多数。此外,鼓风曝气活性污泥法、射流曝气活性污泥法、生物转盘等也有应用,生物流化床尚处于试验性应用阶段。近年来,由于化学纤维织物的发展和印染后整理技术的进步,使PVA浆料、新型助剂等难生化降解有机物大量进入印染废水,给废水处理增加了难度,原有的生物处理系统大都由原来70%的COD去除率下降到50%,甚至更低,废水难以达标排放。为了提高纺织印染废水的处理效果,不少地方在生物处理系统中增加了混凝、气浮、活性炭吸附、臭氧及电解处理工艺。兼氧、厌氧与好氧生物处理方法结合处理印染废水也是最近几年发展起来的。本书所提及的一些设计参数,仅供参考。

一、格栅

一般常采用固定格栅。栅条间距最好为$10 \sim 20 mm$,栅条材质采用$\phi 10$圆钢或栅条宽度$B = 10 \sim 15 mm$扁钢焊接。在毛纺印染废水中采用一道格栅有时是不够的,最好用多道格栅或配合设置捞毛设备,以防水泵、流量计、闸门、管道等产生堵塞现象。

二、捞毛设备

在粗纺厂废水处理时特别需要配置捞毛设备。其型式有电动回转式及水力回转式。电动回转式捞毛机应用于地面与水面高度差大于$2 m$的地方,这种捞毛机耗电、耗水均较高,但效果较好。水力回转式捞毛机应用于水面与地面高度差小于$2 m$的地方,其能源一般依靠本身进水,可节省电耗。

三、调节池

调节池容积最好根据排水曲线进行设计。在没有条件时,其停留时间按$4 \sim 8 h$设计。调节池需设置混合措施,如采用隔板混合,周边进水和压缩空气搅拌,都可使水质得到均匀混合。也可采用预曝气,使染色废水中的还原性物质被氧化,同时由于搅拌作用,防止悬浮物沉积在调节池中产生厌氧气体。

在调节池为密闭的地下式或半地下式时,应有足够的(不得少于两个)通风孔。地形适当时,需设置重力自流排泥设施,不能自流排泥时,应有清泥措施。

四、电解池设计参数

（1）一般设计池子不得少于两个,池宽为 1 ~ 1.2m,池长为 3.5 ~ 4.5m,有效水深为 1.5 ~ 2.0m。

（2）电解池水力停留时间为 20 ~ 30min。

（3）电解池的极板安装位置可以与水流方向垂直或平行,最好按实验情况考虑。

（4）极板尺寸,宽为 0.5 ~ 0.8m,高为 0.5 ~ 1.0m;钢板厚度采用 4 ~ 6mm,采用铸铁板时厚度为 10mm;极板间距为 23 ~ 25mm。

（5）电压采用 5 ~ 9V,电流密度一般为 18 ~ 25A/m^2。

（6）由于生产工艺、水质等因素的改变,实际电解池中电耗每吨废水为 0.4 ~ 0.8kW·h。

（7）电解池的极板铁耗一般为 50 ~ 100g/(吨废水),目前已开始研究不溶性电极,但尚处于实验室阶段。

（8）隔 8h 电极需倒向一次,以免产生电极钝化,影响正常生产。

（9）排泥量为 3‰ ~ 5‰,含水率为 98%。

五、接触氧化池设计参数

（1）BOD_5 负荷 0.5 ~ 1.5kg BOD_5/(m^3 填料·d)。

（2）停留时间(氧化时间)为 2 ~ 6h。

（3）气水比采用(13 ~ 20):1,按 BOD_5 量的多少决定。

（4）排泥量为 0.3kg/kg BOD_5 干污泥。

（5）填料高度在 3m 左右,可根据承受填料的支撑架考虑做成单层或三层,如用软性纤维填料,一般采用一层或做成框架式。

（6）填料的选用可以为蜂窝状或软性纤维,前者孔径不宜少于 25mm,后者纤维用量为 2 ~ 4kg/m^3。纤维填料的优点是价廉,不易堵塞。

（7）一般采用多孔管进气,如采用其他进气充氧方式时,需注意布气的均匀性。当用多孔管进气时,管道必须水平,其两端的高度差不得大于 1cm,其孔眼的孔径以 3 ~ 5mm 为宜,过大则气泡大,影响充氧能力;过小则易发生堵塞,孔眼出口风速选择在 10m/s 以上。

（8）为了使布气均匀,单池面积平面尺寸不应过大,进气管长度不得超过 4m,管与管中心间距不得大于 0.8m。

（9）水深取决于所选风机的风压及平面允许的尺寸,但不宜低于 4m,以提高氧的利用率。

（10）应优先采用离心风机,使噪声减少到最低程度,在 85dB 以下为好,离心风机具有风量可调性。其次选用罗茨风机。风机需设有消声器及过滤器,尽量设置减震基础。

（11）当 COD_{Cr} 在 300 ~ 400mg/L 或更低些,采用一级接触氧化即可,若 COD_{Cr} 大于 500mg/L,则根据技术经济比较,也可采用二级接触氧化。

（12）考虑到检修,应有两个池子,以便替换,不影响运转。

六、表面曝气池设计参数

(1)采用表面曝气池时尽量选用分建式曝气池,便于控制沉淀区及回流。

(2)曝气区停留时间为 3.5 ~ 6h。

(3)当污泥浓度采用 3 ~ 5g/L 时,BOD_5 负荷可选用 0.2 ~ 0.3kg BOD_5/(kg 填料·d)。

(4)曝气区有效深度一般为 3 ~ 5m。

(5)曝气区直径与叶轮直径的比值,当为泵型叶轮时,一般采用(4:1) ~ (7:1)。

(6)选择表面曝气机叶轮时,应考虑选用提升能力较好的,使曝气池内混合液可得到充分混合,不使池底积泥,产生套气。

(7)采用泵型叶轮时,叶轮外缘线速度为 3 ~ 5m/s。

(8)为了提高曝气区污泥浓度,使污泥不老化,应及时排泥及选取恰当的回流比,回流比为 50% ~ 100%。

(9)进水水质应严格控制在 pH = 10 以下,否则菌胶团全被破坏,没法正常生产。

(10)当采用合建式曝气池时,导流筒及回流缝的施工应特别注意。回流缝隙的误差不得大于 5cm,否则回流不均匀,影响回流区的水力特性,造成不能正常工作。

(11)排泥量为 0.5kg/(kg BOD_5·d 干污泥),含水率约为 99.8%。

七、塔式生物滤池设计参数

(1)BOD_5 体积负荷可采用 0.5 ~ 1.0kg BOD_5/(m^3 填料·d)。

(2)体积水力负荷采用 10 ~ 14m^3/(m^3 填料·d)。

(3)塔的直径与高度之比为 1:(4 ~ 6)。

(4)尽可能采用自然通风。如 BOD_5 浓度较高,可采用分层布水或回流。

(5)采用蜂窝填料时,孔径不应小于 25mm,也可用多波纹填料,每层填料不要过高,可在 1.5m 左右,总的填料高度不小于 6m。

(6)采用水力旋转布水器时,转速不要过高,一般为 2 ~ 6r/min,如速度过高,会造成沿壁流而影响处理效果。

(7)塔体材质可为砖砌、钢筋混凝土或钢板等制成。

(8)北方由于寒冷,温度较低,进风温度也低,当塔内水温低于 15℃ 时会影响处理效果。

(9)排泥量为 0.3 ~ 0.4kg/(kg BOD_5·d 干污泥),排出的污泥含水率为 99.8% 左右。

八、生物转盘的设计参数

(1)BOD_5 面积负荷为 15 ~ 25kg/(m^2·d)。

(2)盘片转速。线速度为 20 ~ 30m/min。

(3)盘片材质。目前种类甚多,有聚氯乙烯、玻璃钢、聚丙烯等,其中以聚丙烯较价廉。

(4)氧化槽停留时间一般为 0.5 ~ 2h。

(5)根据水质情况,转盘的线数可采用 3 ~ 4 级,若出水水质要求不太高时,采用三级即可。

（6）转盘的轴,根据盘片与轴承及拖动情况,可以为单轴单级串联使用或单轴多级。

（7）经试验证明,BOD₅高时,采用分级进水,可使负荷平均分配,充分发挥转盘各级的盘片面积,从而提高处理能力。

（8）产泥量一般为 $0.3 \sim 0.4kg/(kg\ BOD_5 \cdot d\ 干污泥)$,其含水率为99.8%左右。

九、生物活性炭塔的设计参数

（1）进入生物活性炭塔的水质应满足: $COD_{Cr} = 100 \sim 150mg/L$, $BOD_5 = 30 \sim 60\ mg/L$, $SS = 30 \sim 50mg/L$。若过高,则影响生物活性炭的反冲周期及使用周期。当水质满足上述条件时,一般反冲周期为 $24 \sim 36h$,使用周期为 $1 \sim 2$ 年。

（2）活性炭炭层高度为2m,接触时间为 $50 \sim 60min$。

（3）空塔速度为 $5 \sim 6m/h$。

（4）由于生物活性炭塔具有生物降解能力,需充氧,气水比为 $(2 \sim 4):1$。

（5）反冲水可以为自来水或生物活性炭塔本身出水,反冲强度为 $8L/(m^2 \cdot s)$。

（6）炭层上面就有 $1 \sim 1.5m$ 的水深。

（7）可采用多孔管布气形式,其参数参照接触氧化池。

（8）生物活性炭塔前必须是生化处理单元。

（9）生物活性炭塔的反冲出水可排入调节池重新处理,不得直接排放。

（10）生物活性炭塔宜设置两个或多个,以便反冲洗时可以正常工作。

十、沉淀池设计参数

1. 平流式沉淀池

（1）水平流速不大于 $5mm/s$。

（2）每格的长宽比应大于4:1,最少采用两格。

（3）有效池深不应大于3m。

（4）池底坡度应大于0.02,以利于自然重力排泥。

（5）池子入口处应设整流板,出口处应设置挡板。

（6）对于处理量大的废水处理站可设置刮泥机,排泥斗容积不少于4h储泥量。

（7）在没有实验资料的条件时,沉淀时间可选择 $1 \sim 2h$。当为电解池后面设置的接触沉淀池时,则停留时间在5h以上。

（8）当为多个沉淀池时,须配置合理的配水设施,以免进水不均匀。

2. 竖流式沉淀池

（1）为了使水流均匀,沉淀池的直径与水深之比不大于3:1,池子直径不大于10m。

（2）中心管内流速不大于 $30mm/s$,中心管下端应有喇叭口及反射板。

（3）上升流速不大于 $0.3mm/s$。

（4）污泥斗斜壁与水平夹角不超过50°,污泥斗储泥时间为 $4 \sim 8h$,可采用静压排泥。

（5）缓冲层高度 0.3~0.6m。

（6）沉淀时间为 1.5~2h。

3. 斜板(斜管)式沉淀池

（1）沉淀时间为 1.5~2.0h。

（2）上升流速为 0.4~0.6mm/s。

（3）斜板间距一般为 60mm，斜管直径不小于 50mm。

（4）斜板(斜管)与水平面夹角为 60°，缓冲层厚度 0.5~0.7m。

（5）污泥斗容积为 4~8h 储泥量，采用重力排泥。

（6）斜板(斜管)的材质可因地制宜，可选用聚氯乙烯或玻璃钢制品，但须有防止或清理堵塞的措施。

（7）每隔 1~2 周对斜板(斜管)进行放水及冲洗，尤其在夏天更应注意。防止在斜板(斜管)上产生生物膜，发生厌气浮泥等现象。

（8）须定时排泥，根据产泥量一般一天排泥一次。

十一、气浮池设计参数

（1）设置溶气罐时，其停留时间一般为 3~5min。

（2）气浮池中分离时间为 30~45min。

（3）当加药时，设置混合反应池，混合反应时间为 10~15min。

（4）采用部分回流系统时，回流比的范围是 30%~100%，有时需根据生产实际采用，可能大于 100%。

（5）进气方式，一般为加压进气，平衡压力可用减压阀或溶气罐。溶气罐中压力采用 $(1.96 \times 10^2) \sim (3.92 \times 10^2)$ kPa $(2 \sim 4$kg/cm$^2)$。

（6）溶气罐与气浮池距离应尽量缩短，最好在 10m 以内，否则，长距离的管道会使溶气在管道中释出，影响气浮效果。

（7）尽可能设置刮泥机，排出污泥含水率在 98% 左右。

（8）当采用释放器时，系统中压力可以降低，但释放器须有反洗及防止堵塞措施。

十二、锰砂滤池设计参数

（1）锰砂滤池一般采用重力式，根据流量大小，可选用钢板制或钢筋混凝土制。

（2）锰砂滤池要定期反冲。反冲强度一般为 20~25L/(m^2·s)，反冲周期为 24h 左右。

（3）滤速采用 3~5m/h。

（4）滤层厚度为 1m，其锰砂层为 500mm，其他为垫料层。

（5）锰砂滤池的锰砂一定要采用氧化锰，不得使用碳钢锰，否则达不到处理要求。

十三、污泥浓缩池设计参数

(1)当采用气浮池为浓缩手段时,可不采用浓缩池。

(2)一般采用重力浓缩,池子以两个为宜。

(3)浓缩时间一般为 10~16h。

(4)浓缩液与上清液分别处理。上清液应回流至调节池再进行处理,而浓缩液可去污泥消化或进行脱水。

(5)浓缩池上部应设有多个分层排水管道,以便不同时间排出上清液。

十四、污泥脱水机设计参数

1. 真空过滤机

(1)一般真空过滤机产泥量为每小时每平方米含水率为80%左右的污泥 20~25kg。

(2)真空过滤机应配备真空泵、泥水分离罐、空气压缩机及反冲水等。

(3)当污泥为生化污泥时,应加助滤剂。助滤剂有三氯化铁、三氯化铝、硫酸亚铁、聚氯化铝等,同时采用消石灰或石灰来调整 pH,其用量通过试验决定。

(4)真空过滤机应尽量靠近污泥浓缩池,管道应尽量短,防止堵塞。

(5)由于污泥处理时产生一些有害气体及气味,应设有强制排风措施。

2. 板框压滤机

(1)处理水量大,产泥量多,而且要求泥饼的含水率低时,应采用板框压滤机。

(2)尽量选用半自动或自动板框压滤机,以减少劳动强度,提高生产效率。

(3)选用助滤剂及 pH 调整剂,参考真空过滤机。

第七节　印染厂废水处理设计实例

一、概述

天津某纺织有限公司在生产过程中产生废水 5000m³/d,其主要来源于染纱车间和整理车间的排放水(分别占总水量的 60%和30%)以及前准备车间的部分浆纱废水。废水水质为:$COD_{Cr} = 400 \sim 800 mg/L$;$BOD_5 = 150 \sim 350 mg/L$;$pH = 10 \sim 12$;$SS = 150 mg/L$,色度 = 120(稀释倍数)。

高浓度废水来源于染色及染色后第一次水洗、退浆及其清洗和浆纱等过程,低浓度废水来自二次清洗、部分热洗和车间清洗等过程。2001 年该公司投资 800 万元建成了一座处理能力为 5000m³/d 的污水处理站,现已调试运行成功。

排放要求:$COD_{Cr} \leq 100 mg/L$;$BOD_5 \leq 25 mg/L$;$pH = 6 \sim 9$;$SS \leq 70 mg/L$,色度 ≤ 40,氨、氮 ≤15mg/L。

二、工艺流程的确定

根据厂方提供的水质、水量以及建设用地的情况,由于废水的 BOD_5 : COD_{Cr} 在 $0.3 \sim 0.4$,废水的生化性不是很好,决定采用兼氧与好氧相结合的工艺来处理该印染废水,工艺流程如图 11 -3 所示。

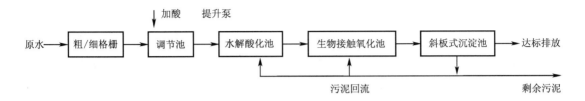

图 11 - 3　生物接触氧化法工艺流程

各车间在不同阶段排放的废水经粗、细两道格栅去除大的漂浮物后进入调节池,在水力搅拌和机械搅拌的共同作用下使废水充分混合,起到了均化水质和预曝气的作用,减少了对后续处理单元的冲击负荷。为提高废水的可生化性,向调节池补充适量的生活污水,必要时需投加一定量的氮肥和磷肥。在水解酸化池中产生的酸性厌氧、兼性厌氧菌将水中结构复杂的大分子有机物分解成简单的小分子有机物,将不溶性有机物水解成可溶性物质,提高了废水的可生化性,同时进一步降低了色度。生物接触氧化池采用普通推流式结构,池内装有立体弹性生物填料和水下曝气装置。氧化池出水进入斜板式沉淀池进行固液分离,一部分污泥回流至水解酸化池和生物接触氧化池;另一部分经浓缩后运往公司炉渣厂做建筑材料。

该工艺流程的特点如下。

(1)采用兼氧酸化水解—好氧生物处理纺织印染废水,运行可靠,技术先进,具有很好的脱色效果,出水水质可确保达到国家行业排放标准。

(2)污水采用水解酸化为前提,大幅度降低了污染物浓度,将剩余污泥通过静压排入水解酸化池自身消耗,剩余污泥量少,节约了污泥处理系统,节省运行费用和一次性投资。

(3)本工艺没有使用任何化学混凝剂,出水即可达到国家排放标准,不仅节省了运行费用,也减少了化学污泥的二次污染问题。

(4)工程应用表明,兼氧酸化水解—好氧生物处理纺织印染废水,占地面积小,处理效果好,投资费用小,运行费用低,运行稳定可靠,维护管理方便,具有显著的经济效益和环境效益。

三、各单元工艺参数

1.格栅

采用粗、细两道格栅,其中粗格栅:总宽度为 800mm,高度为 1200mm,间隙为 15mm,安装角度为 60°;细格栅:总宽度为 800mm,高度为 1200mm,间隙为 3mm,安装角度为 60°,均为人工清渣。

2. 调节池

调节池为地下钢混结构(1座),尺寸为 25.0m×12.0m×2.3m,水力停留时间为 3h。由于废水的碱性强(pH>10),故在调节池中设自动加酸装置,池内装搅拌器 2 台、潜污泵 3 台,并安装有液位控制装置,可做到高位启泵、低位停泵。根据废水水质,在调节池适当补充厂区生活污水和添加氮、磷元素,满足后续生物处理系统中微生物对营养元素的需要。

3. 兼氧水解酸化池

钢混结构(1座),尺寸为 42.0m×8.0m×5.50m,水力停留时间为 8h,内装立体弹性填料 $560m^3$,其规格为 $\phi200mm×3000mm$。在水解酸化池中利用兼性厌氧菌和厌氧菌将大分子难降解的有机物酸化为小分子容易降解的有机物,提高废水的可生化性,有效降低废水的色度,降低废水中有机污染物的浓度。

4. 生物接触氧化池

钢混结构(1座),尺寸为 24.0m×8.0m×5.50m,水力停留时间为 4.8h,内装立体弹性生物填料 $480m^3$,其规格为 $\phi200mm×2500mm$,容积负荷为 $1.5kgCOD/(m^3·d)$,溶解氧为 $2\sim3mg/L$,曝气装置为水下曝气机(3 套),在接触氧化池中,利用好氧微生物将小分子的有机物彻底氧化为 CO_2、H_2O 和 NH_3 等稳定的无机物。

5. 脉冲斜板沉淀池

脉冲斜板沉淀池分两格,钢混结构(1座),尺寸为 14m×8m×5.2m,停留时间 3.5h,斜板尺寸为 600mm×500mm×3mm,间距为 60mm,上流速度 0.6mm/s,表面负荷 $2m^3/(m^2·h)$。

脉冲斜板沉淀池具有物化和生化相结合的特点,废水用提升泵提升进入脉冲储水罐,储满水后通过配水管分配到脉冲斜板沉淀池的底部均匀布水,经斜板及悬浮污泥层固液分离后上清液排掉。悬浮污泥层对水中的有机物有吸附作用,对废水中有机物浓度具有较高的去除效果。

6. 污泥的处理

该工艺由于通过兼性厌氧菌、厌氧菌、好氧菌的共同作用,将废水中有机物进行彻底降解,这样经由水解酸化池、接触氧化池和脉冲斜板沉淀池后的剩余污泥量就小,将脉冲斜板沉淀池的剩余污泥通过静压排入水解酸化池和接触氧化池自身消耗,不必专门设置污泥处理系统,从而节省了运行费用和一次性投资。

☞ 复习指导

1. 内容概览

本章主要讲授染整废水处理厂的设计程序、设计内容、工艺流程的确定等内容。

2. 学习要求

通过本章学习,重点要求掌握废水处理厂设计的三个阶段,废水处理厂的设计内容、原则,确定废水处理厂工艺流程的依据等问题。

☞ **思考题**

1.废水处理厂设计通常包括哪几个步骤?各自的主要任务是什么?

2.规划废水处理厂时需要考虑哪些因素?收集哪些资料?

3.废水处理厂在选址时,应遵循哪些原则?

4.进行废水处理厂平面和工程设计时,应考虑哪些因素?

5.进行废水处理厂处理工艺流程的选择时,需要注意哪些问题?

参考文献

[1]黄长盾.印染废水处理[M].北京:纺织工业出版社,1987.

[2]李家珍.染料、染色工业废水处理[M].北京:化学工业出版社,1998.

[3]罗巨涛.染整助剂及其应用[M].北京:中国纺织出版社,2000.

[4]贺延龄.废水的厌氧生物处理[M].北京:中国轻工业出版社,1998.

[5]胡亨魁.水污染控制工程[M].武汉:武汉工业大学出版社,2003.

[6]王金梅.水污染控制技术[M].北京:化学工业出版社,2004.

[7]高延耀.水污染控制工程[M].北京:高等教育出版社,1999.

[8]唐受印.废水处理工程[M].北京:化学工业出版社,1998.

[9]刘帅霞.水解酸化—生物接触氧化工艺处理纺织印染废水[J].中国给水排水,2002
(11).

[10]Neill C O, Hawkes DL, et al. Anaerobic-aerobic biotreatment of simulated textile effluent containing varied ratios of starch and azo dye[J]. Water Res,2000(8).

[11]郑铭.环保设备——原理.设计.应用[M].北京:化学工业出版社,2001.

[12]丁亚兰.国内外废水处理工程设计实例[M].北京:化学工业出版社,2000.

[13]董琳.水处理工程典型设计实例[M].北京:化学工业出版社,2001.

[14]娄金生.水污染治理新工艺与设计[M].北京:海洋出版社,1999.

[15]曾科.污水处理厂设计与运行[M].北京:化学工业出版社,2001.

[16]陈季军.废水处理工艺设计及实例分析[M].北京:高等教育出版社,1999.

[17]雷乐成.水处理新技术及工程设计[M].北京:化学工业出版社,2001.